標準遺伝暗号表

5′末端側		2文字目							3′末端側
		U		C		A		G	
1文字目	U	UUU	Phe	UCU	Ser	UAU	Tyr	UGU	Cys	U
		UUC		UCC		UAC		UGC		C
		UUA	Leu	UCA		UAA	終止	UGA	終止	A
		UUG		UCG		UAG		UGG	Trp	G
	C	CUU	Leu	CCU	Pro	CAU	His	CGU	Arg	U
		CUC		CCC		CAC		CGC		C
		CUA		CCA		CAA	Gln	CGA		A
		CUG		CCG		CAG		CGG		G
	A	AUU	Ile	ACU	Thr	AAU	Asn	AGU	Ser	U
		AUC		ACC		AAC		AGC		C
		AUA		ACA		AAA	Lys	AGA	Arg	A
		AUG	Met	ACG		AAG		AGG		G
	G	GUU	Val	GCU	Ala	GAU	Asp	GGU	Gly	U
		GUC		GCC		GAC		GGC		C
		GUA		GCA		GAA	Glu	GGA		A
		GUG		GCG		GAG		GGG		G

注）AUG は開始コドンでもある。

理工系の
大学基礎化学

相樂隆正・海野雅司
共編著

培風館

執筆者一覧

■編 者

相樂隆正	長崎大学大学院工学研究科	(1.1節-1.4節, 4章, コラム1, 5)
海野雅司	佐賀大学理工学部	(3.1節-3.4節, 9章, 10.2節, 10.4節, 12.2節)

■著 者

長田聰史	佐賀大学理工学部	(8章, 12.1節, コラム3, 8)
小野寺 玄	長崎大学大学院工学研究科	(7章)
鷹野 優	広島市立大学大学院情報科学研究科	(1.5節, 3.5節-3.7節)
坪田敏樹	九州工業大学大学院工学研究院	(11.2節, コラム6, 7, 9)
藤澤知績	佐賀大学理工学部	(5章, 6章, 10.1節, コラム2, 4)
松本 仁	宮崎大学工学部	(2章, 10.3節)
山田泰教	佐賀大学理工学部	(11.1節)

本書の無断複写は,著作権法上での例外を除き,禁じられています.
本書を複写される場合は,その都度当社の許諾を得てください.

はじめに

　朝起きてから，夜寝て夢を見るまでの生活を思い起こしてみる。寝具，食事，化粧品，洗濯，清掃，乗り物，… 何をとっても誰もが化学の世話になっている。レポートを印刷するインクジェット・プリンター1つとってみても，化学技術の集積である。自動車の製造では，ボディーの電解塗装，積み込まれるバッテリーや電気走行用の水素燃料電池，リチウム電池，スーパーキャパシター，それに燃料や添加剤に至るまで，化学の技術で車が走れるといっても過言ではない。また，自動車のフロントガラスは，2枚のガラスが，中間膜を挟んだ3層構造になっており，単に，厳寒や夏のカンカン照りに耐えガラス破片散乱を防止するにとどまらず，スピードメータなどをガラスに投影ディスプレーしても画像がぼけないなど，厳しい多数の条件を満たす材料が化学の力で作られている。スマートフォンの中にも，タッチパネルから集積回路まで，化学の技術が満載であることが，顕微鏡で部品を見るとわかってくる。自動車の完全自動運転と並んで次世代技術としてのウェラブルデバイス，次の次世代技術の1つとされる分子ロボット開発は，化学を土台として，機械・情報・化学・材料・生物などの分野結集になると予見される。今後，膨大な国家予算の投入が必要とされる橋梁などの構造物から建物までのインフラ管理・修復の鍵は，化学的な防食技術と安くて長持ちする新しい化学建材である。

　このため，一見，化学と関係がなさそうな多くの企業のリクルート担当者が，化学をよく理解している学生を求めている。例えば，土木系への求人にはコンクリートの化学や土壌の化学を知っている人，造船では塗装・防食と作業環境分析化学，電気回路製造では半導体材料を化学的視点からも見ることができる素養が求められている。

　こうした背景のもと，この基礎化学のテキストは，化学系以外の理工系や医薬系の学部学生が大学で最初に化学を学ぶ教材として編集されたものである。高校で本格的に化学を学習しなかった大学生でも，数学や物理の基礎的素養があれば学習できるように書かれている。高校の化学を高校化学の教科書内容で学び直さなくても，この本なら，高校レベルの化学を，本物の化学基礎の項目とレベルで身に着け，高校レベルを超えることができる。同時に，化学が好きな非化学系の学生も深く学べるよう，言葉を濁すような簡略化をせず本格的な内容で書かれている。

　理工系学部への入学直後に，高校で十分な学習機会がなかった化学を大学に入学後に学ぶリメディアル教育プログラムをもつ大学が少なくない。しかし，高校の教科書や問題集を用いた学習では，モティベーションが続かない受講生が多い。理由として，せっかく大学に入って学び始めた新しい数学や物理の知識を用

いないレベルにとどまること，高校生向けの指導要領に準拠した順序と内容に捕らわれることがあげられる。

しかし，大学に入って学び直す，あるいは初めて学ぶ化学が，高校教育用の学習指導要領に準拠している必然性はさらさらない。本書の特に前半では，同じ目的を，大学前の高等教育として世界標準の化学シラバスの内容（日本の高校化学＋大学の化学系学科・コースの初年次前期の内容）を，高校での化学の学習経験がほとんどゼロの学生でも学習できるよう目指して執筆されている。よって，基礎化学の講義だけでなく，リメディアル化学の教室でも，持続的学習のためのテキストとして活用できるはずである。

講義を通じて全体を理解するのに，高校化学をすべて既履修の学生なら90分の講義10回程度，リメディアルを兼ねたクラスなら17〜18回程度と想定される。章末の演習問題などは宿題として適している。将来，いわゆる文系就職で，化学系企業を相手にする銀行業務や商社業務に携わる皆さんも，集中した自習により，専門性をもつ相手との交渉に，高いベースで臨めるようになる。

本書では，化学系学生でも苦手とすることが少なくない生物化学系の基礎も，薬学部初年次前期レベルに近い斬新な内容で，基礎的な化学の知識があれば十分に理解できる内容で盛り込んだ。著者は皆，基礎化学などの講義を現役で担当している若手の教員である。日々，講義・演習・試験の採点などを通じ，受講者に特に理解を促すべきポイントを熟知している。理工系の初年次で学んでおくべき内容の基礎化学の教科書を目指した本書が，読者が化学系以外の学科・コースから卒業するときには，「化学の基礎ができている理工学系出身者」として評価を得て，将来の業務で高度な化学的知識が要求されたときの底力を醸成するものとして活用されることを著者一同，願っている。

2019年5月

著者を代表して
相樂隆正，海野雅司

目次

第1部 はじめての化学

1. 原子の性質と分子の成り立ち ―― 2
- 1.1 原　子　2
- 1.2 原子軌道　5
- 1.3 多電子原子とその中の電子　10
- 1.4 原子から分子の成り立ち　17
- 1.5 分子の立体構造とVSEPR（原子価殻電子対反発）理論　26

2. 物質の状態と反応 ―― 33
- 2.1 化学反応の表現　33
- 2.2 気　体　35
- 2.3 エネルギー，熱と仕事　37
- 2.4 平　衡　40
- 2.5 物質の溶解　42
- 2.6 酸と塩基　44
- 2.7 物質の三相と相平衡　48

第2部 大学の基礎化学

3. 分子の構造 ―― 54
- 3.1 典型元素と遷移元素　54
- 3.2 混成軌道と分子の構造　58
- 3.3 有機化合物の構造　60
- 3.4 電子の非局在化と芳香族化合物　62
- 3.5 ルイス酸・ルイス塩基と配位結合　65
- 3.6 錯形成反応，配位数，錯体の生成定数　66
- 3.7 d軌道を用いる金属錯体の形成　68

4. 分子間の相互作用と分子の集合 ―― 71
- 4.1 分子やイオン間の相互作用　71
- 4.2 表面張力　74

  4.3 親水性，親油性，疎水性 74
  4.4 界面活性剤分子 76
  4.5 分子の集合構造と組織化 77

5. 化学変化の熱力学 — 81
  5.1 内部エネルギーとエンタルピー 81
  5.2 エントロピー 83
  5.3 自由エネルギーと化学変化の方向 87

6. 化学変化の速度 — 91
  6.1 反応速度式 91
  6.2 反応速度式の解 94
  6.3 遷移状態と活性化エネルギー 98
  6.4 触媒の働き 99

7. 有機分子の化学 — 101
  7.1 有機分子とは 101
  7.2 脂肪族炭化水素化合物（アルカン，アルケン，アルキン） 102
  7.3 芳香族化合物 106
  7.4 有機ハロゲン化物 107
  7.5 アルコールとエーテル 107
  7.6 カルボニル化合物 109
  7.7 アミン 112
  7.8 有機金属化合物 113
  7.9 有機分子の反応と合成 113
  7.10 キラリティ 118

8. 生物・生命の化学 — 123
  8.1 糖類の構造と機能 123
  8.2 タンパク質の構造と機能 128
  8.3 脂質 131
  8.4 その他の栄養素 134
  8.5 遺伝物質の化学 136

9. 光と色の化学 — 143
  9.1 光と分子のエネルギー 143
  9.2 光の吸収 144
  9.3 光の放出と光反応 148

第3部　高度エンジニアの基礎化学

10. 産業や社会を支える物質と化学反応 ——— 156
- 10.1 超臨界流体の応用　156
- 10.2 金属の腐食・防食と電気化学　160
- 10.3 高分子材料　164
- 10.4 テルミット反応　168

11. 無機物質の化学 ——— 174
- 11.1 金属錯体の化学　174
- 11.2 無機材料の化学　180

12. 基幹産業を支える化学 ——— 186
- 12.1 医薬品の化学：創薬化学　186
- 12.2 陶磁器とファインセラミックス　190

演習問題解答 ——— 197

索　引 ——— 203

- **コラム 1**：潤滑の化学　80
- **コラム 2**：フロンティア軌道と化学反応　122
- **コラム 3**：ポリメラーゼ連鎖反応（PCR）　142
- **コラム 4**：緑色蛍光タンパク質（GFP）：下村脩博士の業績　153
- **コラム 5**：銀塩写真　154
- **コラム 6**：スーパーキャパシタ　173
- **コラム 7**：人工ダイヤモンドとカーボン材料　185
- **コラム 8**：ケミカルバイオロジー　195
- **コラム 9**：熱電材料セラミックス　196

本書での単位と用語について

(1) 長さの単位として，原子・分子のレベルを表現する際には，化学の分野では世界的にオングストローム(ångström)を，またÅをその記号として用いるのが伝統である。$1\,\text{Å} = 0.1\,\text{nm} = 1 \times 10^{-10}\,\text{m}$である。高等学校の教科書ではÅを用いないが，化学の分野では一般にÅが多用されている。そのため，本書ではオングストローム(Å)を単位として用いる。ただし，いつでもnmなどメートルを用いる表現に換算できるようにしてほしい。

(2) イオンを記述するのに，陽イオンは「カチオン(cation)」，陰イオンは「アニオン(anion)」を用いる。

第1部

はじめての化学

1 原子の性質と分子の成り立ち

化学は「**分子**」がかかわる科学である。そのため，分子とは何かを理解することから化学が始まる。分子は「電気的に中性で，1つまたは2つ以上の原子から構成される実在物」であると定義される。さらに，2つ以上の原子から構成される場合には，「熱エネルギーによって分子が振動するが，最もエネルギーが低い振動では原子は離散しない」ことが要請される[*1]。これは，例えば2つの原子が刹那的に隣り合わせになるだけでは分子ではないこと，分子を構成する原子がばねに喩えられる連結（結合）をもっていて振動するが，温度を高くしていくとやがては切れて離散することを言っている。

本章では分子の構成に関する基礎を述べる。その構成要素である原子を理解し，上記の「ばねに喩えられる連結」（結合）の実体は何なのかを把握することが目標である。

*1 熱エネルギーによって原子や分子は熱運動する。この運動には，並進，振動，回転があり，後者2つは重心が変わらない運動である。

1.1 原　　子

核子

原子 (atom) は**原子核** (atomic nucleus) と**電子** (electron) からなる。最も軽い原子である**水素原子** (hydrogen，元素記号は H) では，原子核は1つの**陽子** (proton) であり，これに1つの電子が束縛されている。陽子1つの静止質量 m_p は $1.6726231 \times 10^{-24}$ g であり，電子1つの静止質量 m_e は $9.1093897 \times 10^{-28}$ g である。m_p は m_e の約 1836 倍である。電子は負（マイナス）の電荷をもつ。その値の絶対値は**電気素量** (elementary electric charge) とよばれ，$e = 1.60217733 \times 10^{-19}$ C である。C は電気量の単位で，Coulomb（日本語ではクーロン）と読む。陽子は正（プラス）の電荷をもち，その値は e である。よって，水素原子は電荷の過不足はなく中性である。

原子を1つの恒星と1つまたは複数の惑星からなる惑星系に喩えて，原子核（恒星）のまわりを，決まった公転軌道を描いて電子（惑星）が回っている漫画絵で描かれることがある（図 1.1）。非常に重たい原子核は動きにくく，電子が動き回ることは想像しやすい。一円玉と十円玉をぶつけ合うと軽い一円玉の方がよく動く状況に似ている。しかし，このイメージは多くの点で間違いである。公転軌道のような「軌道」は存在しないし，最も安定な（エネルギーが低い）状態にある水素原子では，実は，電子は原子核のまわりを回ってはいないのである。

1913 年にデンマークのボーア (Bohr, N., 1885-1962) は，電子が原子核のまわりを円運動していて，電子と原子核の間の静電引力が電子の遠心力とつり合っていることを基礎としながら，電子の状態に制限を設けて原子の構成を説明する

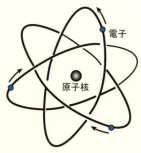

図 1.1　よく目にする誤った原子の姿

1.1 原子

ボーアモデルを提唱した。上記のように，このモデルは間違っているうえに，大きな問題を抱えている。円運動は加速度運動であり，加速度運動する電子は電磁波（光）を放出して速度を低下させていく性質をもつ。よって，静電引力が優勢になって電子は原子核に落ち込んでしまう。実際の原子は，このようにしてつぶれることはない。一方で，ボーアモデルは原子の大きさとエネルギーに関しては，原子を記述する正しい理論である量子論から導かれる結果とも一致し，実測値をほぼ再現する。そのため，ボーアモデルは人類が原子を理解する過程での間違った描像ではあるが，示唆に富む遺産である。しかし，多くの基礎的な教科書で詳細に述べられているボーアモデルにはこれ以上踏み込まず，量子論を1.2節で概説してそれを本書の土台とする。

原子核を構成する要素には陽子の他に**中性子** (neutron) がある。中性子の電荷は0であり，静止質量 m_n は $1.6749274 \times 10^{-24}$ g であって，m_p より0.1%強だけ大きい。陽子と中性子を合わせて**核子**という。

電子はもっと小さな構成要素に分けることができない。そのため，電子は**素粒子**の1つである。一方，核子は3つの**クォーク**とよばれる素粒子から形成される。

同位体

原子核は必ず1つ以上の陽子をもつ。電子1つをもつ水素原子Hの原子核は1つの陽子であるが，電子1つの原子には，原子核が陽子1つと中性子1つから構成される**重水素** (deuterium, 元素記号 D)，原子核が陽子1つと中性子2つから構成される**三重水素** (tritium, 元素記号 T) などもある（図1.2）。このように原子核が異なるごとに原子に異なった命名をするのは水素だけである。しかし，水素の場合，電子1つからなる原子をすべて水素 (H) とよび，原子核の構成の違いは，陽子の数と中性子の数の和，すなわち**質量数**で区別することがむしろ一般的である。質量数は元素記号の左側に上付数字で表す。陽子1つだけの水素原子は ^{1}H であり，Dは ^{2}H，Tは ^{3}H と書く。電子を2つもつ原子は**ヘリウム** (Helium, 元素記号は He) であるが，安定な He には質量数3と4のもの，つまり ^{3}He と ^{4}He がある。^{3}He の原子核には1つの中性子が含まれ，^{4}He の原子核には2つの中性子が含まれる。

同じ電子数の原子であるが，質量数が異なるものを**同位体** (isotope) という。^{1}H, ^{2}H, ^{3}H は水素の同位体であり，^{3}He と ^{4}He はヘリウムの同位体である。また，^{3}He を「ヘリウム3」(英語では "Helium-3") のように質量数を付記して同位体を表すこともある。なお現時点で発見されている原子で，原子核が陽子のみで構成される同位体は2つ (^{1}H, ^{3}Li) のみで，天然に安定に存在できるのは唯一，^{1}H である。それ以外の原子は中性子を含む。

原子がもつ電子の個数を**原子番号**という。原子では，原子番号と原子核中の陽子の個数が一致する。

自然界において，どのような比で同位体が存在するかを比で表したものを**同位体比**という。以下には炭素原子，酸素原子，臭素原子を具体的な例として，同位体比とその重要性を，原子量，核崩壊，放射性同位体と合わせて記述する。

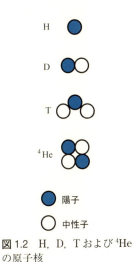

図1.2 H, D, T および ^{4}He の原子核

・炭素 (Carbon, 元素記号 C)

主な同位体に，^{12}C，^{13}C，^{14}C がある。このうち，同位体比が 98.93% の ^{12}C 原子の質量を 12 として基準とし[*1]，すべての原子の質量を表したものを**原子量**という。^{12}C の原子核は 6 個の陽子と 6 個の中性子からなる。^{13}C は有機化合物の構造を知る手段に用いられる。^{12}C と ^{13}C は化学的にはあらわな相違はないが，強い磁場の中に置いたときに応答が全く異なることと，^{13}C の同位体比が 1% 程度であることから，分子の構造を知るのに重要な手段を提供する[*2]。^{14}C は不安定な原子である。ゆっくりではあるが，時間とともに原子核が変化を起こす。その変化は，原子核中の中性子 1 つが陽子と電子 1 つに変わるものであり，その結果，^{14}C 原子が窒素原子 N に変化する。

$$^{14}C \longrightarrow {}^{14}N + e^- + (反電子ニュートリノ) \tag{1.1}$$

e^- は放出された電子であり，**β線**とよばれる放射線として観測される。この例のように放射線を出して原子核が変化する同位体を**放射性同位体**といい，原子が別の原子に変わる過程を原子の**核崩壊**という。式 (1.1) の過程が起こる速さ（頻度）は，5730 年[*3] ごとに存在量が半分になる速さである。例えば，ある樹木がちょうど 5730 年前に生命活動を停止し，外界と一切，炭素原子の出入りなく埋もれていたとする。今日，その木片を掘り出して，^{14}C の含有量を ^{12}C に対して相対的に求めて本来の同位体比の約半分になっていたら，約 5700 年前に枯れた木だと年代を言い当てられる。この方法を**炭素同位体年代測定法**といい，状態がよければ 5 万年前まで遡ることが可能である。ただし，^{14}C の同位体比は一兆分の 1 であり，試料が少ない場合には超高感度な計測が必要になる。

・酸素 (Oxygen, 元素記号 O)

天然には ^{16}O，^{17}O，^{18}O が存在し，^{16}O の同位体比が 99.762% である。地球上にある岩石などに含まれる物質では，$^{17}O/^{16}O$ や $^{18}O/^{16}O$ の同位体比が一定であることが知られている[*4]。そこで，月の石を調べてみたところ地球の値と一致しており，少なくとも物質の起源が同じであり，月が地球から分離したという天文学上の考えを補強する。一方，これらの比は火星からの隕石では異なる。生物の痕跡かもしれない構造をもった隕石が，火星にかつて生命があったことを示しているとの主張がなされたのも，同位体比の分析からである。

・臭素 (Bromine, 元素記号 Br)

天然には ^{79}Br が 50.69%，^{80}Br が 49.31% 存在する。ほぼ 1:1 である。このことから，H, C, N, O, Br 原子のみからなる物質を精製して分子質量[*5] を求めると，Br が 1 個なら分子質量が 1 だけ異なる分子 2 種類が 1:1 の量比で存在し，Br が 2 個なら分子質量にして 1 ずつ異なる分子 3 種類が 1:2:1 の量比で存在することになる。なおここで，**分子質量**とは原子量と同じ単位で表した分子 1 つの質量である。よって，Br を含む分子の分子質量は，Br の 1 分子中の個数や，試料に別の Br を含む不純物が混入していないかなどの情報を与えてくれる。

[*1] ^{12}C の同位体比は確定値ではなく，99.84%～99.04% の範囲とされている。

[*2] 分子内で ^{13}C が隣り合う確率は非常に小さいことが有効に利用される。

[*3] この 5730 年を ^{14}C の半減期という。

[*4] 魚の耳石の $^{18}O/^{16}O$ 同位体比を年輪構造ごとに求めると，季節ごとにその魚が生活していた水温がわかることも知られている。

[*5] 分子質量は，分子 1 つについて同位体を区別して計算した原子量の総和である。一方，同位体比に基づいた相対的な原子量を 1 つの分子について総和した値を分子量という。

イオン

原子から電子を1つまたは2つ以上取り去ったものを，その原子の**カチオン**（cation，陽イオン）という。逆に，原子に電子を1つまたは2つ以上つけ加えたものを**アニオン**（anion，陰イオン）という。イオンには電子の数が変化した後の電子数に基づいて名称を与えるのではなく，イオンになる前の原子をもとに名称を与える。これは原子核内の陽子数と等しい番号の原子をもとにしてよぶことと等価である。

例えば，原子番号3のリチウム Li が電子を1つ失うと，リチウムイオン Li^+ になる。電子が2つになったからといってヘリウムのイオンになるわけではない。右肩の + は電子が1つ取り去られて原子が電気素量分だけ正の電荷をもったカチオンに変わったものであることを示す。マグネシウム Mg が電子を2つ失って生じるカチオンは Mg^{2+} である。また，臭素イオン Br^- は Br に電子1つが付加してできたアニオンである。

なお，原子だけでなく，分子が電子を失ったり，電子を付加したりしたものもイオンである。

1.2 原子軌道

原子軌道（AO）

電子が原子核に束縛され，しかし電子が静電引力で原子核に落ち込むことなく原子が構成される。多くの原子が安定に存在する。その構造は古典的なニュートン力学では記述できないが，量子論で記述することができる。

自然界には**系**[*1]の**状態** φ [*2]とそれに付随する**演算子**とがあって，演算子，φ，演算子に対応する観測可能量の3者の間に特定の約束ごと（法則）があるものと考える。以下に述べるような法則を仮定して方程式を解いてみると，それはことごとく実験結果に一致する。よって，その仮定は正しく，あらゆる系に適用できる。この法則の体系を**量子論**という。なぜ，その仮定が成り立つのか，と問うても「この宇宙はそのようにできているから」としか答えようがない。量子論の体系はハイゼンベルグ（Heisenberg, W. K., 1901–1976），シュレディンガー（Schrödinger, E. R. J. A., 1887–1961），ディラック（Dirac, P. A. M., 1902–1984），ファインマン（Feynman, R. P., 1918–1988）の4人によって一見，異なった形に見える理論として組み上げられたが，いずれも内容が等価であることが証明されている。この中で，原子や分子を扱う際にはシュレディンガーが提案した**シュレディンガー方程式**を基礎とする記述が最もわかりやすい。この方程式は，シュレディンガーが全く直感的に，原子や与えられたポテンシャルエネルギー場の中で電子の状態が従うべき法則を微分方程式の形で表現したものである。これを解いて得た解やエネルギーは実際の原子の状態を正しく表していることが例外なく実験的に確かめられたため，この法則の体系が正しいとして用いられる。上記の仮定とは「シュレディンガー方程式が成り立つこと」，「その解としての状態 φ の自乗が電子の存在確率の空間分布として解釈できること」などである。

[*1] 系とは，合理的に考える対象の実体をさす。1つの原子であれば，「真空中にある1つの原子核とそれに束縛された電子」が系である。

[*2] 状態 φ は波動関数ともよばれる。一般には，位置座標と時刻の複素関数であり，多次元空間のベクトルとして扱われることもある。本書では，時刻に依存する関数として登場することはない。

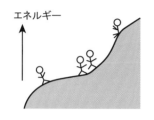

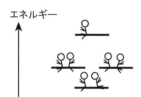

図 1.3 連続した準位（上）と，量子化されたとびとびの準位（下）のイメージ（下の図で，電子準位の場合，小人は電子を喩えている）

量子論を体積が制限された真空中にある1つの電子に適用すると，以下のことが導かれる。

・電子の状態に固有なエネルギーはとびとびである。連続した値をとらない。取り得る個々のエネルギーを電子の**準位**という。準位がとびとびである状態を**量子化**された状態とよぶ。そのイメージを図1.3に示す。

・電子の状態が取り得る最も低いエネルギーは電子が存在できる空間の体積を小さくすればするほど高くなる。逆に，無限に広くしていくと，最も低いエネルギーは0に近づいていく。その際，とびとびのエネルギーの間隔も狭くなって連続的な値をとるように見えてくる。

・以上の結果は，電子でなく，任意の1つの分解しない粒子に代えても結果は変わらない。そこで，粒子の質量を非常に大きくしていくと取り得る最低のエネルギーは0に収束していき，準位の相互間隔も狭まってきて，もはやとびとびではなく連続的な値をとるように見えてくる。とびとびの状態があらわに観測されるのは，質量が小さく許容される存在領域が狭い世界であることがわかる。実際に，原子の準位も量子化されている。

水素原子Hは1つの陽子と1つの電子からなる。これに量子論を適用するためシュレディンガー方程式を書くと，水素原子の状態をφ，それに対応する水素原子のエネルギーをEとして，

$$\hat{H}\varphi = E\varphi \tag{1.2}$$

であり，ここで，

$$\hat{H} = -\frac{h^2}{8\pi^2\mu}\nabla^2 - \frac{e^2}{4\pi\varepsilon_0 r} \tag{1.3}$$

$$\nabla^2 = \frac{\partial^2}{\partial x^2} + \frac{\partial^2}{\partial y^2} + \frac{\partial^2}{\partial z^2} \tag{1.4}$$

となる。hは**プランク定数**，πは円周率，μは**換算質量**とよばれ$m_e m_p/(m_e + m_p)$に等しい。ε_0は**真空誘電率**，rは電子と原子核の距離である。式(1.3)の$\hat{H}$はハミルトン演算子であり，運動エネルギーと**静電ポテンシャルエネルギー**（電子と原子核である陽子との静電引力によるエネルギー）の和を量子化したものである。式(1.4)の∇はナブラ(nabla)またはデル(del)と読み，

$$\nabla = \left(\frac{\partial}{\partial x}, \frac{\partial}{\partial y}, \frac{\partial}{\partial z}\right)$$

である。

式(1.2)はφに関する3次元空間における微分方程式であり，これが解ければ状態と対応するエネルギーEが得られる。実際にこれは解くことができ，その詳細は他書に譲り，解いた結果の状態について要点を以下にまとめる。

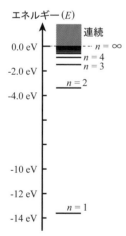

図 1.4 H原子のシュレディンガー方程式を解いて求められる電子の準位（nは後述の主量子数）

・解は負のE値をもつ量子化された状態と，正の連続的なE値をもつ状態として無限個得られる。それらの準位を図1.4に示す。負のE値の状態は電子が陽子との間の引力的な相互作用によって束縛されていて，その状態が電子と陽子が無限に離れて相互作用がない状態よりも安定であることを示している。

1.2 原子軌道

表 1.1 H原子のシュレディンガー方程式を解いて求められる状態

量子数の組 (n, l, m)	AOの敬称	状態 φ の関数形
(1, 0, 0)	1s	$\dfrac{1}{\sqrt{\pi}}\left(\dfrac{Z}{a_0}\right)^{3/2}\exp\left(-\dfrac{Zr}{a_0}\right)$
(2, 0, 0)	2s	$\dfrac{1}{4\sqrt{2\pi}}\left(\dfrac{Z}{a_0}\right)^{3/2}\left(2-\dfrac{Zr}{a_0}\right)\exp\left(-\dfrac{Zr}{2a_0}\right)$
(2, 1, 0)	$2p^0$	$\dfrac{1}{4\sqrt{2\pi}}\left(\dfrac{Z}{a_0}\right)^{3/2}\dfrac{Zr}{a_0}\exp\left(-\dfrac{Zr}{2a_0}\right)\cos\theta$
(2, 1, 1)	$2p^+$	$\dfrac{1}{8\sqrt{\pi}}\left(\dfrac{Z}{a_0}\right)^{3/2}\dfrac{Zr}{a_0}\exp\left(-\dfrac{Zr}{2a_0}\right)\sin\theta\exp(i\phi)$
(2, 1, −1)	$2p^-$	$\dfrac{1}{8\sqrt{\pi}}\left(\dfrac{Z}{a_0}\right)^{3/2}\dfrac{Zr}{a_0}\exp\left(-\dfrac{Zr}{2a_0}\right)\sin\theta\exp(-i\phi)$

水素原子では $Z=1$ である。r は原子核からの距離，a_0 はボーア半径（0.5292 Å），θ と ϕ は極座標の角度座標。また，i は虚数単位，$\exp[f(x)]=e^{f(x)}$ である。

$E=0$ の状態は，真空中無限遠に電子がある最もエネルギーが低い状態であり，これがエネルギーの基準である。

- エネルギー E について，図 1.4 の最も低い状態 1 つ（後述の $n=1$ の状態）と次に低い $n=2$ の状態 4 つについて，表 1.1 にまとめる。
- E と同時に得られる E に付随した「状態 φ」が意味するところは，次のように量子論で仮定され，この仮定が予想する結果は実測結果と一致する。その仮定は「関数 φ が**規格化**されているとき，ある点 (x_1, y_1, z_1) における φ の値 $\varphi(x_1, y_1, z_1)$ を求め，体積要素 $dv = dxdydz$ を掛けたとき，$|\varphi(x, y, z)|^2 dv$ は，その体積要素内に電子が見いだされる確率を表す」というものである[*1]。ここで，規格化とは，全空間で $|\varphi(x, y, z)|^2 dv$ を積分して 1 になるように φ の大きさを定めることである。なぜこの要請が必要かというと，全空間を捜す測定をすれば必ずどこかで 1 つの電子が発見されなければならないからである。
- 表 1.1 で一番 E が低い状態は **1s 軌道**の状態である。これを調べてみると，電子の角運動量が 0 であることがわかる。この電子は核のまわりを回っていないことを示している。太陽のまわりを地球などの惑星が公転するのと同様のモデルの図 1.1 がよく描かれるが，これは全くナンセンスである。電子の**軌道**の orbital は，「軌道 = orbit のようなもの」であって，電車が走ったり宇宙船が飛行したりする道筋を表す軌道（= orbit）とは異なる。水素原子の電子の存在位置を次々と測定し，電子が発見された 3 次元空間の点をマークする，という操作を非常に多くの回数繰り返してその点にマークしていく（図 1.5(a)）と，微小水滴が集まった雲のような図が描かれることになる（図 1.5(b)）。この電子の存在確率の高低を表す雲を**電子雲**といい，マークの密度は，状態関数 φ の自乗が示す電子の存在確率が大きい領域ほど高い。電子雲は軌道で表される。原子の軌道を表す状態は**原子軌道**（atomic orbital，略して AO）であり，固有のエネルギーに対応する。本章ではこれ以降，軌道といえばいつも orbital の意味である。

[*1] 規格化の要請を式で書くと，
$$\iiint_{\text{全空間}} |\varphi(x, y, z)|^2 dxdydz = 1$$

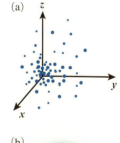

図 1.5 H原子の 1s 軌道の電子雲のイメージ

水素類似原子の量子数 (n, l, m) と s・p 軌道

電子を1つだけもつ原子やイオンを**水素類似原子**（または水素原子様原子，英語では Hydrogenic atoms）という。具体的には，H, He^+, Li^{2+}, Be^{3+}, B^{4+}, C^{5+}, … である。H 以外カチオンではあるが，ここではまとめて原子と表現する。原子番号 Z の水素類似原子においては，式 (1.3) の m_p の代わりに原子核の質量を用いた換算質量 μ と，式 (1.3) の原子核電荷 e の代わりに Ze に用いれば，H 原子と同じ形で状態を表す解を書ける。水素類似原子の状態のエネルギーは

$$E_{Z,n} = -\frac{Z^2 \mu e^4}{8n^2 \varepsilon_0^2 h^2} \tag{1.5}$$

と求められる。ここで，n は**主量子数**である。

水素類似原子の AO は3つの量子数の組で1つ1つを番号づけすることができる。AO を球技選手に喩えると，1人に背番号が3つ与えられるようなものである。量子数には，**主量子数** n，**方位量子数** l，**磁気量子数** m がある。

主量子数 n は式 (1.5) に使われているように，状態のエネルギーを決定づける。n は 1, 2, 3, 4, … の値をとる。方位量子数 l はある n に対して，0 から $n-1$ までの負でない整数値をとる（つまり，0, 1, 2, …, $n-1$ をとる）。さらに，磁気量子数 m は $-l$ から l までの整数値（つまり，$-l, -l+1, -l+2, …, -1, 0, 1, 2, …, l-1, l$）をとる。これらについて表 1.2 に示す。例えば，$n=3$ に対し，(n, l, m) で指定される AO は $(3, 0, 0)$ の 3s 軌道1つ，$(3, 1, -1)$，$(3, 1, 0)$，$(3, 1, 1)$ の 3p 軌道3つ，$(3, 2, -2)$，$(3, 2, -1)$，$(3, 2, 0)$，$(3, 2, 1)$，$(3, 2, 2)$ の 3d 軌道5つである。ここで，AO の命名は数字と小文字のアルファベット1文字からなるが，数字は主量子数 n を示し，アルファベット文字は方位量子数 l を示す。すなわち，l が 0 なら s（sharp の s），l が 1 なら p（principle の p），l が 2 なら d（diffuse の d），l が 3 なら f（fundamental の f）などである。

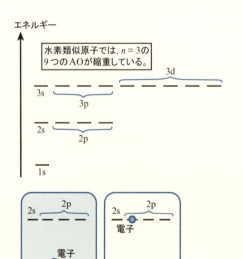

表 1.2 3つの量子数の組合せと AO の名称

AO	n	l	m
1s	1	0	0
2s	2	0	0
2p	2	1	$-1, 0, 1$
3s	3	0	0
3p	3	1	$-1, 0, 1$
3d	3	2	$-2, -1, 0, 1, 2$

図 1.6 基底状態と励起状態，および軌道の縮重

1.2 原子軌道

　1つの n に対し，水素類似原子にある AO の総数は $n=1$ のとき1つ，$n=2$ のとき4つ（2s が1つと 2p が3つ），$n=3$ のとき9つとなっている。式 (1.5) が示すように，n だけでエネルギーが決まる。よって，エネルギーが同じ AO が $n=1$ で1つ，$n=2$ で4つ，$n=3$ で9つある。このように，同じエネルギーをもつ AO が複数あるとき，それらの AO は**縮重**しているという（図 1.6）。

　式 (1.5) で示されるエネルギーに注目すると，$n=1$ の 1s 軌道が最もエネルギーが低い軌道である。この軌道を水素類似原子が唯一もっている電子が入っているとき，その原子は**基底状態**（図 1.6）にあるという。その原子は取り得る最もエネルギーが低い状態にある。1s 軌道の次に高いエネルギーをもつ軌道は 2s と 2p（これらは水素類似原子では縮重している）である。その次は 3s と 3p と 3d である。

　AO のエネルギーは負の値である。ところで，エネルギーが 0 の基準は無限に広い空間に1つだけある電子が取り得る最低のエネルギーである。つまり，他の何とも相互作用がない真空中の電子の最低エネルギーの状態である。これが**真空無限遠**の電子準位である。AO のエネルギーが負であることは，原子中に電子がある状態の方が真空無限遠の電子準位よりもエネルギーが低いことを示している。これは電子が静電引力で原子核に束縛されていることに由来する。原子中にいる方が安定だから，その中の電子は外部から相当のエネルギーをもらわない限り，飛び去ろうとはしないこと，つまり，安定な原子ではその電子が勝手に飛び出して壊れていくことがないことを示している。

　ところが，X 線などによって高いエネルギーを電子に与えれば，電子は飛び出していくことが可能である。しかし X 線ほど大きなエネルギーではなくても，例えば 2p 軌道と 1s 軌道のエネルギー差に相当するエネルギーを 1s 軌道中の電子に与えると，ある確率でその電子は 2p 軌道にもち上がる。ここでは，エネルギー保存則が成り立つ。エネルギーが外から光で与えられたのなら，原子に吸収された光子のエネルギーは「2p 軌道と 1s 軌道のエネルギー差」に等しい。このように，エネルギーが下の準位の軌道から高い準位の軌道へと電子がいる状態が移ることを**励起**とよび，これが光あるいは電磁波によって起これば**光励起**とよび，基底状態にない原子は**励起状態**（図 1.6）にあるという。

　電子軌道はその中に電子が存在すれば**占有軌道**といい，電子が存在しなければ**空軌道**という。すべて AO の軌道の状態とエネルギーは，そこに1電子が入るものとして導かれたが，水素類似原子中には電子は1つだけである。よって，ある1つの水素類似原子がもつ1つの電子は，多数の AO の中の1つだけを占有している。よって，その他の軌道は空軌道である。そこに電子がいなくても，電子が光励起によって，はじめ電子がなかった AO にエネルギーが異なる AO から電子が遷移してくることがありうる。そのため，占有軌道だけでなく空軌道であっても，軌道としてはもともと存在していると考える。空軌道は共有結合を作る際や，錯体生成を考えるときに不可欠になる。

　水素類似原子について，3つの量子数と軌道の原子核を中心とした3次元的な広がりを図 1.7 に示す。AO の軌道の形で特徴的なのは**節**の存在である。1s 軌道以外の状態 φ の値が 0 をとる点が，面をなして存在するところがあれば，そこ

*1 図1.7中の符号は，AOを表す実数関数が対応する領域でとる値が正(+)か負(−)かを示している。

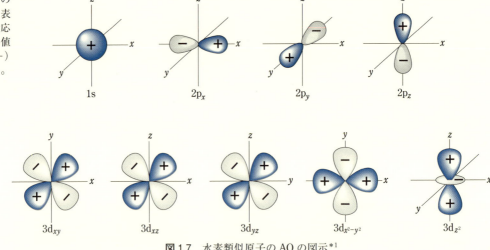

図1.7 水素類似原子のAOの図示[*1]

の面を**節面**とよぶ。例えば，全体が球対称の2s軌道では球面をなす節面が1枚ある。一般に，エネルギーが高い軌道ほど多くの節面をもつ。全体が球対称の3s軌道では球面をなす節面が2枚ある。

原子のAOのうち，p軌道を記述するうえでの注意点をあげておく。2p軌道を構成するシュレディンガー方程式の解のうち2つは実数関数ではなく，複素関数である(表1.1)。量子論の定理によると，「原子の状態(AOなど)はシュレディンガー方程式の解の重ね合わせ(1次結合)で表すことができる」。関数の規格化を保ったままで，$(2, 1, -1), (2, 1, 0), (2, 1, 1)$に対応するもともとの関数$\varphi$の1次結合を作ることにより，互いに**直交する**3つの実関数としての2p軌道のAOの関数表示を作ることができる。もともとの解は$2p^+, 2p^0, 2p^-$であり，p^+とp^-が実関数でないが，新しい実関数で書けるAOは$2p_x, 2p_y, 2p_z$軌道としてそれぞれを実空間に描くことができる(図1.7)。なお，上記の直交する関数とは，2つの軌道関数を掛け合わせて全空間で積分すると0になることをいう。

1.3 多電子原子とその中の電子

中心場近似と有効核電荷

ここまでは電子を1つだけもつ原子について記述してきた。1つの原子内に電子を2つ以上もつ原子を**多電子原子**という。電子が複数になると，すべての電子同士の静電反発をシュレディンガー方程式に組み込まねばならない。方程式は書けるが，3つ以上の粒子(電子2つの原子では，原子核と電子と電子の3つ)についての状態を解析的に解いて求めることはできないことがわかっている。三体問題とよばれる。しかし，水素類似原子で求めたAOの関数を用いて近似的に軌道を作ると，多電子原子の状態をよく表現できることもわかっている。このとき用いる近似を**1電子近似**に基づいた**中心場近似**という。

1.3 多電子原子とその中の電子

まず，多電子原子も水素類似原子と同様な 1s, 2s, 2p, … の AO をもつものとする。この AO は原子核に対して電子が 1 つだけのときに導かれたものである。ということは，電子は原子の中心（すなわち原子核がある点）との静電相互作用のみを受けた状態であるとみなすことに等しい。ここで導入する近似は，中心が作る場での 1 電子についての状態を用いて多電子原子を表そうとするものである。しかし，原子核との相互作用を用いるだけでは多電子原子を 1 電子原子のままで表すもので，無謀である。なぜなら，他のすべての電子から受ける静電反発の効果を無視しているからである。そこで，この反発の項を次のように組み入れる。

ある 1 電子は他の AO にある電子から反発を受けている[*1]。相手のどの電子も中心に束縛された存在確率の分布をもっているため，注目している 1 電子と他の AO にある電子との反発は，その 1 電子と原子の中心に付加的に置かれた「他の AO にある電子のすべてからの反発を再現する負電荷」との相互作用で組み入れることができる。どの AO もその中心は原子の中心位置にあるからである。そうすると，ある 1 電子が相互作用している原子の中心にある電荷は，原子核がもつ原子番号に対応した電荷 $+Ze$ と他の電子との反発的相互作用を表すための負電荷 $-\sigma e$ の和となる。

まとめると，どの電子も水素類似原子と同様な AO にあり，その状態は $+Ze - \sigma e$ の電荷をもつ中心に束縛された 1 電子の AO とみなすことができる。このように，中心に置かれた $+Ze - \sigma e$ の電荷と 1 電子とで原子が構成されていると近似する考えを，**1 電子近似に基づいた中心場近似**という。

ここで，$+Ze - \sigma e = Z_{eff} e$ として，$Z_{eff} e$ を**有効核電荷**，Z_{eff} を有効原子番号という。注目している電子にとって，中心から引力を及ぼしている電荷は $+Ze$ から引き下げられて $+Z_{eff} e$ になっている。$Z_{eff} = Z - \sigma$ である。

1 つ例をあげてみよう。Li 原子は $Z=3$ であるので，原子核の電荷は $+3e$ である。一番安定な状態の Li 原子の 3 つの電子は，この後すぐに述べるが 1s 軌道に 2 個，2s 軌道に 1 個収容されている。ここで，2s 軌道の電子（2s 電子）から原子の中心がどのように見えているかを想定する。原子核の $+3e$ の電荷から，2s 軌道の電子は静電引力を受けている。同時に，1s 軌道の電子（1s 電子）2 つから反発を受けている。1s 電子は，2s 電子より，原子核により近くにいる確率の方が，より遠くにある確率より大きい。そのため，中心に置いて反発を表すべき負電荷はかなり大きいと予想される。実際の値は $\sigma = 1.72$ であり，$Z_{eff} = 1.28$ である。一方，1s 電子 1 つから見ると，もう 1 つの 1s 電子は原子核からの配置が同一の AO にいるが，2s 電子は原子核からより離れた領域にいる確率が大きい。そのため，1s 電子にとっての σ は 2s 電子ほどは大きくないと予見できる。実際に値は $\sigma = 0.31$ であり，$Z_{eff} = 2.69$ である。このように，Z_{eff} はどの AO にいる電子かによって異なる。また，その電子より原子核に近い領域にある電子が多いと Z_{eff} は Z から大きく引き下げられる。この引き下げられ方が大きいほど，内殻の電子からより強く**遮蔽**されているという。このことから，σ を**遮蔽定数**とよぶことがある。

[*1] 静電力には重ね合わせの原理が成り立つ。つまり，全体として働く力は，個別の電荷対について求めた力の合力である。静電力は，一方の電荷が一定なら，他方の電荷に比例するから，このように電荷の和をとって相互作用を計算できる。

多電子原子：ウィスウェッサーの規則，パウリの排他律，フントの規則

前項をまとめると，多電子原子は水素類似原子と同様に 1s, 2s, 2p, 3s, … の AO をもつとして扱うことができる。ただし，電子にとっての中心場は静電相互作用を考えるうえでは $+Ze$ の電荷をもつ原子核によるものではなく，有効核電荷 $+Z_{eff}e$ をもつ中心である。個々の電子はそれが入っている AO に応じて異なる Z_{eff} をもつ。

ここで，Z_{eff} は同じ主量子数 n の AO であっても，方位量子数 l が異なると違った値をとる。2s 軌道の電子と 2p 軌道の電子は異なった Z_{eff} をとる。1 つの例をあげると，Na 原子では 2s 軌道にある電子の Z_{eff} は 6.58 であるのに対し，2p 軌道にある電子の Z_{eff} は 6.80 である。このことは，2s 軌道の電子のエネルギーと 2p 軌道の電子のエネルギーが異なることを意味する。このように，同じ主量子数 n をもつ AO であってもエネルギーが異なることを**縮重が解ける**という。水素類似原子では縮重していたのと対照的である。しかし，$2p_x, 2p_y, 2p_z$ のエネルギーは多電子原子でも同一であるので，縮重したままである。

以上のような多電子原子の構成は，あとは Z 個の電子がどのように AO に配置されるのかを記述すれば明らかにできる。それを決めるのは，以下に述べる 1 つの原理と 2 つの規則である。

ある多電子原子の最も安定な状態は Z 個の電子を一番エネルギーが低い AO から順に詰めていったものである。上下の段々がある収納庫にボールを下段から収めていく際に，最下段がいっぱいになったら下から 2 段目に入れていき，それもいっぱいになったら 3 段目に，という詰め方と同様である。そこで，多電子原子を構成するには，どのような AO（軌道）がどういう順番に並んでいるか（収納庫なら，段々の順序はどうなっているのか）ということ，また下から詰めていく際に，各軌道に入れられる電子の個数がどれだけなのか（収納庫なら，各段に入れられる上限個数がどれだけあるのか），また 1 つの軌道に複数入るならその入れ方はどうなるのか（収納庫なら，同じ高さの段ではどのように収めるのか），これらがわかれば原子を構成できる。これら原理と規則をまとめて，原子の**構成原理**（aufbau principle）という。構成原理を理解するには，電子の属性である**電子スピン**（electron spin）を把握する必要がある。

・電子スピン

教員がもつ新品のチョークに白色，黄色，赤色の 3 色があるとしよう。それらのチョークの形や重さは全く同一であり，真っ暗闇の中では「同じチョーク」に変わりない。しかし，ひとたび光を当ててその色を見たなら，白色，黄色，赤色の区別ができる。これらの色がチョークの属性である。

素粒子は，それに固有な属性をもつことがある。電子は電子スピン[*1]という属性をもつ。電荷や質量に関しては唯一の電子であるが，ひとたび磁場の中に電子を入れると，磁場との相互作用が異なる 2 種類の電子が区別される。これは，電子がもつ電子スピンに 2 種類あるからである。この 2 つは，上向きの矢印 ↑ で表す up spin と，下向きの矢印 ↓ で表す down spin である。up spin の状態を α,

[*1] 電子スピンの発見は 1921 年のシュテルン (Stern, O.) とゲルラッハ (Gerlach, W.) による銀原子線と磁場との相互作用の実験結果を，1925 年に，ウーレンベック (Uhlenbeck, G.) とゴーズミット (Goudsmit, S.) が解釈を与えたことによる。

1.3 多電子原子とその中の電子

down spin の状態を β で表す．また，これら 2 つの状態には半整数の**電子スピン量子数** m_s が割り当てられ，$m_s=1/2$ に対応する状態が α，$m_s=-1/2$ に対応する状態が β である．

以上より，多電子原子のある軌道 AO にある 1 電子は，その AO を表す n と l と m の組に，さらに m_s を加えた 4 つの量子数 n と l と m と m_s の組で指定される．以下が構成原理である．

・ウィスウェッサーの規則 (Wiswesser's rule)

多電子原子の AO をエネルギーの低い方から並べて不等式で表すと，実際の電子収容の順序とは一部で異なることがあるものの，以下のようになる．

$$1s < 2s < 2p < 3s < 3p < 4s < 3d < 4p < 5s < 4d < 5p$$
$$< 6s < 4f < 5d < 6p < 7s < 5f < \cdots \quad (1.6)$$

・パウリの排他律 (Pauli exclusion principle)[*1]

これはスピンが半整数の素粒子に対して，普遍的に成り立つ原理である．原子の構成に関してのパウリの排他律は以下のように記述できる．「1 つの原子において，2 つ以上の電子に，同一の 4 つの量子数の組 (n, l, m, m_s) を割り振ることはできない．」 AO に電子を入れるとき，1 つの AO は (n, l, m) の 1 組で決まり，電子は 2 通りの m_s をもつことから，「1 つの軌道を 1 つまたは 2 つの電子が占有することができ，2 つの場合にはその電子スピンは異なるものでなければならない」ということになる．1 つの軌道に 3 つ以上の電子が入ることは許されない．

・フントの規則 (Hund's rule)[*2]

エネルギーが等しい軌道，すなわち，ここでは縮重した軌道にどのように電子が入っていくか，これを経験則に基づいて法則として記述するものである．「縮重した軌道に電子が複数入るとき，電子スピンを同じ向きに揃えて異なる軌道に入る方が，電子スピンを逆方向にする入れ方よりも有利である．」 もちろん，パウリの排他律が許容する占有の仕方の範囲内での規則である．

原子の構成

以上に基づき，最もエネルギーが低い状態，すなわち基底状態の原子について，電子配置を決めて原子の構成を記述する．

H の電子配置は $(1s)^1$ である．最もエネルギーが低い 1s 軌道を電子が 1 つ占有した状態である．$Z=2$ の He (Helium, ヘリウム) の電子配置は $(1s)^2$ である．パウリの排他律から，1s 軌道を 2 つの電子まで占有することが許容される．このときの 2 つの電子の電子スピンは逆方向である．1 つの電子を 1 つの矢印で表し，矢印の向きで電子スピンを示すと次のようになる．

$$\text{He}: (1s)^2 \quad \begin{array}{c} 1s \\ [\uparrow \downarrow] \end{array}$$

[*1] スイスの物理学者パウリ (Pauli, W., 1900-1958) は，学会での歯に衣着せぬ厳しい大声の議論で知られる．若い時に物理学の教科書を執筆し，その構成は現在の日本の高校物理学の章立てにも反映されている．

[*2] フント (Hund, F., 1896-1997) はドイツの物理学者．フントの規則は 3 つあるが，ここでの規則はそのうちの第 1 のものである．

$Z=3$ の Li では，すでに 1s には 2 つの電子が収容されているので，もう 1 つの電子は 2 番目にエネルギーが低い軌道 (式 (1.6) 参照) である 2s 軌道に入る。$Z=4$ の Be (Beryllium, ベリリウム) では，2s にもう 1 つの電子がスピンを逆にして入る。

		1s	2s
Li :	$(1s)^2 (2s)^1$	[↑↓]	[↑]
Be :	$(1s)^2 (2s)^2$	[↑↓]	[↑↓]

$Z=5$ の B (Boron, ホウ素) は Be と同様に 4 つの電子が入った後，5 つ目は 2p 軌道に入る。2p 軌道には縮重した 3 つの軌道があり，$2p_x$, $2p_y$, $2p_z$ と名称が与えられている。どれに入れても同じであるが，アルファベット順に記載しておく。$2p_y$ から入るといっても間違いではない。

		1s	2s	$2p_x$	$2p_y$	$2p_z$
B :	$(1s)^2 (2s)^2 (2p)^1$	[↑↓]	[↑↓]	[↑]	[ ]	[ ]

$Z=6$ の C は B に次いで 6 つ目の電子が 2p 軌道に入るが，$2p_y$ と $2p_z$ は等価であることを考慮しても，次の 3 通りがあり得るように見える。いずれも，パウリの排他律を満たしている。

		1s	2s	$2p_x$	$2p_y$	$2p_z$
C :	$(1s)^2 (2s)^2 (2p)^2$	[↑↓]	[↑↓]	[↑↓]	[ ]	[ ]
		[↑↓]	[↑↓]	[↑]	[↓]	[ ]
		[↑↓]	[↑↓]	[↑]	[↑]	[ ]

この中でフントの規則に合致するのは最下段のところだけである。$2p_x$ とは異なる軌道である $2p_y$ に電子スピンを同方向 (up spin) に向けて入れる配置である。

引き続き $Z=7$ の N (Nitrogen, 窒素), $Z=8$ の O, $Z=9$ の F (Fluorine, フッ素), $Z=10$ の Ne (Neon, ネオン) の電子配置は以下のようになる。

		1s	2s	$2p_x$	$2p_y$	$2p_z$
N :	$(1s)^2 (2s)^2 (2p)^3$	[↑↓]	[↑↓]	[↑]	[↑]	[↑]
O :	$(1s)^2 (2s)^2 (2p)^4$	[↑↓]	[↑↓]	[↑↓]	[↑]	[↑]
F :	$(1s)^2 (2s)^2 (2p)^5$	[↑↓]	[↑↓]	[↑↓]	[↑↓]	[↑]
Ne :	$(1s)^2 (2s)^2 (2p)^6$	[↑↓]	[↑↓]	[↑↓]	[↑↓]	[↑↓]

Ne に至り，主量子数 $n=2$ までの AO が全部満たされた。これをもって**閉殻**になったという。遡って，He で一度，主量子数 $n=1$ の閉殻になっている。この閉じた「殻」に名称が与えられており，$n=1$ の AO をまとめて **K 殻**，$n=2$ の AO をまとめて **L 殻**，$n=3$ なら **M 殻** という。それぞれ殻を満たしきった閉殻の原子は**貴ガス原子**とよばれる。Ne の次の貴ガス原子は Ar (Argon, アルゴン) である。

$Z=11$ の Na (Sodium, ナトリウム), $Z=12$ の Mg (Magnesium, マグネシウム), $Z=13$ の Al (Aluminum, アルミニウム) では次のように電子配置される。

1.3 多電子原子とその中の電子

		3s	3p$_x$	3p$_y$	3p$_z$
Na :	$(1s)^2(2s)^2(2p)^6(3s)^1$	[Ne] [↑]	[ ]	[ ]	[ ]
Mg :	$(1s)^2(2s)^2(2p)^6(3s)^2$	[Ne] [↑↓]	[ ]	[ ]	[ ]
Al :	$(1s)^2(2s)^2(2p)^6(3s)^2(3p)^1$	[Ne] [↑↓]	[↑]	[ ]	[ ]

ここでは，Ne で閉殻を迎えたため，

 1s   2s   2p$_x$ 2p$_y$ 2p$_z$
[↑↓] [↑↓] [↑↓] [↑↓] [↑↓] = [Ne]

として，[Ne] を用いる表記とした。Na からは主量子数 $n=3$ の M 殻に電子が入り始めたことに相当する。

以前に，軌道 (AO) は，それを電子が占有していても，占有せず空軌道であっても，その軌道は存在するとして記述できることを書いた。ここでも同様であり，[ ] の中に電子が入っていない AO は空軌道である。

周期表と元素の性質

Z がいくつまでの原子の実在が実験的に確認されているのだろうか。非常に Z が大きくなると原子核自体が不安定になる。2015 年時点で天然に存在が確認されたとされている元素 (同位体は 1 元素として数える) は，89 個とされている。それ以外に人工的に作り出され，ごく短寿命だけ存在したとされるものを含めて，計 118 個が知られている[*1]。

原子を Z の順に並べてみると，電子配置に基づいた諸性質の周期性があることがわかる。それを見渡すために，注目すべき周期に基づいて原子を一覧表にしたものが周期表である。最初に原子の周期表を提唱したのはメンデレーエフ (Mendelejev, D.I., 1834–1907) である。標準的な周期表を本書の見返しに示すとともに，周期表の構成を 3.1 節で説明する。

以下に，基本的な原子の諸性質を整理して記述する。

・イオン化エネルギー

孤立している (気体状態の) 原子にある電子のうち，最も取り外しやすい電子 1 つを原子における平衡位置から取り出して，真空無限遠までもっていくのに必要な仕事 (エネルギー) を**第 1 イオン化エネルギー**という。これを，例えば Na の場合について式で書くと，

Na + (第 1 イオン化エネルギー：496 kJ mol^{-1}) ⟶ Na$^+$ + 真空無限遠の電子

真空無限遠にもっていくということは，もとの原子と完全に相互作用をなくすという意味である。また，真空無限遠はエネルギー 0 の基準であるから，電子がもとの原子中で AO に入った状態が，エネルギー 0 に対していくらのエネルギーに相当するのかを第 1 イオン化エネルギーに負号をつけた値が表している。電子は原子核に束縛されて原子を構成したので，イオン化エネルギーは必ず正の値をとる。

*1　ニホニウム (Nihonium, Nh) は $Z=113$ であり，日本の理化学研究所仁科加速器研究センター超重元素研究グループが発見した。2004 年に人工的に作られた原子である。「日本」にちなんで命名された。

表1.3 HからAlまでの各原子の性質

原子	Z	最低のZ_{eff}	左記に対応するAO	第1イオン化エネルギー (kJ mol^{-1})	電子親和力 (kJ mol^{-1})	ポーリングの電気陰性度
H	1	1.00	1s	1312	72	2.1
He	2	1.69	1s	2373	−48	
Li	3	1.28	2s	513	60	1.0
Be	4	1.91	2s	899	−49	1.5
B	5	2.42	2p	801	27	2.0
C	6	3.14	2p	1086	122	2.5
N	7	3.83	2p	1402	−8	3.0
O	8	4.45	2p	1314	141	3.5
F	9	5.10	2p	1681	327	4.0
Ne	10	5.76	2s=2p	2080	−116	
Na	11	2.51	3s	496	53	0.9
Mg	12	3.31	3s	737	0	1.2
Al	13	4.07	3p	577	43	1.5

　原子から最も剥ぎ取りやすい電子は，中心場近似のもとで有効核電荷$Z_{eff}e$が最も小さい電子である。なぜなら，$Z_{eff}e$が一番小さい電子は原子の中心からの引力が一番小さいため，脱離するのに必要な仕事が小さくて済む。このような電子は，電子雲の外側つまり原子核から遠いところにいる確率が高く，また，他の電子から受ける反発も大きいのである。よって，イオン化エネルギーを理解するために，まずはHからAlまでの各原子における最小の有効核電荷の値と，その電子が属するAOをみてみよう。表1.3で，周囲と比べてZ_{eff}が小さい原子は確かに第1イオン化エネルギーが小さい*1。

*1 ここでZ_{eff}だけでイオン化エネルギーが決まらないのは，原子がイオン化する際に，残る電子も再配置して全体としてエネルギーが低い状態に変化する寄与があるからである。

・電子親和力

　孤立している(気体状態の)原子に，電子を1つ付け加えたときに放出されるエネルギーを**電子親和力**という。この値は，正にも負にも成り得る。これを例えばFの場合について書くと，

$$F + e^- \longrightarrow F^- + (電子親和力\ 327\ kJ\ mol^{-1})$$

表1.3で大きな正の値をとる原子はアニオンになりやすい。特に，Fがこれに該当する。

・電気陰性度

　原子が結合を作るとき，相手の原子と相対的にどの程度，電子を引き寄せる傾向が大きいかを数値で表したものを**電気陰性度**という。電子を放出したり受け取ったりするときのエネルギー変化はイオン化エネルギーと電子親和力で表現できるため，電気陰性度はイオン化エネルギーと電子親和力を組み合わせた式で表

せるのでは，ということが直観的にわかる。これを具体化したのがマリケン (Mulliken, R. S., 1896–1986) であり，両者の相加平均とした。一方，ポーリング (Pauling, L. C., 1901–1994) は H の電気陰性度を 2.1 としたうえで，分子の結合エネルギーをもとに各原子の値を経験的に求めた (表 1.3)。

・**原子半径とイオン半径**

原子半径は原子の大きさを表す 1 つの指標である。原子番号が大きいほど，電子の数が多く AO が空間的にも大きくなる傾向と，原子核電荷が大きくなると静電引力が強くなって電子雲が引き締まる傾向，さらには，Z_{eff} が小さいほど原子核からの静電的束縛が弱く原子核から遠くに電子が存在できる傾向のせめぎあいで原子の大きさが決まる。電子雲の広がりがどこまでかは定義が困難なので，2 つの原子が接触する距離が，両者のファンデルワールス半径の和であるとする考え方がよく用いられる (1.4 節参照)。

イオン半径は**イオン結晶**の格子の大きさで評価される。F がアニオン F^- になると，F^- 中の電子の最小の Z_{eff} は F のそれより小さい。よって，電子の原子核への引き付けが全体として弱くなるので，F^- のイオン半径 (1.17 Å) は F の原子半径 (0.64 Å) より大きい。一方，Na^+ の最小の Z_{eff} は Na のそれより大きいので，Na の原子半径 (1.57 Å) よりも Na^+ のイオン半径 (1.13 Å 〜 1.32 Å，結晶の構造に依存する) は小さく，電子雲は引き締まっている。

1.4 原子から分子の成り立ち

化学結合・共有結合

あらゆる原子間や分子間には引力が働く。これを**分子間力**とよぶ。分子間力が，もし 2 つの原子を離散させないだけ強いのであれば，本章の冒頭に書いた分子の定義を満たし，分子間力による分子が存在してもよい。そのような分子は存在するだろうか？

2 つの Ar 原子を用意し，分子間力によって 2 つの Ar がつながった分子 Ar_2，すなわち Ar – Ar が存在し得るかどうかを検討してみる。Ar 原子は閉殻の貴ガス原子であるため，2 つの Ar 原子間で電子を交換したり共有したりする挙動は示さない。そのため，Ar 原子間で働く分子間力は「狭い意味での**ファンデルワールス力** (van der Waals force)[*1]」とよばれる引力 (**ロンドン力** [London force] ともよばれる) のみである。この力の起源は，Ar 原子がもつ電子雲の揺らぎが近傍にいる別の Ar 原子の電子雲の揺らぎと相互作用することによる**誘起双極子–誘起双極子相互作用**である。一方，2 つの Ar 原子が極めて近い距離に近づくと，電子雲が重なり始め，原子核が互いに接近する。もし電子雲が深く重なると，同じ 4 つの量子数をもった電子が同じ空間に存在するようになるが，それはパウリの排他律が許さない。また，原子核は極めて小さく，そこに原子の正電荷が集中しているから，近づいた原子核は強く反発する。これらの要因で働く反発力を**核間反発力**という。

[*1] ファン・デル・ワールス (van der Waals, J. D., 1837–1923) はオランダの物理学者。分子の大きさと分子間力を考慮した気体の状態方程式など重要な業績を残した。

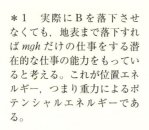

*1 実際にBを落下させなくても、地表まで落下すればmghだけの仕事をする潜在的な仕事の能力をもっていると考える。これが位置エネルギー、つまり重力によるポテンシャルエネルギーである。

一般に、粒子Aと粒子Bの間に一定の引力が働いて距離が変化したとき、力と距離の積が、その力によってなされた仕事に等しい。もし、力が一定でなく距離の関数であるなら、仕事は力の距離積分である。つまり、力は仕事の距離微分である。

粒子AとBの系がもつ仕事に相当する潜在的なエネルギーを**ポテンシャルエネルギー**[*1]という。例えば、Aが地球であって、質量mの質点Bは地表からhの高さにあって、重力加速度が定数gであるとき、地表を基準にすれば、Bはmghの**位置エネルギー**をもつという。この位置エネルギーは言い換えると重力によるポテンシャルエネルギーである。

この考え方を2つのAr原子に適用してみる。引力であるファンデルワールス力と、反発力である核間反発力が同時に作用するので、その合力を2つのAr原子間の距離について積分すれば、距離rの関数としての全ポテンシャルエネルギーを求めることができる。2つのAr原子が無限に離れていれば、そこでは力は働かないので、無限遠でのポテンシャルエネルギーを0とすれば、この計算の結果としてのポテンシャルエネルギー$PE(r)$は次式で書ける。

$$PE(r) = -ar^{-6} + br^{-12} \tag{1.7}$$

ここで、aはファンデルワールス力の強さを表す正の定数、bは核間反発力の強さを表す正の定数である。この$PE(r)$はレナード・ジョーンズ(Lenard-Jones)の6-12ポテンシャルエネルギーとよばれる。横軸にrをとり、縦軸に$PE(r)$をとってこれを示した曲線を**ポテンシャルエネルギー曲線**、あるいは単に**ポテンシャル曲線**とよぶ。これを図1.8に示す。この曲線は最小値を1つとる。その距離をr_0とする。この最小値は極小値であるから、$r=r_0$では微分係数は0であり、したがって、正味の力も0である。$r=r_0$では逆向きに働くファンデルワールス力と核間反発力が同じ大きさでつり合っている。$r > r_0$では $dPE(r)/dr > 0$ であるので引力が働き、$r < r_0$では、$dPE(r)/dr < 0$ であるので斥力が働く。したがって、$r=r_0$が力学的に最も安定な位置であり、PEの最小点であることに一致する。このとき、2つのAr原子は安定に接触している。したがって、$r_0/2$に相当する長さがAr原子の半径に相当するものとできる(図1.9)。この値はAr原

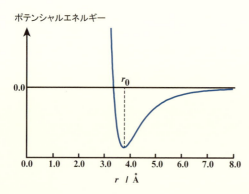

図1.8 Ar原子2つの系を表すポテンシャルエネルギー曲線

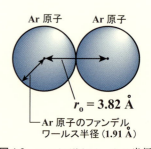

図1.9 ファンデルワールス半径

子の**ファンデルワールス半径**とよばれ，1.91 Å である。この半径は原子の大きさを表すのに用いられる。$r=r_0$ の周辺は**ポテンシャルエネルギーの谷**とよばれ，$|PE(r_0)|$ がその谷の深さである。

温度 T（単位は Kelvin, K）にある 1 つの原子がもつ統計平均的な熱的運動エネルギー[*1]は $3 \times (1/2)k_B T$ である。ここで，k_B は**ボルツマン定数**であり，気体定数 R を**アボガドロ数** N_A で割った値に等しい（$k_B = 1.381 \times 10^{-23}$ J K^{-1}）。「運動の 1 自由度あたりの熱的運動エネルギーは統計平均的に $(1/2)k_B T$ である」という統計熱力学の結論である。熱的運動エネルギーは並進，振動，回転に割り振られるが，Ar 原子では並進だけである。3 次元空間での並進運動速度を表すベクトルには 3 成分（例えば，x, y, z 成分）が必要十分である。そのため，並進の自由度は 3 である。

単振り子の系は運動エネルギーと位置エネルギー（すなわち重力ポテンシャルエネルギー）の和が保存されることから記述される。この例のように，ある独立した系の状態を知るには PE 曲線で表されたポテンシャルエネルギーだけでなく運動エネルギーを考える必要がある。

図 1.8 のポテンシャルエネルギーの谷の底に対応する 2 つの Ar 原子間距離は r_0 である。その距離を大きくして ∞ にする，すなわち 2 つの Ar 原子を解離させるには，谷の深さ（最小値のポテンシャルエネルギーの絶対値）を超えるエネルギーが与えられなければならない。ちょうど谷の深さのエネルギーが与えられると $PE=0$ になり，これは 2 つの原子が無限に離れた状態に成り得る。

図 1.8 の谷の深さは 2.0×10^{-21} J であることがわかっている。ところで，25℃（298 K）のときの Ar 原子 1 つの統計平均的な熱的並進運動エネルギーは $(3/2)k_B T = 6.17 \times 10^{-21}$ J であり，r 軸方向の 1 次元の熱的並進運動エネルギーは $(1/2)k_B T = 2.16 \times 10^{-21}$ J である。いずれで考えても谷の深さよりも大きいので，熱的並進運動エネルギーの一部を用いれば，谷の底の状態にある一対の Ar 原子を無限遠まで引き離すのに十分である。したがって，一対の Ar 原子は，ファンデルワールス力で生じるポテンシャルの谷は浅すぎ（つまりファンデルワールス力は弱すぎ），ポテンシャルの谷にとどまれない[*2]。よって，ファンデルワールス力で結合した Ar$_2$ 分子は少なくとも室温付近では存在し得ない。

以上をまとめると，無限遠から近づけていくと，はじめ引力が作用するが，やがて反発力に転じる。ちょうど引力と反発力がつり合う距離 r_0 があるが，室温では原子がランダムに動き回る挙動（熱運動）が優勢なため，分子は生成し得ない。要するに，一般に，ファンデルワールス力によるポテンシャルエネルギーよりもずっと深い谷を与える原子間相互作用がないと，安定な化学結合はできないと結論できる。

Ar の場合とは異なり，水素分子 H$_2$ は 3000K でも約 92% が H 原子に解離せずに存在する。この事実は H–H 間の結合が強く，高温での熱的運動の激しさに対抗できること，したがって，ポテンシャルエネルギー曲線の谷の深さが 3000K の $(3/2)k_B T$（6.2×10^{-20} J）よりも深いことを予見させる。

それだけ深いポテンシャルエネルギーの谷の深さを生じる原因となる H 原子

[*1] 熱的運動エネルギーは温度に比例する。熱的運動エネルギーを表す示強変数が絶対温度である。$T \to 0$ K，すなわち絶対零度に極限まで近づけると，熱的運動エネルギーも 0 に収束する。

[*2] 温度を下げて熱的運動エネルギーが谷の深さより小さくなると，Ar 原子は集合・凝集して，やがて相転移して液体（沸点 87.15 K＝−186.0℃）となり，その後に固体（融点 83.8 K＝−189.3℃）になる。

間の引力的相互作用にはファンデルワールス力では全く不足である.強い引力的相互作用の起源は電子の挙動に由来する.実際に,H原子が1つずつもっていた計2つの電子がH_2分子では2つの原子に共有され,**共有結合** (covalent bond) が生じている.この共有結合によって2つのH原子が1つの水素分子H_2を形成するのである.

シュレディンガー方程式は分子についても適用することができる.そこで,分子の成り立ち,すなわち共有結合の生成を説明するには,分子についてのシュレディンガー方程式の正確な解を求めればよい.そうすれば,共有結合の実体としての軌道の形,軌道のエネルギーなどがわかる.しかし,正確な解は求められない.よりよく方程式を満たす状態を求めるための努力は高度な計算化学の最先端のテーマでもあり,医薬品開発などにも不可欠である.しかし,ここでは見通しよく分子を記述するため,大胆な近似が必要になるものの,実際の分子の状態をよく表すことができて直感で把握しやすい2つの方法を述べる.1つは**分子軌道法**であり,もう1つは**原子価結合法**である.

・分子軌道法

分子軌道法ではAOが空間的に重なり合う,つまり軌道の一部分が同じ空間を占めるようになることによって新しい軌道が生じ,結合ができると考える.例えば,q個のAOが重なり合うと,AOはなくなる代わりに,AOと同じ個数q個の**分子軌道** (molecular orbital, MO) が生じる.MOの電子雲はAOの電子雲とは異なり,2つ以上の原子の原子核を包み込むように配置する.2つのAOが重なると,2つのMOが生じる.このうち,エネルギーが低い方の軌道は**結合性軌道** (bonding orbital) とよばれ,もともとのAOよりも低いエネルギーをもつ.もう1つは,もともとのAOよりも高いエネルギーをもつ**反結合性軌道** (anti-bonding orbital) という.はじめ2つのAOに1つずつ計2つ電子があるならば,2つともよりエネルギーが低い結合性軌道に,パウリの排他律に従って,電子スピンを反平行にして入ることができる.これがエネルギーが一番低い**分子の基底状態**であり,反結合性軌道は空のままになっている.AOの重なりの程度が大きければ大きいほど結合は強くなるが,核間の反発のため,完全な重なり合いまでは起こらない.

図1.10には実際にH_2分子の生成の様子,つまり2つの1s AOが接近し重なり合って結合性軌道と反結合性軌道が生じた状況を模式的に示している.反結合性軌道は原子核の中点で節をもち,電子の存在確率が0になる面が存在する.この軌道では有効な結合ができないどころか,結合させまいとする作用を示す.

2つの原子核を結ぶ直線の軸を想起し,MOがこの軸に対して何度回転させても同じ形をとるような結合性軌道を**σ軌道**とよぶ.もとのAOが1sであるので,この結合性のσ軌道を1s σ軌道とよび,反結合性のσ軌道を1s σ*軌道とよぶ.1s σ軌道のエネルギーは1s軌道 (AO) のエネルギーよりも低く,1s σ*軌道のエネルギーは高い (図1.11).H原子が接近し,1s軌道 (AO) が重なり合うと,1s σ軌道と1s σ*軌道 (ともにMO) が生じ,2つの1s電子は1s σ軌道に収容さ

1.4 原子から分子の成り立ち

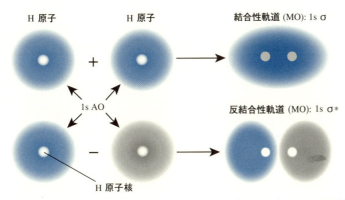

図1.10　2つの水素原子の1s AOから，2つのMO（1s σ軌道と1s σ*軌道）が生じる模式図

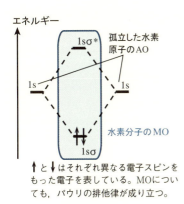

図1.11　水素原子の1s AOおよび1s σ軌道と1s σ*軌道のエネルギー関係

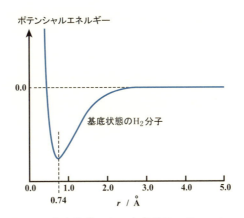

図1.12　基底状態にある水素分子のポテンシャルエネルギー曲線

れる。この状態は，独立した2つのH原子がある状態よりも安定である。

　このようにして生じた状態の最も安定な距離でのエネルギーは，ポテンシャルエネルギー曲線（図1.12）で見ることができる。実際の一対のH原子2つからなる系での$PE(r)$である。ポテンシャルの谷の深さは約7.2×10^{-19} Jであり，25℃の$(3/2)k_B T$の値を大きく超えている。したがって，この2つのH原子はH_2と書ける分子，つまり水素分子を形成しているのである。1s σ軌道に入った2つの電子は2つのH原子のものであるが，2つの電子がもともとどちらのH原子にあったものであるかは区別できない。また，1s軌道（AO）に比べて1s σ軌道の空間的な広がりは相当大きい。前に述べたように（1.2節参照），電子がより広い空間にわたって存在できる確率分布（大きな電子雲）をもつ状態は，狭い空間に閉じ込められた状態よりエネルギーが低い。これに加え，2つの正電荷を帯びた原子核のちょうど中点あたりでの1s σ軌道の電子の確率分布が大きいために，原子核間の静電反発が緩和される効果も1s σ軌道のエネルギーの低さの起源である。結合性1s σ軌道には節はなく，反結合性1s σ軌道には節が1つあることも図1.10からわかる。節がある軌道のエネルギーは，同様にして生じた節がない軌道のエネルギーより必ず高くなることを，ここでも指摘できる。

この結合の様子は 2 つの原子にあった電子が結合性 MO を通じて 2 つの原子に共有されたとも見ることができるので，このようにして分子を生成する結合を共有結合という．また，結合性 σ 軌道による結合を **σ 結合**という．

2 つの原子 A と B が σ 結合するとき，生じた σ 軌道 (MO) の状態 Ψ を表現する最も単純な方法は結合前の AO の 1 次結合を用いるものである．この方法は LCAO 法 (linear combination of atomic orbitals method) とよばれる．つまり，MO の状態 Ψ を

$$\Psi = c_A \phi_A + c_B \phi_B \tag{1.8}$$

と書くものであり，ϕ_A と ϕ_B は原子 A と B の AO，c_A と c_B は AO を重ね合わせる重みを示す．このとき，$|c_A|^2$ と $|c_B|^2$ の比は，Ψ に対する ϕ_A と ϕ_B の寄与の割合を表す．

・原子価結合法

共有結合を表す方法には分子軌道法の他に，原子価結合法 (valence bond method) がある．まず，2 つの原子が結合したとして，電子状態に関して分子が取り得る状態 (これを**共鳴限界構造**または単に共鳴構造という) を用いて表せる分子の状態 Ψ_j をすべてあげ，その 1 次結合を用いて，分子の真の状態 Ψ を表現する．つまり，状態の重みづけをする定数 c_j を用い，

$$\Psi = \sum_j c_j \Psi_j = c_1 \Psi_1 + c_2 \Psi_2 + c_3 \Psi_3 + \cdots \tag{1.9}$$

一見，式 (1.9) は式 (1.8) に似ているが，それぞれの状態 Ψ_j は，仮想的な分子構造に基づく状態であって，式 (1.8) とは本質的に意味が異なる．例えば，水素分子 H_2 であれば，次の 3 つの仮想的な分子構造について和をとる．

$$H-H \qquad H^- \; H^+ \qquad H^+ \; H^-$$

一番左の構造で，2 つの H 原子の間に引いてある 1 本線は一対の H 原子が結合性電子 2 つを，2 つの原子の間で共有していることを示している．中央の構造は 1s の電子が 2 つとも左側の H 原子がもち，右の H 原子が電子を失って陽子だけになったものであり，一番右の構造はその左右逆のものである．真の状態の Ψ はエネルギーを最低にする係数 c_j の組として求める．

以上，共有結合を扱う 2 つの方法，つまり分子軌道法と原子価結合法の概要を記述したが，この 2 つの方法はよく一致した結果を与える．

共有結合の代表例 ── σ 結合と π 結合

H_2 のように，同一の原子 2 つから生成した分子は**等核二原子分子**という．σ 結合している 2 つの原子間を結ぶ軸を想定し，その軸を中心に結合に関与している MO を何度回転させても形は変わらない．σ 結合で生成する等核ではない二原子分子の一例は HF (フッ化水素) である．F の 2 つの 2p 軌道は 2 つの電子で満たされているが，1 つの 2p 軌道は電子が 1 つだけである．この軌道を $2p_z$ 軌道

1.4 原子から分子の成り立ち

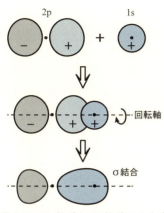

図1.13 2p軌道と1s軌道から生成するσ結合(黒丸は原子核,符号はAO関数の値が正か負かを表す)

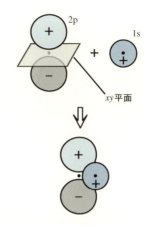

図1.14 結合に有効なMOを生み出さない様式のH 1sとF 2pの接近

とする。F原子に,この軌道のz軸方向からH原子が接近し,Hの1s軌道(AO)とFの$2p_z$軌道(AO)が重なり合って結合性MO軌道と反結合性MOが生成し,結合性MOに2つの電子(1つはHの1s電子,もう1つはFの2p電子)が入って共有結合する。この様子は図1.13に示す。生成したMOも,当初の接近時と同様に,2つの原子核を結ぶ軸について何度回転させても形は変わらず,生成した結合はσ結合である。

なお,図1.14の方向での結合は生じ得ない。なぜかというと,$2p_z$軌道の軸をz軸とすると,$2p_z$軌道はxy平面を節(節面)としている。したがって,$z > 0$側と$z < 0$側とで,$2p_z$のAOの状態関数の符号は必ず異なる。この状況で,図1.14のようにHの1sが接近して重なり合おうとすると,節面を境にして一方側での重なりは,他方側で打ち消されてしまう。$z > 0$側で$2p_z$の+と1sの+が重なり合うならば,$z < 0$側では,$2p_z$の−と1sの+が重なり合うことになるからである。よって,HFのσ結合は図1.13のようにして生じる。

・窒素分子N_2の三重結合

等核二原子分子であるN_2(窒素分子)について,その結合を説明してみよう。基底状態のN原子の1s軌道と2s軌道はすでに電子2個ずつで満たされている。1s軌道の原子核からの広がりの程度は2sや2pに比べて小さい。よって,1s軌道の電子は結合に寄与しないと考えてよい。また,厳密な計算をすると2s軌道の電子も結合に関与してはいるが寄与は小さく,実際には分子の成り立ちを大まかに理解するうえでは近似的には無視して考えても差し支えない。

以上のことから,N原子とN原子が結合を作るとき,共有される電子は2p電子であると予想できる。1つのN原子における3つの2p軌道は,基底状態では$2p_x$に1つ,$2p_y$に1つ,$2p_z$に1つの電子を収容している。よって,どの2p軌道も,電子が1つだけもっている相手の原子の2p軌道と共有結合を形成できる準備がある。2つのN原子が接近したとき,できるだけ多くの結合性軌道を作って電子を共有するには,どのような2p軌道の向きが適しているだろうか。N原

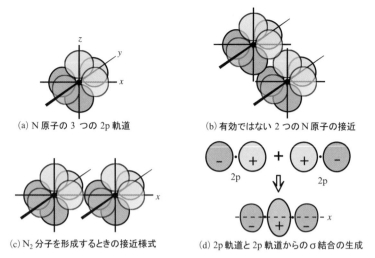

図 1.15　2つの N 原子から N_2 分子が生成するときの AO の重なりと σ 結合の生成

子の中心からの 2p 電子雲の張り出しの方向は，N 原子を原点においた直交座標を想定すると，x 軸のプラス・マイナスの両方向，y 軸のプラス・マイナスの両方向，z 軸のプラス・マイナスの両方向であって，3方向は直交する。よって，2つの N 原子が接近してどの 2p 軌道も相手と重なり合いを作るには，図 1.15 の 2通りがあり得る。

図 1.15(b) の接近の仕方では，軌道が緩い角度で重なり合うだけになるため，結合は非常に弱い。むしろ，図 1.15(c) のように共通の x 軸に沿って接近し，同時に y 軸と z 軸の方向を，相互に平行になるように合わせる配置が強い結合を作り，安定な状態を作るのに有利である。

2つの N 原子を左右で区別する。また，x 軸の方向を左の N から右の N の原子核同士を結ぶ方向にとることにする。このとき，2原子間での 2p 軌道が重なり合わさっていく様態として立体的に 2通りある。左の $2p_x$ の x 軸の + 方向への張り出しと，右の $2p_x$ の x 軸の − 方向への張り出しが重なり合うと，x 軸についての回転で対称な σ 結合ができる（図 1.15(d)）。そのとき，左右の $2p_y$ 同士と $2p_z$ 同士の重なりが同時に起こる。これらは 2p 軌道の軸（y 軸方向と z 軸方向）を平行にして，2p 軌道の側面で重なり合う様態である（図 1.16）。この重なりでできた結合性軌道は，もともとの p 軌道の節面を引き継ぎ，$2p_y$ の重なりでは xz 平面，$2p_z$ の重なりでは xy 平面が節面となる。電子存在確率が高い領域は，この節面の上下に分かれていて，かつ原子の中点に近いところで大きな存在確率がある。この新しくできた結合性 MO（図 1.16(a)）は原子間を結ぶ軸を 180 度回転するごとに同じ形をとる（しかし 180 度の回転では，形は同じでも状態関数は異なる符号になる）。この形式の結合を **π 結合** とよぶ。また，この結合性軌道を **2pπ 軌道**，同時にできる反結合性軌道を **2pπ* 軌道** という（図 1.16(b)）。π 結合は $2p_y$(左)+$2p_y$(右) から 1つ，$2p_z$(左)+$2p_z$(右) から 1つの計 2本が生じることになる。総合すると，N_2 分子は 1本の σ 結合と 2本の π 結合から形成される。

1.4 原子から分子の成り立ち

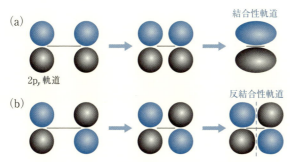

図 1.16 π 軌道の生成と π 結合の様式

一方，反結合性軌道に入った 2p 電子は 1 つもない。このような場合，N 原子間には**三重結合**があるという。これを N≡N で書くことがある。より正確には，「N 原子間の**結合次数**（bond order, B.O.）は 3 である」という。一対の原子間の結合について，B.O. は次のように定義される。

B.O. = {(結合性 MO に入った電子数) − (反結合性 MO に入った電子数)}/2
(1.10)

N_2 では B.O. = (6 − 0)/2 = 3 であり，振り返って H_2 や HF では B.O. = 1 である。

・ルイス構造

分子の構造を示す化学式を**構造式**という。特に，原子間の共有結合を B.O. = 1, 2, 3 に対応して，それぞれ 1 本線，2 本線，3 本線で表した構造を**ルイス構造**とよぶ。これまで学んだ分子を書き表すと，H−H, H−F, N≡N となる。例えば，酸素分子は酸素原子 2 つからなるので O_2 であり，ルイス構造で書くと O=O となる。ここで特に注意したいのは，N≡N は 3 つの結合性 MO に電子が 2 つずつ（計 6 つ）入っていて結合ができていることを示しているのに対し，O=O では 3 つの結合性 MO に電子が 2 つずつ入っているのに加えて反結合性 MO に 2 つの電子が入っているため，B.O. = 2 だから 2 本線で書いていることである。「2 つの結合性に電子が 2 つずつ入っている二重結合」であるから O=O の 2 本線で書いたのではない。

図 1.17 には H−H, H−F, N≡N について，電子雲のおおよその広がりを球で表現した分子模型を示す。

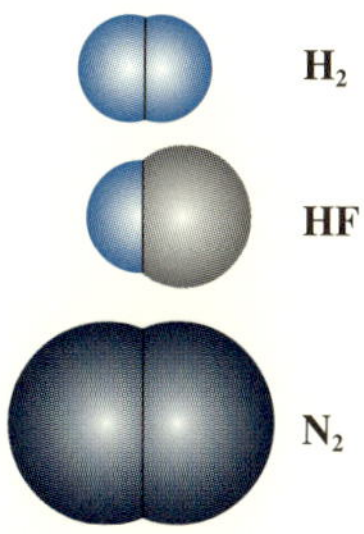

図 1.17 水素分子，フッ化水素分子，窒素分子の模型

イオン結合，金属結合，水素結合

「結合」と名前がつく原子，イオンまたは分子間の強い引力的相互作用には，共有結合（配位結合（3.5 節，3.6 節）を含む）の他に，**イオン結合**，**金属結合**，**水素結合**がある。

アニオンとカチオンが集合して**結晶**（イオン結晶）が生成するとき，その起源となるのは主にアニオンとカチオンの静電引力である。これをもってイオン結合によりイオン結晶が形成されたという。典型例は NaCl（塩化ナトリウム）の結晶である岩塩である。なお，イオンの組み合わせによってはアニオンとカチオン間

の結合が同時にイオン結合性でありかつ共有結合性である場合も少なくない。もちろん、イオンだけからなる結晶全体ではカチオンの正電荷の総数とアニオンの負電荷の総数は等しい（これを**電荷中性条件**が成り立っているという）。そのため、互いに最も近い距離にあるアニオンとカチオンは最も強い静電引力を及ぼし合うが、その外側には同種電荷のイオンがあるので、先の引力よりは弱いものの、アニオン-アニオン間とカチオン-カチオン間の反発力も同時に働いている。その総和として、結晶全体で静電相互作用がどのくらいのエネルギーの低下をもたらしているか（構成するイオンが全部真空中でイオンのままばらばらになって、互いに相互作用できないほど遠くにいる状態に比べて、イオン結晶を作った状態がどのくらい安定であるのか）は静電エネルギーの総和によって評価できる（負の値の絶対値が大きいほど安定である）。

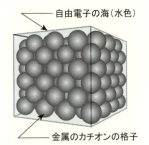

図 1.18 最も単純化した金属のモデル

金属結合とは金属に成り得る原子（金属元素）が集合して金属を形成したときの結合の様態を表す。この結合では金属元素の原子が多数集合して金属を形成し、原子がイオン化してカチオンになって、放出した電子は**自由電子**となって、カチオンが作る格子の間を自由に動き回っている状態として近似的に描くことができる。まるで自由電子の海いっぱいに、カチオンが並んで組んだ3次元の格子が浸されているようなものである（図1.18）。

水素結合とはH原子を介して、主に静電的な力で分子の部位が強く引力を及ぼし合う結合をいう。例えば、液体の水中の水分子は水素結合しているが（図4.5参照）、回転の熱運動によって部分的に切れ、またつながるということを繰り返している。水の沸点が同じ分子量の分子からなる液体より高いのは、蒸発する際に水素結合を振り切らなければならないためである。

1.5 分子の立体構造とVSEPR（原子価殻電子対反発）理論

分子の立体構造

分子の構造は分子の物理的・化学的性質に大きく影響する。例えば、分子の構造により分子の**極性**が決まるため、沸点・融点に影響する。また、薬の開発においても分子の構造は重要となる。インフルエンザの特効薬として知られているオセルタミビル（商品名タミフル）（図1.19）は、インフルエンザウイルスのもつタンパク質のノイラミニダーゼに結合し薬効を示す。オセルタミビルが薬として有効なのは、この分子の構造がノイラミニダーゼの空洞にきれいにはまるのに適していることに由来する。

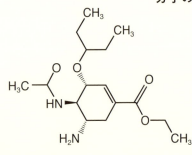

図 1.19 オセルタミビル

これまで化学結合について学んできた。化学結合は化学反応の理解に欠かせないだけでなく、分子の立体構造を説明・推測するのにも重要である。ここでは分子の立体構造を説明・予測する理論について学ぶ。分子の立体構造とは、化学結合でつながれた原子がどのように空間に配置されているかを示すものである。

ルイス構造は分子を作る原子同士の結合の種類と数を表す（1.4節参照）。分子の立体構造については水素分子H_2や酸素分子O_2、窒素分子N_2などの二原子分

子では原子が2つしかないため，幾何学的にとることのできる構造は1つしかなく，ルイス構造で表される通り直線の分子になる。さらには，H_2 は単結合，O_2 は二重結合，N_2 は三重結合をもつため，結合長は $H_2 > O_2 > N_2$ の順に短くなることがわかる。

しかし，原子数が3個以上になるとルイス構造だけでは不十分であり，分子の立体構造はわからなくなる。例えばメタン CH_4 を考えてみよう。ルイス構造からはC原子を中心としてH原子4個と単結合が作られていることしかわからない。またルイス構造では同一平面上にすべての原子が描かれている（図 1.20 (a)）。しかし，実際のメタンの構造は図 1.20 (b) に示す通り，正四面体の頂点にあるH原子が中心にあるC原子と共有結合で結ばれている構造をしている。

また中心原子Aのまわりに原子Xが n 個結合している分子 AX_n の立体構造について考えよう。例えば，二酸化炭素 CO_2 や水 H_2O は AX_2 分子である。AX_2 分子では可能な立体構造は直線型か折れ線型しかない（図 1.21）。CO_2 は直線型であり，H_2O は折れ線型である。三フッ化ホウ素 BF_3 やアンモニア NH_3 は AX_3 分子である。AX_3 分子に関しては，平面三角形型，三角錐型，T字型が考えられる。BF_3 は平面三角形型であり，NH_3 は三角錐型である。T字型の例は少ないが三フッ化塩素 ClF_3 がある（図 1.21）。では，どうすれば AX_n 分子の立体構造を推測することができるのであろうか。

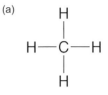
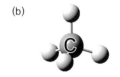

図 1.20　CH_4 の構造
(a) ルイス構造
(b) 立体構造

O=C=O	H-O-H	F-B(-F)(-F)	H-N(-H)(-H)	F-Cl(-F)(-F)
AX_2：直線型	AX_2：折れ線型	AX_3：平面三角形型	AX_3：三角錐型	AX_3：T字型

図 1.21　AX_2 分子と AX_3 分子

VSEPR（原子価殻電子対反発）理論

分子の立体構造を推測するのに簡単かつ便利な理論に **VSEPR**（valence shell electron pair repulsion，**原子価殻電子対反発**）**理論**がある。この理論は，「中心原子に属する電子対は，互いに反発が最小限になるように遠くに離れて配置される」という考えに基づいている。この理論を使うと，分子のルイス構造を利用して，その分子の立体構造を推測することができる。その際，電子対を，**結合電子対**と**非共有電子対**に分ける。ここで，結合電子対とは2つの原子で共有され，共有結合を作る電子対である。また，非共有電子対とは1つの原子に属し，共有結合に関与しない電子対である。さらに結合電子対の中で二重結合と三重結合は特別に扱われる。ルイス構造では，二重結合は2組の電子対，三重結合は3組の電子対で作られるが，互いにばらばらになって離れることができない。そこで二重結合，三重結合は1組の電子対として考える。

VSEPR 理論では，電子対間の静電反発を避けるように電子対はできるだけ離れると考える。例えば，電子対が2つの場合は，電子対は互いに反対を向いた配

表 1.4 電子対の数と分子の構造

電子対の数	電子対の配置	結合電子対の数	非結合電子対の数	分子の構造
2	直線	2	0	直線型
3	平面三角形	3	0	平面三角形型
3	平面三角形	2	1	折れ線型
4	四面体	4	0	正四面体型
4	四面体	3	1	三角錐型
4	四面体	2	2	折れ線型

置をとり，2つの電子対は直線上に並ぶ．同様に考えると，電子対が3つの場合は電子対が平面三角形の，電子対が4つの場合は電子対が四面体の配置をとる（表1.4）．

VSEPR 理論に基づいて分子の立体構造を決めるには，以下の手順で行う．
1. ルイス構造式を描く．
2. 中心原子のまわりの電子対の数を調べる．
3. 電子対の形状を表1.4をもとに決める．
4. 電子対の形状に結合電子対と非共有電子対をあてはめることで，分子の立体構造を決める．

1.5 分子の立体構造と VSEPR（原子価殻電子対反発）理論

いくつかの分子の立体構造を VSEPR 理論を使って確認してみよう。

CO_2 の立体構造

CO_2 はルイス構造を描くと，図 1.22(a) のように中心原子の C 原子には O 原子が 2 組の二重結合で結びついている。二重結合は結合電子対 1 つとして考えるので，C 原子は 2 つの結合電子対をもつ。また C 原子は非共有電子対をもたない（非共有電子対の数は 0）。このことから CO_2 では中心原子の C 原子に関して，結合電子対の数は 2，非共有電子対の数は 0 なので，表 1.4 より電子対の配置は直線になり，CO_2 の立体構造は直線型になる（図 1.22(b)）。

CH_4 の立体構造

先ほどの CH_4 を考えてみよう。CH_4 のルイス構造は図 1.20(a) に示すように，中心原子の C 原子は 4 組の共有結合をもつため，結合電子対は 4 つとなる。また C 原子には非共有電子対はない（非共有電子対の数 0）。したがって，CH_4 の場合，中心にある C 原子は 4 つの電子対をもつ。4 つの電子対の反発を最小限にする配置は表 1.4 から四面体型になる。また，CH_4 の場合は 4 つの電子対はすべて結合電子対であるので，CH_4 は正四面体構造になる。

NH_3 の立体構造

次に NH_3 を考えてみよう。NH_3 のルイス構造を描くと，図 1.23(a) に示すように中心原子の N 原子には 3 つの結合電子対（共有結合）と 1 つの非共有電子対がある。したがって，電子対の数は 4 であり，表 1.4 より電子対の配置は四面体型になると推定できる。また，NH_3 では中心原子の N 原子の非共有電子対が 1 つなので NH_3 の立体構造は三角錐型になる。

H_2O の立体構造

最後に H_2O の立体構造を考えてみよう。図 1.24(a) のように H_2O のルイス構造から，中心の O 原子は結合電子対（共有結合）2 つと非共有電子対 2 つをもっていることがわかる。したがって，電子対の数が 4 つで，その内訳は結合電子対が 2 つ，非共有電子対が 2 つであるため，表 1.4 から図 1.24(b) に示すような折れ線型の立体構造をとる。

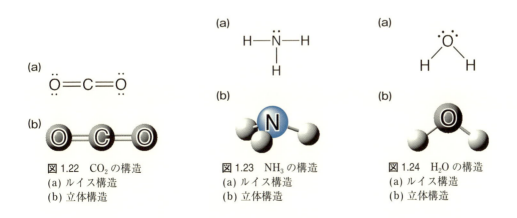

図 1.22　CO_2 の構造
(a) ルイス構造
(b) 立体構造

図 1.23　NH_3 の構造
(a) ルイス構造
(b) 立体構造

図 1.24　H_2O の構造
(a) ルイス構造
(b) 立体構造

*1 ホルムアルデヒドの分子式は HCHO とも書く。

【例題 1.1】 VSEPR モデルを使って，(1) ホルムアルデヒド*1 H_2CO と (2) 塩化ニトロシル NOCl の立体構造を答えよ。

【解答】 (1) H_2CO

H_2CO のルイス構造は以下の通りである。

H_2CO の中心の C 原子は H 原子 2 個とそれぞれ単結合を，O 原子 1 個と二重結合をしており，非共有電子対をもたないことがわかる。二重結合は 1 個の電子対として考えるので，C 原子には合計 3 つの電子対があり，電子対の配置は平面三角形と推定できる。また，電子対はすべて結合電子対なので，分子の構造は平面三角形型である。

(2) NOCl

NOCl のルイス構造は以下の通りである。

:C̈l—N̈=Ö:

NOCl の中心の N 原子は O 原子と二重結合を，Cl 原子と単結合をしていることがわかる。さらに，非共有電子対を 1 つもっている。したがって，N 原子は合計 3 つの電子対をもち，電子対の配置は平面三角形と推定できる。そのうち共有電子対は 2 つであるため，分子の構造は折れ線型となる。

Cl—N—O (折れ線型)

非共有電子対の構造に及ぼす影響

先ほど考えた CH_4，NH_3，H_2O の立体構造を図 1.25 に示す。これらの分子の中心原子はすべて電子対を 4 つもつため，電子対の配置は正四面体型である。しかし，化学結合同士の**結合角**，すなわち 2 つの結合の中心軸同士がなす角度が CH_4 では 109.5°，NH_3 では 106.7°，H_2O では 104.5° とわずかではあるが異なる。非共有電子対の数が増えると結合角が減少している。これは，非共有電子対の方が隣の電子対に対して大きな電子反発が働き，結合角を小さくしているためである。つまり，電子反発の大きさは

非共有電子対-非共有電子対 ＞ 非共有電子対-結合電子対
＞ 結合電子対-結合電子対

となっている。

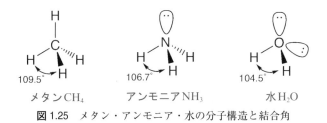

図 1.25　メタン・アンモニア・水の分子構造と結合角

多重結合の構造に及ぼす影響

二重結合や三重結合の多重結合は単結合に比べると，結合の中にある電子数が多いため，またπ結合があるため（1.4節参照），広い空間に電子が広がり反発が強くなる。つまり，電子反発の大きさは

　　　三重結合と二重結合　>　二重結合と単結合　>　単結合と単結合

となっている。

例えば，ホスゲン $COCl_2$ を考えてみよう。ルイス構造は図1.26のように表され，中心原子のC原子はO原子と二重結合，Cl原子とそれぞれ単結合をしている。電子対の数は3となるので，電子対は平面三角形の配置をとり，立体構造は平面三角形型となる。しかし，C=O二重結合とC–Cl単結合の電子反発がC–Cl単結合同士の電子反発より強いため，Cl–C–Cl結合角は111.8°とわずかに小さくなっている。

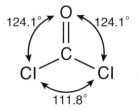

図 1.26　ホスゲンの分子構造と結合角

中心原子が複数ある分子

これまでは中心原子が1個の分子の構造を考えてきた。中心原子を複数もつ大きな分子に対しても，各々の中心原子にVSEPR理論を適用することで，分子の構造を推定することができる。

例えば，ギ酸 $HCOOH$ を考えてみよう。この分子のルイス構造は図1.27(a)のように表される。$HCOOH$には，C原子1個とO原子1個の合計2個の中心原子がある。これらの中心原子それぞれにVSEPR理論を適用すると，C原子の場合は結合電子対を3つもつので平面三角形型，O原子の場合は結合電子対を2つと非共有電子対を2つもつので折れ線型になり，その立体構造は図1.27(b)のようになると推定できる。

このようにVSEPR理論を用いて，分子の立体構造を説明・推測することには成功してきた。しかし，このことと原子軌道との関係については第2部で述べる。

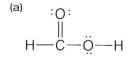

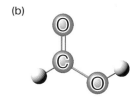

図 1.27　ギ酸の構造
(a) ルイス構造
(b) 立体構造

演習問題

1.1 アルゴン原子2つが接近したときのポテンシャルエネルギー図と，H_2 分子が形成されるときのポテンシャルエネルギー図を，縦軸のスケールをできるだけ正確にとって，同じ図に描け。値は書籍や信頼できるインターネット情報などで調べること。ポテンシャルエネルギーの極小点の座標について考察せよ。特に，極小値のエネルギーを室温の $k_B T$ を図中に両端矢印で加えて議論せよ。

1.2 N_2 分子の MO と電子が MO をどのように占有しているのかを，図 1.11 のように図示せよ。なお，2つの N 原子の AO から生じる MO は以下の通りである。

2s から：$2s\,\sigma$ と $2s\,\sigma^*$

2p から：$2p\,\pi$ が2つ，$2p\,\pi^*$ が2つ，$2p\,\sigma$ が1つ，$2p\,\sigma^*$ が1つ

（エネルギーは $2p\,\pi < 2p\,\sigma < 2p\,\pi^* < 2p\,\sigma^*$ の序列である）

1.3 VSEPR 理論を用いて，次の分子の立体構造を答えよ。

(1) クロロホルム（$CHCl_3$）

(2) エチレン（C_2H_4）

(3) メチルアミン（CH_3NH_2）

2 物質の状態と反応

2.1 化学反応の表現

化学反応式

　化学反応では，化学種が結合を組み換えることで別の化学種に変化する。どのような化学反応でも，ルールに従って**化学反応式**として記述することで，化学種の変化を正確に表現できる。

　化学反応式は一般に次のように書ける。

$$\text{反応物} \longrightarrow \text{生成物}$$

はじめの物質を**反応物**，化学反応の結果として生じる物質を**生成物**とよび，これらを矢印で結ぶ。以下に，化学反応式を書く際のルールを示す。

・反応物は矢印の左側に，生成物は右側に書く。化学種が複数の場合はそれらをプラス（＋）記号で結ぶ。
・化学種の物理的な状態を示す場合，化学式の右側に括弧つきで示す。
　固体 (s)，液体 (l)，気体 (g)，水に溶けた状態 (aq)
・各原子の総数は反応前後で変化しない。各化学式の前に係数を書くことでバランスをとる。ただし，「1」の場合には係数は書かない。

　例として，水素 H_2 と酸素 O_2 が反応して水 H_2O を生成する燃焼反応を，化学反応式で示してみよう（図 2.1）。まず，反応物と生成物を「＋」と「→」を使って結んでみる。

$$H_2(g) + O_2(g) \longrightarrow H_2O(g)$$

ところが，各原子の総数が「→」の左右で異なっている。まず，酸素原子の個数を合わせるため，右辺の H_2O の前に係数 2 を書く。この係数は**化学量論係数**とよばれる。

$$H_2(g) + O_2(g) \longrightarrow 2\,H_2O(g)$$

次に，左辺の H_2 の前に 2 を書き，水素原子の個数を合わせる。

$$2\,H_2(g) + O_2(g) \longrightarrow 2\,H_2O(g)$$

最後に，各原子の総数を左右で確認する。

・各原子数は不一致
　H 2個，O 2個

H 2個
O 1個

・各原子数は一致
　H 4個，O 2個

H 4個
O 2個

図 2.1　反応前後での原子数のバランス

組成式

　化合物は構成する元素を用いた**化学式**で表現する。分子からなる化合物には，元素の種類と数を示した**分子式**を用いる。また，構成元素を最小の整数比で表したものを**組成式**という。特に，金属やイオン性化合物では，原子間の結合が繰り返されるため，構成単位を表現する組成式によって示される。

イオン化合物の組成式は各イオンの粒子数比を示し，以下のルールに従って表記される。

- 電気的に中性が保たれている。
- イオンの電荷は示さない。
- 粒子数比は元素記号の右側に下付数字で表し，最小の整数比を示すように書く。ただし，「1」は書かない。

食卓塩でおなじみの塩化ナトリウムの組成式 NaCl は，ナトリウムイオン (Na^+) と塩化物イオン (Cl^-) が 1:1 の比で含まれることを意味しており，電気的に中性である。イオン化合物の正しい組成式は，以下の手順で考える。

1. 各元素の価電子[*1]から，イオンの電荷数を決める。
2. 電気的中性となるよう，各イオンの構成比を決める。
3. 元素記号をカチオン，アニオンの順に書き，構成数比を下付数字で表す。

[*1] 価電子とは原子の最も外側に存在する電子で，原子を特徴づける。原子は価電子を失ったり，電子を受け取ることで，安定な貴ガスの電子配置をもち，イオンまたは共有結合化合物となる。詳細は3.1節で説明する。

【例題 2.1】 乾燥剤として使用される塩化カルシウムの組成式を示せ。

【解答】 塩化カルシウムは，塩化物イオンとカルシウムイオンから構成される。塩化物イオンは，価電子数が7個の塩素 Cl のイオンであるから，電子1個を受け取ってオクテットとなり，1価のアニオン Cl^- が形成される。カルシウムイオンは，価電子2個を失って，2価のカチオン Ca^{2+} となる。電気的中性となるためには，$+2(Ca^{2+})\times 1 + [-1(Cl^-)]\times 2 = 0$ の関係が必要である。したがって，Ca と Cl の元素数比は 1:2 であり，塩化カルシウムの組成式は $CaCl_2$ となる。

モル

化学反応は化合物の粒子あるいは粒子同士が作用し合って進行するため，粒子数を意識する必要がある。ところが化合物1粒子の重さは量れないほど軽く，私たちが目にする化学反応では膨大な粒子数の化合物が関与している。そこで，扱いやすい粒子数をひとまとめにした単位を**モル** (mol) として設定する。1 mol は粒子数が 6.022×10^{23} 個であることを意味し，この個数を**アボガドロ**[*2]**数** (N_A) とよぶ。厳密には，質量数 12 の炭素原子 (^{12}C) 12 g に含まれる原子数と定義される[*3]。この単位の置き換えは，鉛筆12本を1ダースとして，別の単位で数えることに似ている。

どのような元素 1 mol でも，原子が 6.022×10^{23} 個含まれることになる。また，6.022×10^{23} 個の原子の質量を**モル質量**とよび，周期表に示される原子量に単位として $g\ mol^{-1}$ をつけた数値となる。分子の場合には分子式についての原子量の総和を**分子量**，金属やイオン化合物の場合には組成式についての原子量の総和を**式量**として，いずれにも単位 $g\ mol^{-1}$ をつけると同様にモル質量となる。このように考えると，**物質量**（モル数）と粒子数（原子数，分子数など）は換算係数[*4]を用いると相互に変換でき，物質の質量とモル数はモル質量を使えば変換できる（図 2.2）。

[*2] アボガドロ (Avogadro, A., 1776-1856)

[*3] アボガドロ定数とよぶのが正しく，2019 年に1つの定数として再定義された。

[*4] モルに関する換算係数
1 mol = 6.022×10^{23} 個 を変換すると，

$$\frac{1\ mol}{6.022\times 10^{23}\ 個} = \frac{6.022\times 10^{23}\ 個}{1\ mol}$$

となり，単位の変換に使用する。

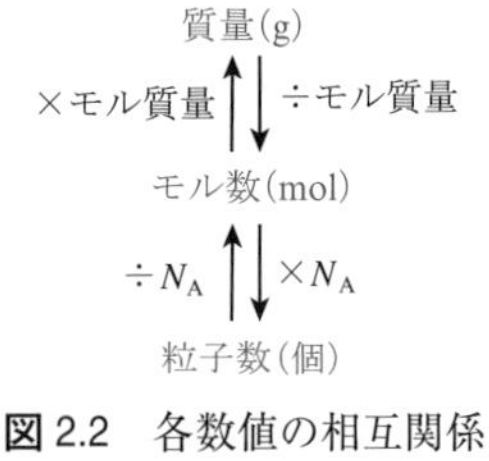

質量(g)
↕ ×モル質量 / ÷モル質量
モル数(mol)
↕ ÷N_A / ×N_A
粒子数(個)

図 2.2 各数値の相互関係

【例題 2.2】 乾燥剤として使用される硫酸ナトリウムの組成式は Na_2SO_4 である。5.00 g の Na_2SO_4 は何モルか。有効数字 3 桁で答えよ。

【解答】 手順としては，① Na_2SO_4 の式量を求める，② 質量をモルに変換する，である。

① 周期表からナトリウム Na，硫黄 S，酸素 O の原子量を参照し，各々の元素記号の下付数字を掛けたものを足し合わせる。

構成元素	ナトリウム	硫黄	酸素	
原子量	22.99	32.07	16.00	
構成元素数	2	1	4	
合計	45.98 +	32.07 +	64.00	= 142.1

② したがって，Na_2SO_4 のモル質量は 142.1 g mol^{-1} であり，質量をモル質量で割ることで単位を変換する。

5.00 g / 142.1 g mol^{-1} = 3.52×10^{-2} mol

2.2 気 体

気体の性質

気体を構成する分子は自由に動き回る。互いの引き合う力に打ち勝って運動するため，分子の占める体積よりも大きな空間全体に広がる。気体分子は高速に直進し，分子同士や壁面に衝突してその進路を変える。気体分子の運動エネルギーは**絶対温度**に比例することから，温度を高めると速度が上昇し，壁に衝突する頻度や衝撃が大きくなる。その結果，圧力が高まる。ここで，気体を特徴づける物理量をあげる。

- **圧力** (P) は分子が容器の壁面を押す力（単位面積あたり）であり，単位としては気圧 (atm) や mm 水銀柱 (mmHg)，hPa（ヘクトパスカルと読み，1 hPa は 100 Pa に等しい）を用いる。それぞれの単位間の関係は，

$$1 \text{ atm} = 760 \text{ mmHg} = 1013 \text{ hPa}$$

となる[*1]。特に，気体分子の圧力と水銀柱が押す圧力のつり合いを意味しており，1 atm では 760 mm の高さの水銀柱とつり合っている（図 2.3）[*2]。

- **体積** (V) は容器の容積に等しく，単位としてはリットル (L) を用いる。
- **温度** (T) はセルシウス温度 t [℃] ではなく，絶対温度 T [K]（ケルビン）を用いる。

$$T \text{ [K]} = t \text{ [℃]} + 273.15$$

こうすることで，気体分子の運動エネルギーと T は比例関係を示す。

- 気体の**物質量** (n) は容器内の気体分子の物質量であり，単位としては mol を用いる。

分子間で引き合う力も反発力もない**理想気体**については，各物理量の一部を一定に保った際，気体の性質を示す以下の法則に従う。

- **ボイルの法則**：温度が一定のとき，気体の体積は圧力に反比例する（図 2.4 (a)）。

$$V = \frac{k}{P} \quad (k：定数) \quad \text{または} \quad P_1 V_1 = P_2 V_2$$

[*1] 1 Pa = 1 N m^{-2} であり，バール (bar) との関係は，1 bar = 10^5 Pa となる。このことから，1 atm は約 1 bar となる。

[*2] トリチェリ気圧計はこの原理によって開発された。なお，水銀柱の上部にできた空間には空気がなく，真空となっている。

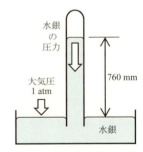

図 2.3 水銀気圧計。大気圧と水銀柱の圧力とがつり合っており，1 atm のとき，水銀柱の高さは 760 mm である。

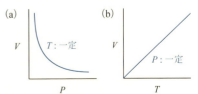

図 2.4 気体の性質を示すグラフ
(a) ボイルの法則，(b) シャルルの法則

- **シャルルの法則**：圧力が一定のとき，気体の体積は温度に比例する（図2.4 (b)）。

$$V = kT \quad \text{または} \quad \frac{V_1}{T_1} = \frac{V_2}{T_2}$$

- **ゲーリュサックの法則**：体積と気体の物質量が一定のとき，圧力は温度に比例する。

$$P = kT \quad \text{または} \quad \frac{P_1}{T_1} = \frac{P_2}{T_2}$$

- **アボガドロの法則**：圧力と温度が一定のとき，体積は気体の物質量に比例する。

$$V = kn \quad \text{または} \quad \frac{V_1}{n_1} = \frac{V_2}{n_2}$$

特に，$P = 1$ atm，$T = 273.15$ K (0℃) のとき，すなわち，標準温度圧力では，1 mol の理想気体の体積は 22.4 L である[*1]。

*1　多くの気体について，標準温度圧力での 1 mol の体積が約 22.4 L であることが調べられている。

気体の状態方程式

以上のような気体の性質を示す関係を統合すると，各物理量の関係は**理想気体の状態方程式**で表される。

$$PV = nRT$$

このとき，比例定数 R を**気体定数**とよび，$R = 0.0821$ L atm mol^{-1} K^{-1} となる[*2]。物質量 n は，気体の質量（w [g]）をモル質量（M [g mol^{-1}]，気体の分子量）で割った値であるから，以下の関係が成り立つ。

$$PV = \frac{w}{M}RT \quad \text{すなわち} \quad M = \frac{wRT}{PV}$$

したがって，気体の質量がわかれば，温度，圧力，体積から気体の分子量を得ることができる。

*2　気体定数の単位を SI 単位系に変換するには，
1 L atm = (10^{-3} m^3)・101.325 $\times 10^3$ N m^{-2} = 101.325 J
の関係を用いる。すなわち，
$R = 8.3144$ J K^{-1} mol^{-1}
となる。

【例題 2.3】 100 g の液体窒素が 25℃，1 atm で気化した。体積は何 L となるか。
【解答】 窒素 N_2 のモル質量は 28.02 g mol^{-1} であり，100 g は 3.57 mol に相当する。したがって，

$$V = \frac{3.57 \text{ mol} \times 0.0821 \text{ L atm mol}^{-1} \text{ K}^{-1} \times (25+273.15) \text{ K}}{1 \text{ atm}} = 87.4 \text{ L}$$

分圧

気体は 2 種類以上の成分が混合して存在する場合が多く，それぞれの成分について状態方程式が成立することが多い。理想気体，つまり，気体分子間の引き合いが小さく，各分子に関係なく振る舞う気体が多いためである。ここで，気体 A (n_A, V_A) と気体 B (n_B, V_B) からなる混合気体 (n, V) が容器内に存在すると考えよう。容器内での各気体の割合は，**モル分率**や**体積分率**で表現できる。

モル分率 $\dfrac{n_A}{n}, \dfrac{n_B}{n}$, 体積分率 $\dfrac{V_A}{V}, \dfrac{V_B}{V}$

さらに，混合気体が示す圧力を**全圧** P とすると，各気体のみが示す圧力を**分圧**（P_A あるいは P_B）とよぶ。このとき，全圧 P は分圧の和（$P_A + P_B$）で表される。また，分圧は全圧 P とモル分率の積に等しい。

全圧 $P = P_A + P_B$，　分圧 $P_A = \dfrac{n_A}{n} \cdot P$ または $P_B = \dfrac{n_A}{n} \cdot P$

2.3　エネルギー，熱と仕事

エネルギー

物体のエネルギーは仕事をする能力であり，**運動エネルギー**と**ポテンシャルエネルギー**に分類される。運動エネルギー（E）は物体の動きにかかわるエネルギーである。質量 m，速度 v で運動する物体の場合，次式で表される。質量が大きく速度が速いほど運動エネルギーは大きくなる。

$$E = \dfrac{1}{2} mv^2$$

ポテンシャルエネルギーは物体の位置などに関係するエネルギーであり，物体の内部に蓄えられている。重力，ファンデルワールス力，核間反発力などがポテンシャルエネルギーの例である（1.4 節参照）。物体を構成する物質は化学エネルギーとよばれるポテンシャルエネルギーをもっており，熱や光に変換される。エネルギーの全量は運動エネルギーとポテンシャルエネルギーの和であり，変化しない。これは**エネルギー保存則**として知られている。物体を形作っている物質では，これを構成する原子や分子の運動エネルギーとポテンシャルエネルギーをまとめた**内部エネルギー**（U）として考え，やはり，エネルギー保存則が成り立つ。この内部エネルギーについては，改めて 5.1 節で詳述する。

化学の分野では化学反応や状態変化に伴うエネルギーの出入りを取り扱うが，注目する反応物を「**系**」，これ以外を「**外界**」とよんで区別をする（図 2.5）。外界とエネルギーのやりとりがない孤立した系では，エネルギーの総量は変化しない。これは**熱力学第一法則**とよばれる。

エネルギーの SI 単位はジュールであり，記号 J で示される。1 J は小さい量であるため，kJ（= 1000 J）を使うことが多い。日常生活ではカロリー（cal）を使うことが多く，1 g の水の温度を 1℃ 上昇させる際に必要なエネルギーとして定義された。ジュールとカロリーは次式で換算できる。

$$1 \text{ cal} = 4.184 \text{ J}$$

図 2.5　系と外界。外界とエネルギーのやりとりがなければ孤立系。

比熱容量

物質を構成する原子や分子の粒子は絶えず運動している。この運動エネルギーが物質の温度に関係している。すなわち，温度が高ければ粒子の運動が激しいことを意味する。**熱**は温度の差によって物質の間を移動する**熱エネルギー**である。熱い物質と冷たい物質を接触させると，必ず熱い物質から冷たい物質へと熱エネ

*1 水の比熱容量は 4.184 J g⁻¹ K⁻¹ であり，モル熱容量は水のモル質量を用いて求めることができる。

ルギーが移動し，物質の温度は両者の中間で一定となる。

このように，エネルギーが熱として物質に伝わると物質の温度が変化する。しかし，同じエネルギーを与えても物質によって変化する温度は異なる。物質 1 g を 1℃ 上昇させる際に必要な熱 (q) を**比熱容量** (C) とよび，次式が成り立つ。

$$q = m \times C \times \Delta T$$

ここで，m は物質の質量 [g]，ΔT は温度変化 [K] を示すため，比熱容量 C の単位は J g⁻¹ K⁻¹ である。また，物質の量をモルで表す場合はモル熱容量とよび，単位は J mol⁻¹ K⁻¹ である*1。系の温度が上昇すると熱としてエネルギーが系内に蓄えられることから，正の符号となっている。

仕事

エネルギーのもう 1 つの形は**仕事**であり，物体に力 (F) を加えてある距離 (L) を移動させることで，仕事 (w) としてエネルギーが利用される。化学では**圧力-体積仕事**をさすことが多い。エンジンのピストンの動きがこれに相当し，ピストン (断面積 A) でシリンダに閉じ込められた気体が膨張して体積が増す (ΔV) ことで，仕事をしている (図 2.6)。式で表すと，以下のようになる。

$$w = -F \times L = -\frac{F}{A} \times (A \times L) = -P\Delta V$$

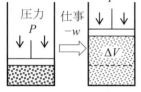

図 2.6 圧力-体積仕事の模式図。圧力に逆らって，気体が膨張した結果，外部に対して仕事をした。

また，ピストンに閉じ込められた気体 (系) は外部に対して仕事をしたことで，エネルギーを失っており，マイナスの符号がつく。

熱の出入り

実際のエンジンでは燃料ガスと酸素の混合物に点火して燃焼させること (化学反応) で，仕事 w と同時に発熱反応による熱 q が生じている。内部エネルギー (U) そのものを決定することはできないが，内部エネルギーの変化 (ΔU) は次式で表される。

$$\Delta U = q + w$$

したがって，化学反応の ΔU を求める場合には，体積の変化しない密閉容器内で化学反応を起こす ($w = 0$)。すなわち，$\Delta U = q$ として得られる。

しかし，実際の化学実験は一定の圧力，例えば大気圧下で行うことが多い。そのため，**エンタルピー** (H) を定義する。

$$H = U + PV$$

一定圧力の場合，エンタルピー変化 (ΔH) は，

$$\Delta H = \Delta U + P\Delta V$$

*2 ΔH の定義式を変形すると，
$\Delta H = \Delta U + P\Delta V$
$= q + w + P\Delta V$
$= q + w + (-w)$
$= q$

となる。これは，ΔH が反応熱として測定できることを意味する*2。なお，エンタルピーについては，改めて 5 章で詳述する。

化学反応が起きると，多くの場合，熱くなったり冷たくなったりする。すなわち，熱エネルギーの出入りを伴う。物質は原子間で結合することで成り立っており，各々の結合は異なるポテンシャルエネルギーを有している。そのため，化学反応の結果，原子間の結合の組換えが起こると分子がもつエネルギーに差が生ま

れる。反応物であるメタン CH_4 が酸素 O_2 と反応すると(燃焼)、二酸化炭素 CO_2 と水 H_2O を生成する。この場合、反応物よりも生成物のもつエンタルピーの方が小さいため($\Delta H < 0$)[*1]、余ったエネルギーが熱として放出される。これを**発熱反応**とよぶ(図2.7(a))。また、反応熱を含めた化学反応式を、**熱化学方程式**という。熱化学方程式の場合には、注目する化学種の係数を「1」として示す。また、化学種の状態によってエンタルピーが異なるため、状態を示す必要がある。

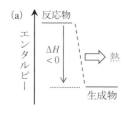

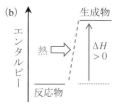

図2.7 反応に伴うエンタルピー変化。(a) 発熱反応、(b) 吸熱反応

メタンの燃焼　　$CH_4(g) + 2\,O_2(g) = CO_2(g) + 2\,H_2O(g) + 802.3\text{ kJ}$[*2]

これとは逆に、生成物よりも反応物の方がエンタルピーが高い場合($\Delta H > 0$)、足らないエネルギーを周囲から吸収する。これを**吸熱反応**とよぶ(図2.7(b))。水 H_2O を分解して水素 H_2 と酸素 O_2 を得る反応では、285.9 kJ のエネルギーを吸収することで反応が進行する。実際には、電気エネルギーの形でエネルギーが加えられる電気分解による。

水の分解　　$H_2O(l) = H_2(g) + \frac{1}{2}\,O_2(g) - 285.9\text{ kJ}$[*3]

また、熱を ΔH を用いて記述すると、熱化学方程式は以下のように書き換えることができる。熱化学方程式での熱の符号と、ΔH の符号が逆であることに注意する。

$CH_4(g) + 2\,O_2(g) \longrightarrow CO_2(g) + 2\,H_2O(g) \quad \Delta H = -802.3\text{ kJ}$

$H_2O(l) \longrightarrow H_2(g) + \frac{1}{2}\,O_2(g) \quad \Delta H = 285.9\text{ kJ}$

ヘスの法則

測定が困難な反応のエンタルピー変化 ΔH は、すでにわかっている反応の ΔH を組み合わせることで求めることができ、**ヘスの法則**とよばれる。これは、ΔH が反応の経路によらず、反応前後の状態によって決まる状態関数であることに基づいている。

このことを黒鉛 C の燃焼について確認する。黒鉛の完全燃焼式(1段階)は、

$C(黒鉛) + O_2(g) \longrightarrow CO_2(g) \quad \Delta H = -393.5\text{ kJ}$ 　　(黒鉛の完全燃焼)

である。2段階で書くとすると、①黒鉛の不完全燃焼による一酸化炭素 CO 生成と、②CO がさらに燃焼し二酸化炭素 CO_2 を生成する反応式となる。

①　$C(黒鉛) + \frac{1}{2}\,O_2(g) \longrightarrow CO(g) \quad \Delta H = -110.5\text{ kJ}$

②　$CO(g) + \frac{1}{2}\,O_2(g) \longrightarrow CO_2(g) \quad \Delta H = -283.0\text{ kJ}$

2段階反応でも、反応物と生成物は1段階反応と同じである。また、①および②の ΔH の和は1段階反応の ΔH に等しいことがわかる[*4](図2.8)。

[*1] $\Delta H = H_{生成物} - H_{反応物}$

[*2] 1 mol の CH_4 あたりの燃焼熱を示している。

[*3] 1 mol の H_2O あたりの分解熱を示している。

[*4] ①と②の反応式を足し合わせると、
$C(黒鉛) + CO(g) + O_2(g) \longrightarrow CO(g) + CO_2(g)$,
$\Delta H = -110.5\text{ kJ} + (-283.0\text{ kJ})$
となる。ここで、生成物と反応物の両側に $CO(g)$ が存在し、物理状態も等しいことから打ち消し合う。また、①と②に存在する $\frac{1}{2}O_2(g)$ も物理状態が同じため、$O_2(g)$ とまとめる。なお、反応式において、反応物と生成物を入れ替える場合、ΔH の符号も正負を逆にすることに注意する。

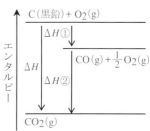

図2.8 黒鉛の燃焼に伴うエンタルピー変化

【例題 2.4】 ヘスの法則を利用して，エチレン C_2H_4 と水素 H_2 からエタン C_2H_6 が生成する際の ΔH を，以下の式を用いて求めよ。

① $C_2H_2(g) + H_2(g) \longrightarrow C_2H_4(g) \qquad \Delta H_1 = -174.5$ kJ
② $C_2H_2(g) + 2H_2(g) \longrightarrow C_2H_6(g) \qquad \Delta H_2 = -311.4$ kJ

【解答】 問題とする反応式は，

$$C_2H_4(g) + H_2(g) \longrightarrow C_2H_6(g)$$

である。したがって，この反応の ΔH は式②から式①を引くことで求めることができる。したがって，C_2H_2 および余分の H_2 を消去し，さらに，$\Delta H = -311.4$ kJ $- (-174.5)$ kJ $= -136.9$ kJ が求まる。

2.4 平　衡

平衡とは

化学反応では，反応物が完全に生成物となることは稀である。反応開始時には，右向きの**正反応**が勢いよく進むが，やがて左向きの**逆反応**の勢いが増していく。最終的に正反応と逆反応の勢い（**反応速度**）が等しくなり，反応が止まったかのようになる。この状態を**平衡状態**，あるいは単に**平衡**とよぶ。

ここで，反応物が A と B，生成物が C と D であるような平衡を考える。反応が平衡状態にあるとき，正反応と逆反応が同じ速度で起こるため，反応物と生成物を二重の矢印 $\rightleftarrows$ で結び，次式で表す。

$$a\text{A} + b\text{B} \rightleftarrows c\text{C} + d\text{D} \qquad (a, b, c, d: 各々の化学種の係数)$$

一般に，反応速度は反応物の濃度と反応式の係数を用いて表されるので，正反応と逆反応の反応速度（それぞれ v_1 と v_2）は次式で示される。

$$v_1 = k_1 [\text{A}]^a [\text{B}]^b, \qquad v_2 = k_2 [\text{C}]^c [\text{D}]^d$$

（k_1, k_2: 各反応の**速度定数**，[A], [B], [C], [D]: 各々の化学種のモル濃度）

平衡状態では正・逆反応の反応速度が等しい（$v_1 = v_2$）ため，

$$\frac{k_1}{k_2} = \frac{[\text{C}]^c[\text{D}]^d}{[\text{A}]^a[\text{B}]^b} = K$$

が成り立つ。このとき，K を**平衡定数**とよぶ[*1]。K は温度が一定であれば，一定の値をとることが知られている。

例えば，水素 H_2 とヨウ素 I_2 からヨウ化水素 HI が生成する反応では，以下のような平衡式および平衡定数で表現される。

$$H_2 + I_2 \rightleftarrows 2HI, \qquad K = \frac{[\text{HI}]^2}{[\text{H}_2][\text{I}_2]}$$

[*1] 化学式を [ ] で囲むことで物質の濃度を示す。厳密には K を計算する際の濃度には標準状態における値（1 mol L^{-1}）で割った値を用いる。したがって，K は単位をもたない。

2.4 平衡

【例題 2.5】 ある反応条件で H_2 と I_2 から HI を生成させた場合，H_2 および I_2 の濃度が $0.010\ \mathrm{mol\ L^{-1}}$ となった。平衡定数が 49.5 の場合，HI の濃度を求めよ。

【解答】 平衡定数を表す式から，

$$K = \frac{[\mathrm{HI}]^2}{0.010 \times 0.010} = 49.5$$

となる。したがって，$[\mathrm{HI}] = \sqrt{49.5 \times 0.010^2}\ \mathrm{mol\ L^{-1}} = 0.070\ \mathrm{mol\ L^{-1}}$ となる。

ルシャトリエの原理

ある反応が平衡状態にあるとき，濃度，圧力（気体が関与する反応であれば），あるいは温度を変化させると反応系が刺激され，一旦，平衡状態が崩れる。その結果，正反応と逆反応の速度に差が生まれ，新たな平衡状態になる。すなわち，平衡が移動する。平衡は，このような刺激を和らげる方向に移動し，これを**ルシャトリエの原理**という。

・濃度の効果

圧力，温度が一定の条件で，ある物質を反応系内に加えると，その物質を減少させる方向に平衡が移動する。このことを酢酸（CH_3COOH）とエタノール（C_2H_5OH）を加熱して，酢酸エチル（$CH_3COOC_2H_5$）と水（H_2O）が生成するエステル化反応を例に考えてみよう。

$$CH_3COOH + C_2H_5OH \rightleftharpoons CH_3COOC_2H_5 + H_2O,$$

$$K = \frac{[CH_3COOC_2H_5][H_2O]}{[CH_3COOH][C_2H_5OH]}$$

エステル化反応の特徴は可逆反応であることである。反応物である酢酸とエタノールを反応容器に入れて加熱すると，各成分がある濃度に達したところで平衡状態となる。なるべく多くの酢酸エチルを得たい場合には，どのようにすればよいだろうか。例えば，反応物であるエタノールを多くする，すなわちエタノール濃度を上げて反応させると，平衡はエタノール濃度を低下させる方向に移動する。また，反応容器から生成物である水を何らかの方法で取り除き水の濃度を低下させると，平衡は水の濃度を上昇させる方向に移動する。両者とも酢酸エチル濃度の上昇をもたらす。

・圧力の効果

気体が関与する反応では圧力が平衡状態に影響を与える。密閉容器内で体積を減少させると圧力が上昇する。その結果，圧力を減少させる方向，すなわち気体の分子数が減少する方向に平衡が移動する。アンモニア NH_3 の製法として知られるハーバー・ボッシュ法はこの効果を利用している。

$$N_2 + 3\,H_2 \rightleftharpoons 2\,NH_3 \quad \Delta H = -92.4\ \mathrm{kJ}, \quad K = \frac{[NH_3]^2}{[N_2][H_2]^3}$$

高圧に耐える容器内に窒素 N_2 と水素 H_2 を詰め，圧力を高める。その結果，圧力を下げる方向に平衡が移動する。これは分子数が減少する方向であるため，右向きの反応，すなわち，アンモニアが生成する。

・温度の効果

温度を変化させると平衡定数 K が変化する。変化の向きを前述のアンモニアの生成で考えよう。アンモニアの生成は発熱反応 ($\Delta H < 0$) であるので，この「熱」を生成物と考える。温度の上昇は熱エネルギーを与えることになるため，生成物としての熱を減らす方向，すなわち左向きに平衡が移動する。したがって，K は減少したことがわかる。吸熱反応 ($\Delta H > 0$) の場合には熱を反応物側において考え，温度の上昇で生成物（右）側に平衡が移動する。すなわち，K は増大する。

2.5　物質の溶解

溶液

ある物質が液体に溶けたものを**溶液**とよび，物質が液体に溶けて溶液となる過程を**溶解**とよぶ。また，溶液中の成分のうち，少ない方の物質を**溶質**とよび，多い方の物質を**溶媒**とよぶ。すなわち，溶質が溶媒に溶解することで溶液を形成する。

溶媒に溶ける溶質の最大量は**溶解度**とよばれ，温度によって変化する。一般に，溶解度は 100 g の溶媒に溶ける溶質の質量をグラム (g) 単位で表す[*1]。溶質が溶解度を超えて溶媒に加わると**飽和溶液**となっており，溶質が溶ける速度と固体の溶質として析出する速度が等しくなっている。すなわち，平衡状態にある。溶解度は溶液の温度を高くすると大きくなることが多いため，温度とともに表される。

塩化ナトリウム NaCl を例に，上記のことを当てはめてみる。NaCl（溶質）を水（溶媒）に溶かすと，NaCl を加える量によって濃さが変化する。NaCl の溶解度は 20°C で 35.89 g/100g H_2O [*2] である。溶解度以上の NaCl を水に加えると，溶けきらずに容器の底に残る。このとき，飽和 NaCl 水溶液が形成されており，溶液として存在する NaCl，正しくは，ナトリウムイオン Na^+ と塩化物イオン Cl^- として溶解した NaCl と，固体の NaCl との間で平衡状態となっている。

$$NaCl(s) \rightleftharpoons Na^+(aq) + Cl^-(aq) \quad \text{溶解平衡}$$

*1　溶解度は単一溶質の飽和モル濃度で表すこともある。

*2　100 g の水に 35.89 g の NaCl が溶解することを意味する。

濃度

溶液の濃さ，すなわち溶媒への溶質の溶解量を**濃度**という。溶液の濃度は溶質の量と溶液の量の比で表すが，定義によって様々なものがある。

質量パーセント濃度は溶液 100 g に含まれる溶質の質量 (g) であり，次式で表される。

2.5 物質の溶解

$$質量パーセント濃度 [\%] = \frac{溶質の質量 [g]}{溶液の質量 [g]} \times 100\%$$

$$= \frac{溶質の質量 [g]}{溶質の質量 [g] + 溶媒の質量 [g]} \times 100\%$$

前述したように,化学反応は粒子同士が衝突することで進行するため,溶液中の化学種の粒子数,すなわち物質量を意識することが重要である。**モル濃度**は単位体積 (1 L) あたりの溶液に溶解した溶質のモル量を示す。また,溶質のモル量は質量 (m [g]) とモル質量 (M [g mol^{-1}]) から計算できるため,次式で表される。

$$モル濃度 [\text{mol L}^{-1}] = \frac{溶質のモル量 [\text{mol}]}{溶液の体積 [\text{L}]} = \frac{m[\text{g}]/M[\text{g mol}^{-1}]}{溶液の体積 [\text{L}]}$$

濃度の定義が理解できれば,相互に変換が可能である。例えば,質量パーセント濃度 (C_p [%]) をモル濃度 (C_M [mol L^{-1}]) に変換してみよう。質量パーセント濃度の定義から,溶液 100 g には 溶質 C_p [g] が溶解していることになる。まず,モル質量 M [g mol^{-1}] を使って溶質の量を質量から物質量へ変換する。さらに,溶液の**密度**[*1] ρ [g mL^{-1}] を利用して溶液 100 g の体積を計算する。最後に,溶質のモル数を溶液 100 g の体積で割るとモル濃度となる。したがって,次式のように変換できる。

$$モル濃度 [\text{mol L}^{-1}] = \frac{C_\text{p}[\text{g}]/M[\text{g mol}^{-1}]}{\frac{100 [\text{g}]}{\rho [\text{g mL}^{-1}]} \times \frac{1 [\text{L}]}{1000 [\text{mL}]}}$$

*1 密度は質量と体積の比で表され,1 mL あたりの質量を g 単位で示すことが多い。また,比重はある物質の密度と水の密度の比であるため単位はない。

【例題 2.6】 ある食酢中に含まれる酢酸 (CH$_3$COOH) の質量パーセント濃度は 3.50% であった。このとき,食酢に含まれる酢酸のモル濃度を求めよ。ただし,密度を 1.02 g mL^{-1} とする。

【解答】 食酢 100 g 中に酢酸が 3.50 g 含まれるとする。酢酸 3.50 g の物質量はモル質量 60.05 g mol^{-1} を用いて 0.0583 mol となる。一方,食酢 100 g の体積は 100 g / 1.02 g mL^{-1} = 98.0 mL = 0.0980 L である。したがって,食酢に含まれる酢酸のモル濃度は 0.0583 mol / 0.0980 L = 0.595 mol L^{-1} である。

希釈

溶液に溶媒を追加して溶液の体積を増やすと,溶液の濃度が減少する。これを**希釈**という。この逆が**濃縮**である。例えば,10 mL の溶液に 90 mL の溶媒を追加して希釈したところ体積が 100 mL となったとする。このとき,溶液の体積が 10 mL から 100 mL へと 10 倍となったことから,このような希釈を 10 倍希釈とよび,「10 倍」を希釈倍率とよぶ。このとき,濃度は 1/10 となる。希釈のしくみを理解すると,望みの濃度の溶液を簡単に作ることができる。

購入した高濃度の溶液 A (C_A [mol L^{-1}]) から,濃度 C_B [mol L^{-1}] の溶液 B を v [mL] 作りたい場合,どのように希釈すればよいであろうか (図 2.9)。溶液 A は

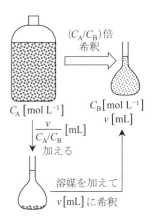

図 2.9 溶液 A (C_A [mol L^{-1}]) から,溶液 B (濃度 C_B [mol L^{-1}]) を v [mL] 調製する。

溶液Bに比べて何倍の濃度であるか，これが希釈倍率であり (C_A/C_B) 倍となる。つまり，溶液Aを (C_A/C_B) 倍希釈すればよい。これは溶液Aの体積を (C_A/C_B) 倍することに相当する。したがって，必要な体積 v [mL] の $1/(C_A/C_B)$ 量の溶液Aを量り採り，v [mL] になるまで溶媒を加えればよい。

溶解度積

Li^+, Na^+, K^+, NH_4^+ のようなカチオン，硝酸イオン NO_3^-，酢酸イオン CH_3COO^- などを含む塩は水に溶けやすいものが多い。一方，Ag^+, Pb^{2+}, Hg^{2+} とハロゲン化物イオンとの組み合わせや，Ca^{2+}, Sr^{2+}, Ba^{2+}, Pb^{2+} と硫酸イオン SO_4^{2-} イオンとの組合せでは水に溶けにくい難溶性の塩となる。難溶性の塩であっても，いくらかはカチオンとアニオンに分かれて水に溶解するので，平衡状態にある。

塩化銀 AgCl は水には非常に溶けにくい。とはいえ，わずかには溶解してイオンを生じ，固体との間で以下の平衡が成り立つ。

$$AgCl(s) \rightleftharpoons Ag^+(aq) + Cl^-(aq)$$

この場合，平衡定数 K は次式のようになる。

$$K = \frac{[Ag^+][Cl^-]}{[AgCl]}$$

ここで，固体の AgCl の濃度は一定であると考え，平衡定数に含めることにすると，新たに**溶解度積** K_{sp} を定義できる。

$$K_{sp} = [Ag^+][Cl^-]$$

溶解度積は飽和溶液のイオンの濃度から計算できる。AgCl の場合，$K_{sp} = 1.8 \times 10^{-10}$ となるから，Ag^+ と Cl^- の濃度が $\sqrt{K_{sp}} = \sqrt{1.8 \times 10^{-10}} = 1.3 \times 10^{-5}$ M であることになる。すなわち，AgCl 飽和モル濃度は 1.3×10^{-5} M であることがわかる。

2.6 酸と塩基

アレニウスとブレンステズ酸・塩基

アレニウス (Arrhenius, S. A., 1859-1927) は，酸と塩基を以下のように定義した。

酸：「水溶液中で電離して水素イオン (H^+) を放出する物質」

例： HCl ⟶ H^+ + Cl^-
　　塩化水素　水素イオン　塩化物イオン

塩基：「水溶液中で電離して水酸化物イオン (OH^-) を放出する物質」

例： NaOH ⟶ Na^+ + OH^-
　　水酸化ナトリウム　ナトリウムイオン　水酸化物イオン

*1 ブレンステッドともいう。

ブレンステズ[*1] (Brønsted, J., 1879-1942) は，アレニウスの定義を以下のように拡張した。

酸：「水素イオンを与えることができる物質（供与体）」

塩基：「水素イオンを受け取ることができる物質（受容体）」

さて、酸の特徴である H^+ は水中で単独では存在できず、水分子と結合して**オキソニウムイオン**[*2] H_3O^+ の形で存在している。したがって、塩化水素の電離は、次のように書ける。

$$HCl + H_2O \rightleftharpoons H_3O^+ + Cl^-$$
塩化水素　　水　　　オキソニウムイオン　塩化物イオン
酸(H^+ 供与体)　塩基(H^+ 受容体)

*2 ヒドロニウムイオンともいう。

この場合、塩化水素は水に H^+ を与えている H^+ 供与体のため、ブレンステズ酸となる。また、水は H^+ を受け取る H^+ 受容体であり、塩基として振る舞う。

アンモニア NH_3 は水に溶け、塩基性を示すことはよく知られている。しかし、NH_3 分子から OH^- イオンは生じず、アレニウスの定義では説明できない。NH_3 の水への溶解は次のように書ける。

$$NH_3 + H_2O \rightleftharpoons NH_4^+ + OH^-$$
アンモニア　　水　　　アンモニウムイオン　水酸化物イオン
塩基(H^+ 受容体)　酸(H^+ 供与体)

ここで、NH_3 は H^+ 受容体であり、ブレンステズの定義では塩基となる。一方、水は H^+ を NH_3 に与える H^+ 供与体であり、酸として振る舞っている。

水の電離（イオン積）と pH

非常に純粋な水は、ごくわずかに電離している。

$$2H_2O \rightleftharpoons H_3O^+ + OH^- \quad (簡単には H_2O \rightleftharpoons H^+ + OH^-)$$

ここで、平衡定数 $K = [H^+][OH^-] / [H_2O]$ となる。$[H_2O]$ を定数とみると、25℃では

水のイオン積 $\quad K_W = [H^+][OH^-] = 1.0 \times 10^{-14}$

となる。すなわち、H^+ 濃度と OH^- 濃度の積は一定であることを意味している。したがって、H^+ 濃度がわかれば OH^- 濃度がわかる。

中性では H^+ 濃度と OH^- 濃度が等しいから、

$$[H^+] = [OH^-] = 1.0 \times 10^{-7} \text{ mol L}^{-1}$$

である。酸性では $[H^+] \geq [OH^-]$、塩基性では $[H^+] \leq [OH^-]$ となる。

以上のように、水溶液の酸性・塩基性の強さは H^+ 濃度で決定されるが、指数とともに H^+ 濃度を表すことは不便である。そこで、**pH** を定義する。

$$pH = -\log_{10}[H^+]$$

この定義から、pH との関係は図 2.10 のように示される。

$[H^+]$ (mol L^{-1})	10^0	----------	10^{-7}	----------	10^{-14}
$[OH^-]$ (mol L^{-1})	10^{-14}	----------	10^{-7}	----------	10^0
pH	0	----------	7	----------	14

⇐ 酸性　中性　塩基性 ⇒

図 2.10 pH と水素イオン濃度、水酸化物イオン濃度の関係

酸・塩基の価数と強さ

酸あるいは塩基が完全に電離すると仮定した場合，1 mol の酸あるいは塩基から生成される H^+ (H_3O^+) あるいは OH^- の物質量を**価数**という。ところが，酸・塩基は完全には電離せずに，種類，濃度，温度によって異なる。そこで，水中において，電解質が電離する割合を**電離度** (α) として定義する。酸・塩基の強さはこの電離度 α によって決まる。例えば1価の酸であれば，

$$[H^+] = C_0 \times \alpha$$

のように表される。ここで，C_0 は酸の初濃度である。$\alpha \fallingdotseq 1$ である酸・塩基を強酸・強塩基という。

[強酸]：塩酸 HCl (1価)，硝酸 HNO_3 (1価)，硫酸 H_2SO_4 (2価)[*1]

[強塩基]：水酸化ナトリウム NaOH (1価)，水酸化カリウム KOH (1価)，水酸化カルシウム $Ca(OH)_2$ (2価)

*1 H_2SO_4 は強酸だが，1つの H^+ を解離して生じた HSO_4^- は強酸ではない。

また，$\alpha < 1$ である酸・塩基を弱酸・弱塩基という。

[弱酸]：酢酸 CH_3COOH (1価)，リン酸 H_3PO_4 (3価)

[弱塩基]：アンモニア NH_3 (1価)

電離度が明らかな場合，弱酸・弱塩基のpHは初濃度を用いて求めることができる。しかし，電離度は酸・塩基の濃度や温度によって変化する[*2]。そこで，弱酸の一般式を HA とし，HA の水中における電離を，以下のような平衡反応で考える。

*2 弱酸・弱塩基の場合，濃厚な溶液であれば電離度は1よりも非常に小さな値である。しかし，希薄な溶液であれば電離度は1に近づく。

$$HA + H_2O \rightleftharpoons H_3O^+ + A^-$$

したがって，平衡定数 K は，

$$K = \frac{[H_3O^+][A^-]}{[HA][H_2O]}$$

で表されるが，水の濃度は一定とみなして定数に含める。

$$K_a = \frac{[H_3O^+][A^-]}{[HA]}$$

このとき，K_a は酸の解離平衡の平衡定数であり，**酸解離定数**という[*3]。

また，弱塩基を B とすると，次式のような解離平衡が成り立っている。

$$B + H_2O \rightleftharpoons BH^+ + OH^-$$

したがって，**塩基解離定数** K_b は次式のように表される。

*3 H_3O^+ を H^+ で簡略化すると，平衡は
$HA \rightleftharpoons H^+ + A^-$
となり，
$K_a = \frac{[H^+][A^-]}{[HA]}$
で表される。

$$K_b = \frac{[BH^+][OH^-]}{[B]}$$

K_a や K_b は酸・塩基の種類によって桁数が大きく異なる値を有する。そこで，前述のpHのときと同様に対数を使って表現する。

$$pK_a = -\log K_a, \quad pK_b = -\log K_b$$

様々な酸・塩基について K_a や K_b の値が調べられている。これらを用いれば，弱酸・弱塩基のある濃度でのpHを算出できる。

【例題 2.7】 初濃度が $1.0\ \mathrm{mol\ L^{-1}}$ の酢酸 CH_3COOH 水溶液のpHを求めよ。ただし、酢酸の25℃における K_a は 1.8×10^{-5} である。

【解答】 酢酸の平衡式および酸解離定数は、以下のようになる。

$$CH_3COOH \rightleftharpoons H^+ + CH_3COO^-, \quad K_a = \frac{[H^+][CH_3COO^-]}{[CH_3COOH]} = 1.8\times10^{-5}$$

平衡に達したとき、CH_3COOH が初濃度から $C\ (\mathrm{mol\ L^{-1}})$ だけ減少し、H^+ と CH_3COO^- が $C\ (\mathrm{mol\ L^{-1}})$ 生じると考えると次式が成り立つ。

$$\frac{C\times C}{1.0-C} = 1.8\times10^{-5}$$

K_a が 1.8×10^{-5} と小さな値であることを考慮すると、C は初濃度 $1.0\ \mathrm{mol\ L^{-1}}$ よりも十分小さいと予想される。したがって、$1.0 - C \fallingdotseq 1.0$ と近似できる[*1]。よって、$C = \sqrt{1.8\times10^{-5}} = 0.0042\ \mathrm{mol\ L^{-1}}$ となる。ゆえに、$\mathrm{pH} = -\log[H^+] = -\log C = 2.38$ が求まる。

[*1] $C = 0.0042$ であることから、
$1.0 - C = 0.9958 \fallingdotseq 1.0$
であり、近似が正しいことがわかる。

中和反応

酸から生じる H_3O^+ と塩基から生じる OH^- が反応して塩と水が得られる反応を**中和反応**という。

$$H_3O^+ + OH^- \longrightarrow 2H_2O$$

反応式が示すように、H_3O^+ 濃度と OH^- 濃度が等しいとき、中和となる。

例として、塩酸(1価の酸)と水酸化ナトリウム(1価の塩基)水溶液との中和反応を示す。

$$\underset{酸}{HCl} + \underset{塩基}{NaOH} \longrightarrow \underset{塩(塩化ナトリウム)}{NaCl} + \underset{水}{H_2O}$$

1価の酸・塩基同士の中和反応では、HClとNaOHの物質量が等しいとき、すなわち1:1の物質量比で中和する。H_2SO_4(2価の酸)とNaOHとの中和反応は、

$$H_2SO_4 + 2\,NaOH \longrightarrow Na_2SO_4 + 2\,H_2O \quad ^{*2}$$

となる。この場合、H_2SO_4 とNaOHの物質量比が1:2のとき中和する。一方、HClと Na_2CO_3(2価の塩基)との中和反応では、

$$2\,HCl + Na_2CO_3 \longrightarrow 2\,NaCl + H_2CO_3\ (H_2O + CO_2)$$

となり、HClと Na_2CO_3 の物質量比が2:1のとき中和する。

[*2] 実際には、次に示す2段階の反応で中和される。
$H_2SO_4 + NaOH$
$\longrightarrow NaHSO_4 + H_2O$,
$NaHSO_4 + NaOH$
$\longrightarrow Na_2SO_4 + H_2O$

塩の加水分解

塩を水に溶かした結果、塩を形成する酸と塩基に分解する反応を**塩の加水分解**という。強酸と強塩基との中和反応で生じる塩の水溶液は中性となる。ところが、弱酸あるいは弱塩基が関与する塩の水溶液では酸性あるいは塩基性を示す。

酢酸 CH_3COOH(弱酸)とNaOH(強塩基)との中和で生成する酢酸ナトリウム CH_3COONa を水に溶解させると、ほぼ完全に電離する。

$$CH_3COONa \longrightarrow CH_3COO^- + Na^+$$

ところが、CH_3COO^- の電離度が小さいため、水 H_2O から H^+ を奪って CH_3COOH になろうとする。その結果、OH^- が生じて水溶液は塩基性を示す。

$$CH_3COO^- + H_2O \rightleftharpoons CH_3COOH + OH^-$$

アンモニア（弱塩基）と塩酸（強酸）との中和で生成する塩化アンモニウム NH_4Cl を水に溶解させると、以下のことが起こる。

$$NH_4Cl \longrightarrow NH_4^+ + Cl^-$$
$$NH_4^+ + H_2O \rightleftharpoons NH_3 + H_3O^+$$

すなわち、NH_4Cl を水に溶解させると、その水溶液は酸性を示す。

緩衝液

少量の酸や塩基を加えても溶液の pH がほとんど変化しない溶液を**緩衝液**という。緩衝液は弱酸・弱塩基の水溶液とその塩の水溶液とを混合することで作られる。例として、CH_3COOH と CH_3COONa から作った緩衝液についてみてみよう。弱酸である酢酸は水中でほとんど解離していない。

$$CH_3COOH + H_2O \rightleftharpoons H_3O^+ + CH_3COO^-$$

酸の濃度を C_1 とすると、平衡時の酢酸濃度は $[CH_3COOH] \fallingdotseq C_1$ となる。一方、酢酸ナトリウムは水中で完全に電離する。

$$CH_3COONa \longrightarrow CH_3COO^- + Na^+$$

したがって、酢酸イオンの濃度 $[CH_3COO^-]$ は用いた酢酸ナトリウムの濃度 (C_2) と一致する。

一方、酢酸の酸解離定数 K_a は、

$$K_a = \frac{[H_3O^+][CH_3COO^-]}{[CH_3COOH]} \fallingdotseq \frac{[H_3O^+]C_2}{C_1}$$

となり、

$$[H_3O^+] \fallingdotseq K_a \frac{C_1}{C_2}$$

が成り立つ。すなわち、$[H_3O^+]$ はほぼ一定となっており、pH はほとんど変化しないことがわかる。

この緩衝液に H_3O^+ を添加すると多量の CH_3COO^- と結びついて CH_3COOH と H_2O が生成し、結果的に H_3O^+ 濃度はあまり変化しない。また、OH^- を添加すると酢酸による中和反応が進行するため、OH^- 濃度もあまり変化しない。これが**緩衝作用**である。

2.7　物質の三相と相平衡

物質の三相

氷、水、水蒸気、これらは水 H_2O という物質がとる異なった状態である。氷 (s) を熱すると溶けて水 (l) になり、水 (l) をさらに熱するとお湯が沸き、激しく水蒸気 (g) が出る。冷やすと水蒸気、水、氷と逆をたどる。水の例のように、多くの物質は**固体**、**液体**、**気体**という3つの相（**三相**）のいずれかの状態をとる。

また，固体，液体，気体に熱を加えると，それぞれの比熱に従って温度が上昇する。

固体は決まった形をもった状態である。原子や分子の粒子で考えてみよう。固体中の粒子は常に振動しているが，粒子同士が強く引き合っているため身動きがとれず，形を変えることができない（図2.11(a)）。粒子が一定の規則で配列した固体を結晶という。粒子の配列に規則性がない，あるいは，規則性が低い固体を不定形（アモルファス）固体という。

気体は固有の形や体積を示さない。これは粒子間でほとんど引き合わず，放っておくと四方に動くためである（図2.11(c)）。また，加熱や減圧によって膨張し，冷却や加圧によって収縮する（2.2節参照）。

液体は固体と気体の中間のような性質をもっている。決まった体積をもってはいるが，形は自由に変化する（図2.11(b)）。固体ほどではないが，粒子は遠くに離れることなく引き合っている。また，体積は粒子間の引き合いの強さで変化するが，圧力による体積の変化は小さい。

図2.11 三相のイメージ
(a) 固体，(b) 液体，(c) 気体

相平衡

物質は温度や圧力を変化させることで異なる相をとる。また，互いの相は動的に変化する平衡状態（**相平衡**）である。図2.12に相の変化と名称を示す。

ある温度の固体に熱を加えてみる。はじめは加えた熱と物質の比熱に従って固体の温度が上昇する。さらに熱を加えると固体から液体となる。この現象を**融解**とよび，融解が起こる温度を**融点**とよぶ（例：氷から水への変化，氷の融点は0℃）。固体中で強く引き合った粒子を熱することで運動エネルギーを獲得し，粒子間の引力を振り切るため液体となる。逆に，液体から熱を取り除くと運動エネルギーを失い，粒子間での引力が勝り固体となることを**凝固**とよび，凝固が起こる温度を**凝固点**とよぶ。通常，融点と凝固点は同じ値をとる。融解あるいは凝固が起こる間は相変化にエネルギーを使うため，熱エネルギーを与えたり奪っても物質の温度は変化しない。ちなみに，0℃，1 gの氷を完全に水に融解させるのに必要な熱（**融解熱**）は335 J g^{-1} である。

液体となった物質に熱を加えると粒子がさらに運動エネルギーを獲得し，動きが激しさを増す。一部の粒子は粒子間の結合を完全に振り切って空間に飛び出し，気体となる**蒸発**が起こる。密閉された空の容器に液体を移したとしよう（図2.13）。移した直後，一部の粒子は液体中から空間に気体として飛び出す。飛び出した粒子は再び液中に戻る。はじめは「液体 → 気体」の変化が激しく起こるが，次第に遅くなり「気体 → 液体」の変化と等しくなる。すなわち，相平衡となる。このときの気相の圧力は**蒸気圧**とよばれ，物質によって異なる値をとる。

液体にさらに熱を加えると「液体 → 気体」の変化が激しさを増し，液体の内部からも気体が発生する。この現象を**沸騰**とよび，このときの温度を**沸点**とよぶ。冷却による逆の現象を**凝縮**とよぶ。沸騰や凝縮の際にも，融解と同様の理由で物質の温度は変化しない。蒸発の場合，粒子間の引力を完全に切断する大きな熱エネルギー（**蒸発熱**）が必要である。100℃，1 gの水を完全に水蒸気に蒸発さ

図2.12 相の変化と名称

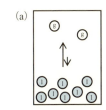

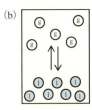

図2.13 気相-液相平衡の模式図。(a) 密閉空間に液体を移した直後は，勢いよく気体となる，(b) 平衡状態。ⓖ：気体，ⓛ：液体

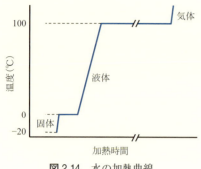

図 2.14 水の加熱曲線

せるのに必要な蒸発熱は 2250 J g^{-1} であり，融解熱よりも非常に大きい。

　それでは，容器に物質 (s) を入れて一定速度で加熱すると，物質の温度はどのように変化するであろうか。横軸に加熱時間，縦軸に物質の温度を記録したグラフを**加熱曲線**とよぶ。図 2.14 には，−20℃ の氷を用いて得られる加熱曲線を示す。固体，液体，気体など単一の相であれば，加熱時間に比例して物質の温度が上昇する。一方，固体→液体，液体→気体などの相変化を伴う場合，物質に加えた熱はこれらの相変化に利用されるため，物質の温度は変化しない。また，水蒸気を冷却すると，加熱曲線の逆をたどる冷却曲線が描ける。

　固体が液体を経ずに気体となることを**昇華**とよび，この逆を**凝華**とよぶ。固体の二酸化炭素であるドライアイスは大気圧において，直接，気体に変化する。凝固点以下の氷も少しずつ昇華する。冷凍庫に入れた食品から水が昇華して縮む冷凍焼けが起こる。また，フリーズドライは食品を凍結させ，減圧することで水を昇華させる方法である。凝華は産業界では蒸着として知られている。低圧容器内に固体材料を入れて加熱させると材料が気体となり，空間を移動し別の固体表面上で液体を経ずに固体として析出する。この方法を用いることで，表面に様々な材料の薄膜を形成させることができる。

状態図

　物質の三相の状態変化は，温度だけではなく，圧力の変化においても起こる。各々の物質について，状態変化の温度と圧力との関係を示したものを**状態図**とよぶ。水の状態図 (図 2.15) を見れば，101.3 kPa（常圧）での沸点が 100℃ であること，凝固点が 0℃ であることがわかる。また，状態図において，三相が共存する点を**三重点**とよぶ。水では 0.01℃, 612 Pa である。水の昇華を伴うフリーズドライは，常圧で凍結させ，三重点の圧力以下の気体となる圧力まで減圧すればよいことが状態図を使えば読み取れる。一方，二酸化炭素は常圧において昇華する。二酸化炭素の三重点は −54.6℃, 0.52 MPa であり，常圧よりも高いためである。二酸化炭素の常圧における昇華温度は −78℃ であり，すなわちドライアイスの温度である。

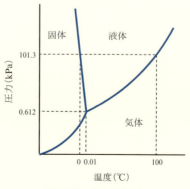

図 2.15 水の状態図

演習問題

2.1 分子式が $C_6H_{12}O_6$ で表されるグルコースについて，組成式を答えよ。また，分子量を求めよ。さらに，グルコース飴 1 粒 (3.00 g) に含まれるグルコースの物質量を求めよ。

2.2 1.1 g の一酸化炭素を燃焼させ，1.1 g の二酸化炭素を得た。反応した一酸化炭素の物質量を答えよ。また反応した一酸化炭素の割合 (%) を答えよ。

2.3 1013 hPa の大気圧下，25°C で 5.00 L の体積を占めていた二酸化炭素を 25°C で 0.600 L の容器に充填した。二酸化炭素を理想気体として取り扱い，容器内の圧力を答えよ。

2.4 気体状態の n-ヘキサンについて温度，体積，圧力，質量を測定したところ，それぞれ 373 K, 207 mL, 1.00 atm, 0.583 g であった。n-ヘキサンを理想気体として，分子量を求めよ。

2.5 0.400 M の水溶液 120 mL を調製するために必要な過マンガン酸カリウムは何 g 必要か答えよ。

2.6 0.50 M の酢酸水溶液について，CH_3COO^- と OH^- のモル濃度を求めよ。ただし，$K_a = 1.8 \times 10^{-5}$ である。

2.7 0.10 M の CH_3COOH と 0.10 M の CH_3COONa で構成された緩衝液の pH を計算せよ。

2.8 図 2.15 を参考にして，温度 4°C，圧力 0.4 kPa における水は気体，液体，固体のどの相にあるか答えよ。

第2部

大学の基礎化学

3 分子の構造

3.1 典型元素と遷移元素

周期表

1章(1.3節)において周期表と元素の性質について述べたが,ここで詳しく考察する。すでに説明したように,メンデレーエフは元素を原子番号Zの順に並べると原子の諸性質が周期的に変化していることを見だした。図3.1に周期表を示したが,元素は**周期**とよばれる横方向の行と**族**とよばれる縦方向の列に配列され,左から右へ順番に1族から18族と名づけられる。1,2族と13〜18族の元素は**典型元素**,3〜12族の元素は**遷移元素**に分類される。

同じ族の元素は類似した化学的および物理的な性質を示し,これは原子軌道への電子の入り方である電子配置で説明できることが多い。ある族に属する元素についてその電子配置を調べると特有のパターンを示すことがわかり,例えば1族と2族元素の電子配置を見ると貴ガスの閉殻に加えてそれぞれs^1配置およびs^2配置の外殻電子をもっている[*1]。原子の最も外側の殻にある電子(最外殻電子)は化学結合や原子の性質に関与し,**価電子**とよばれる。同じ族に属する元素が類似した化学的性質を示すことは,これらの価電子数が同じであることで理解できる。

典型元素

周期表の左端に位置する1族で,第2周期以降の元素は**アルカリ金属**とよば

[*1] 例えば,1族と2族元素であるNaとMgの電子配置は

Na : $[Ne](3s)^1$
Mg : $[Ne](3s)^2$

となる(1.3節参照)。

	1	2	3	4	5	6	7	8	9	10	11	12	13	14	15	16	17	18
1	H																	He
2	Li	Be											B	C	N	O	F	Ne
3	Na	Mg											Al	Si	P	S	Cl	Ar
4	K	Ca	Sc	Ti	V	Cr	Mn	Fe	Co	Ni	Cu	Zn	Ga	Ge	As	Se	Br	Kr
5	Rb	Sr	Y	Zr	Nb	Mo	Tc	Ru	Rh	Pd	Ag	Cd	In	Sn	Sb	Te	I	Xe
6	Cs	Ba	La〜	Hf	Ta	W	Re	Os	Ir	Pt	Au	Hg	Tl	Pb	Bi	Po	At	Rn
7	Fr	Ra	Ac〜	Rf	Db	Sg	Bh	Hs	Mt	Ds	Rg	Cn	Nh	Fl	Mc	Lv	Ts	Og

ランタノイド	La	Ce	Pr	Nd	Pm	Sm	Eu	Gd	Tb	Dy	Ho	Er	Tm	Yb	Lu
アクチノイド	Ac	Th	Pa	U	Np	Pu	Am	Cm	Bk	Cf	Es	Fm	Md	No	Lr

図3.1 周期表

れ，リチウム Li，ナトリウム Na，カリウム K が代表例である。アルカリ金属では，価電子の数が 1 で最外殻の s 軌道に 1 個の電子が入った $ns^1 (n \geq 2)$ 電子配置となる。この電子は比較的容易に失われ，1 価のカチオンを形成する。アルカリ金属は反応性が極めて高いため自然界で純粋な金属の状態では見いだされることはなく，化合物として存在する。ほとんどの化合物で 1 価カチオンとして存在する。

周期表でアルカリ金属の右隣 (2 族) には，ベリリウム Be，マグネシウム Mg，カルシウム Ca に代表される**アルカリ土類金属**が位置する。これらの元素は最外殻の s 軌道に 2 個の電子が収容された ns^2 の電子配置をもつ。アルカリ土類金属もアルカリ金属と同様にカチオンを形成する傾向があり，容易に 2 価のイオンとなる。例えば，第 4 周期の Ca は 4s 軌道に 2 個の電子をもち，Ca^{2+} イオンとなりやすい。Ca は地殻中で存在量の多い金属元素の 1 つであり，生物学的にも重要である。例えば，Ca は動物の骨や貝の殻の成分であり，教室などで使われるチョークには炭酸カルシウムを主成分とするホタテ貝殻をリサイクル利用したものがある。

13 族では最初の元素であるホウ素 B は半金属と分類されるが，残りの元素は金属である。代表例は身近な素材や材料として使われているアルミニウム Al がある。14 族には非金属の炭素 C や半金属のケイ素 Si が含まれる。C は 7 章で取り扱う有機分子の主役であり，Si は 12.2 節で解説するセラミックスで重要な役割を担う元素である。15 族元素では窒素 N とリン P が非金属であり，タンパク質や核酸などの生体関連分子を構成する重要な元素である。16 族には馴染みのある酸素 O や硫黄 S などの非金属が含まれる。O は地殻中に最も多く含まれる元素であり，すでに述べた Si や Al がその次に多く含まれる元素となっている。

17 族元素にはフッ素 F，塩素 Cl，臭素 Br，ヨウ素 I などがあり，**ハロゲン**とよばれる。ハロゲンは最外殻の s 軌道に 2 個，p 軌道に 5 個の電子が入った 7 個の価電子をもつ。このため最外殻にもう 1 個の電子をとった 1 価のアニオンになると貴ガスの閉殻構造になり安定化しやすい。このためハロゲンは反応性が高く，単体として見いだされることはない。18 族元素のヘリウム He，ネオン Ne，アルゴン Ar，クリプトン Kr，キセノン Xe などはすべて貴ガスとして単原子化学種として存在する。貴ガス原子の最外殻は $ns^2 np^6$ と完全に満たされており (He は $1s^2$)，その化学的な安定性の原因となっている。

遷移元素

先に述べた原子番号 20 の Ca で 4s 軌道が満たされ，原子番号 21 のスカンジウム Sc からは 4p 軌道ではなく 3d 軌道に電子が入る (表 3.1)。**d 軌道**は 5 種類あるため電子を最大で 10 個まで収容できる。Sc から銅 Cu (原子番号 29) までは完全に満たされない 3d (または 4s) 軌道をもつ遷移元素となる。同様に，第 5 周期のイットリウム Y から銀 Ag も完全に満たされない 4d (または 5s) 軌道をもつ。12 族元素の亜鉛 Zn やカドミウム Cd は d 軌道が満たされ典型元素に分類されることもあるが，ここでは遷移元素として考えることにする。

表 3.1 主な第 4 周期元素の電子配置

K	[Ar]$4s^1$
Ca	[Ar]$4s^2$
Sc	[Ar]$4s^2\,3d^1$
Ti	[Ar]$4s^2\,3d^2$
V	[Ar]$4s^2\,3d^3$
Cr	[Ar]$4s^1\,3d^5$
Mn	[Ar]$4s^2\,3d^5$
Fe	[Ar]$4s^2\,3d^6$
Co	[Ar]$4s^2\,3d^7$
Ni	[Ar]$4s^2\,3d^8$
Cu	[Ar]$4s^1\,3d^{10}$
Zn	[Ar]$4s^2\,3d^{10}$

現代社会で重要な役割をもつ金属の多くは遷移元素（遷移金属ともいう）であり，とても身近な金属である鉄 Fe をはじめ，電池の材料として使われるマンガン Mn や硬貨の材料として使われる Cu などがある。これら遷移金属にはいくつかの興味深い特徴がある。表 3.1 に示すように，周期表の左側に位置する Sc から右側に移動すると，一部の例外を除いて d 軌道に入る電子の数が増えていく。しかし，これらの遷移金属がイオンになるときや化学反応をすると 3d 軌道からではなく，最外殻の 4s 軌道から電子が奪われる。例えば，電子配置 [Ar]$4s^2 3d^6$ をもつ Fe の場合，Fe^{2+} は [Ar]$3d^6$ の電子配置を示し，Fe^{3+} ではさらに d 電子が 1 つ失われ [Ar]$3d^5$ となる。遷移金属イオンのほとんどは部分的に充填された 3d 軌道をもち，これは下記のような遷移金属の特徴の原因となっている。

1. 遷移金属はしばしば複数の酸化状態を示す（酸化については後述）
2. 多くの遷移金属化合物は着色している（9 章と 11.1 節参照）
3. 遷移金属とその化合物はしばしば特有の磁気的性質を示す（11.1 節参照）

希土類元素

遷移元素の中で原子番号 57 のランタン La からルテチウム Lu までの 15 元素と原子番号 89 のアクチニウム Ac からローレンシウム Lr までの 15 元素はそれぞれ**ランタノイド**と**アクチノイド**とよばれる。3 族元素のスカンジウム Sc，イットリウム Y とランタノイドは地殻中に少量存在する金属元素であり，**希土類元素**とよばれる。希土類元素は現代社会で欠かせない電子部品などの原材料として広く使われている。ランタノイドは f 軌道に電子が順次入っていくのが特徴であるが，4f 軌道と 5d 軌道のエネルギーは近接しているため 5d 軌道に電子が入っている La などもある。ランタノイドの電子配置の一例を表 3.2 に示す。

表 3.2 一部のランタノイドの電子配置

La	[Xe]$6s^2 5d^1$
Ce	[Xe]$6s^2 5d^1 4f^1$
Pr	[Xe]$6s^2 4f^3$

酸化と還元

遷移金属の特徴として複数の酸化状態を示すことをあげたが，**酸化**は**還元**と対をなす化学における重要な概念の 1 つである。もともと物質が酸素と化合して酸化物を生じる反応を酸化といい，また酸化物が酸素を失う変化を還元といった。しかし，酸化還元反応は電子の移動を含む反応と考えることで，より広範囲の反応について統一的に理解することができる。まず定義として，原子やイオンまたは分子が他の物質によって電子を失うとき，その物質は酸化されたという。逆に，他の物質から電子を得るとき，その物質は還元されたという。例として鉄 Fe が関与する反応について考える。金属の鉄を塩酸などの酸性水溶液に浸すと鉄が溶けて Fe^{2+} カチオンとなり，気体の水素 H_2 が発生する。

$$Fe + 2H^+ \longrightarrow Fe^{2+} + H_2$$

Fe は電荷をもたない中性の状態から酸化されて（電子を失い）Fe^{2+} カチオンになる。一方，1 価のカチオンである水素イオン H^+ は還元されて（電子を得て）中性の水素分子 H_2 になる。このように酸化還元は対をなし，酸化反応が起これ

ば，必ず同時に還元反応が起こっている。

酸化還元反応では，しばしば**酸化剤**および**還元剤**という語句が使われる。他の物質を酸化させるものを酸化剤といい，相手を還元させるものを還元剤とよぶ。酸化剤は相手を酸化させる際に自身は還元されており，還元剤自身は反応に伴って酸化されるので注意が必要である。上記の例では，鉄は水素イオンを還元して水素分子を生成しているので還元剤として働き，水素イオンは酸化剤として働いている。

鉄と酸の反応ではイオンの生成・消失を伴っているため電子のやりとりで酸化還元反応を明瞭に説明することができた。しかし，イオン化合物でなく分子化合物がかかわる反応では電子の移動がわかりにくい。そこで電子の授受をわかりやすくするため**酸化数**を定義し，酸化数の変化により酸化された原子と還元された原子を定義する。酸化数の定義の主な項目は以下の通りである。

1. 単体中では，原子の酸化数は 0
2. 単原子イオンでは，酸化数はそのイオンの電荷に等しい
3. 化合物中の酸素の酸化数は −2
4. 化合物中の水素の酸化数は +1
5. 化合物を構成する全原子の酸化数の和は 0（イオンの場合はその電荷数）

ここで，例として酸化銅の粉末を炭素と混ぜ合わせて加熱して金属の銅を生成する反応を考える。化学反応式は

$$\overset{+2\ -2}{2\,CuO(s)} + \overset{0}{C(s)} \longrightarrow \overset{0}{2\,Cu(s)} + \overset{+4\ -2}{CO_2(g)}$$

と表すことができ，元素記号の上に酸化数を記した。銅の酸化数は +2 から 0 へと減少して還元され，炭素の酸化数は 0 から +4 へと増加して酸化されたことがわかる。このように，酸化数を用いることである反応が酸化還元反応であるのかどうかや，酸化された，あるいは還元された元素がどれであるかなどを容易に判別することができる。

遷移金属が示す特徴の 1 つは複数の酸化数を示すことである。例えば，クロム Cr の電子配置は $[Ar]4s^1 3d^5$ であるが，原子単体の 0 に加えて +2 から +6 の酸化数を示す。特に安定な酸化状態は酸化数が +3 と +6 で，二クロム酸カリウム $K_2Cr_2O_7$ と塩酸中の HCl との反応がその例である。

$$K_2Cr_2O_7 + 14\,HCl \longrightarrow 2\,CrCl_3 + 3\,Cl_2 + 2\,KCl + 7\,H_2O$$

この反応では Cr の酸化数は +6 から +3 に変化しており，還元されていることがわかる。このとき，塩素 Cl は酸化数が −1 から 0 に変化しており，$K_2Cr_2O_7$ が酸化剤として働いて塩素を酸化している。このように，遷移金属は複数の酸化状態をとることから，様々な酸化還元反応にかかわることが知られている。

3.2 混成軌道と分子の構造

1章ではメタン CH_4 分子が正四面体の分子構造であることを VSEPR モデルで説明し，原子軌道が重なり合うことで共有結合が形成されることをみた。しかし，これらの知識だけでは分子の構造や性質を理解するには不十分である。そこでここでは，原子上の複数の原子軌道が混ざり合って新しい軌道ができる**混成軌道**という概念について説明する。

sp³ 混成軌道

まず CH_4 分子について考える。価電子のみを考えると，化学結合を形成していない C 原子の原子軌道は図 3.2 のように 2s 軌道が 1 個と 2p 軌道が 3 個あり，2s 軌道に 2 個，2 本の 2p 軌道に電子が 1 個ずつ入っている。しかし，C 原子が 4 つの H 原子と結合して CH_4 分子を形成する際には，2s 軌道と 3 個の 2p 軌道が混ざり合って新たに 4 個の混成軌道ができ，これを sp³ 混成軌道という（図 3.3）。

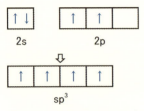

図 3.2 炭素原子の原子軌道と sp³ 混成軌道

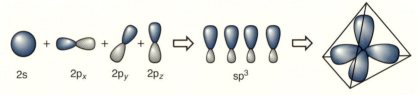

図 3.3 sp³ 混成軌道

4 個の混成軌道は等価であり，図 3.3 に示すように正四面体の 4 個の頂点方向を向いている。4 個の混成軌道にはそれぞれ 1 個の電子が入り**不対電子**となり，それぞれが水素原子の 1s 軌道と共有結合を形成する。このため CH_4 分子は<u>正四面体型</u>となり，すべての HCH 角は 109.5° となる（図 3.4）。また 4 本の C–H 結合はすべて等価な σ 結合である。

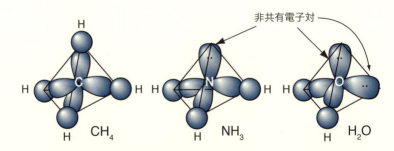

図 3.4 sp³ 混成軌道をもつメタン，アンモニア，水分子の構造

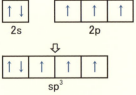

図 3.5 窒素原子の原子軌道と sp³ 混成軌道

混成軌道は C 原子だけでなく，N 原子や O 原子を含んだ分子構造を考えるうえでも重要である。図 3.5 に示すように，C 原子よりも原子番号が 1 だけ大きい N 原子は 5 つの価電子をもっている。このため 2s 軌道と 2p 軌道から 4 本の sp³ 混成軌道ができると，4 本の混成軌道のうち 3 本には電子が 1 個ずつ入り，残り

の 1 個には電子が 2 つ入って非共有電子対となる。共有結合を形成できるのは不対電子をもつ軌道であり，N 原子の場合には 3 個の H 原子と N–H の σ 結合を形成して三角錐型のアンモニア NH$_3$ 分子となる (図 3.4)。

O 原子は 6 個の価電子をもち，これらが 4 個の sp^3 混成軌道に分配されることで，2 個の不対電子と 2 個の非共有電子対を形成する (図 3.6)。したがって，O 原子が結合に使える混成軌道は 2 個であり，2 個の水素原子と σ 結合を形成した水分子 H$_2$O となる。CH$_4$ や NH$_3$ の場合と同じように，H$_2$O の 4 個の混成軌道は正四面体の 4 つの頂点の方向を向くため，図 3.4 に示したように折れ曲がった非直線構造となる。

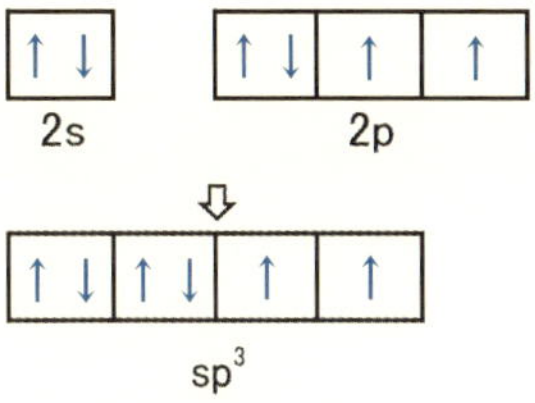

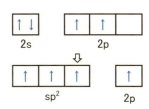

図 3.6 酸素原子の原子軌道と sp^3 混成軌道

上記のように，CH$_4$, NH$_3$, H$_2$O の中心原子は正四面体形の sp^3 混成軌道をもっているが，HCH, HNH, HOH の結合角はそれぞれ 109.5, 106.7, 104.5° と，若干異なっている (図 1.25 参照)。これは共有結合を形成している電子対と非共有電子対の大きさの違いで説明できる。共有結合にかかわる電子対は正電荷をもった 2 つの原子核から静電的な引力を受けているが，非共有電子対は 1 つの原子核からの引力しか受けていない。このため共有結合に関与する電子対に比べて非共有電子対は空間的に広がっており，電子対同士の反発が大きくなり，結合角が HCH > HNH > HOH となる。非共有電子対は分子構造を描く際には現れないため目立たないが，分子構造や後述の配位結合 (3.5 節，3.6 節)，水素結合 (1.4 節) などを考える際に重要となる。

sp^2 と sp 混成軌道

sp^3 混成軌道をもつメタン CH$_4$ は炭素を含んだ化合物である有機化合物の基本となる分子である。しかし，有機化合物が示す構造および性質の特徴や多様性を説明するためには，さらに sp^2 および sp 混成軌道についての理解が必要である。sp^2 混成の場合，3 つの 2p 軌道のうち 1 個は混成軌道の形成に関与しない。このため，図 3.7 に示すように，sp^2 混成軌道は 3 つの軌道から構成される。

図 3.8 は sp^2 混成軌道の形成と配置を示す。3 個の混成軌道は等価であり，平面上に互いに 120° の角度で配置される。

図 3.7 炭素原子の sp^2 混成軌道

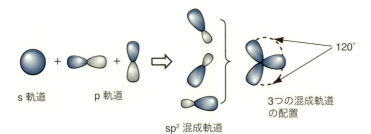

図 3.8 sp^2 混成軌道の配置

一方，sp 混成では s 軌道と 1 つの p 軌道が混ざり合って混成軌道を形成し，2 つの p 軌道が関与せずに残る (図 3.9)。2 個の等価な混成軌道は同一直線上に反対方向を向いて配置される。互いになす角度は 180° である (図 3.10)。これら sp^2

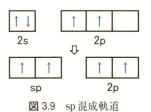

図 3.9 sp 混成軌道

図 3.10 sp 混成軌道の配置

および sp 混成軌道はエチレンやアセチレンなどに代表される多重結合 (3.3 節参照) を理解するうえで重要となる。

3.3 有機化合物の構造

メタンに代表される有機化合物は炭素を含む化合物として定義され、タンパク質や核酸など自然界で見られる多くの分子が有機化合物に分類される。ここでは炭素原子と水素原子だけから形成される炭化水素とよばれる化合物を中心に解説する。

アルカン

メタン CH_4 では炭素原子の 4 つの sp^3 混成軌道がそれぞれ水素原子の 1s 軌道と σ 結合を形成し、正四面体形の分子構造であることを説明した。C 原子の混成軌道は他の C 原子の混成軌道と σ 結合を形成できる。2 つの C 原子と 6 つの H 原子から構成される**エタン** C_2H_6 がその例である。メタンやエタンは一般式 C_nH_{2n+2} ($n = 1, 2, \cdots$) で表され、**アルカン**とよばれる。アルカンは C 原子に結合できる最大数の H 原子をもち、飽和炭化水素ともよばれる。図 3.11 にいくつかのアルカンの構造式を示すが、C 原子は共有結合によって他の C 原子または様々な他の原子と安定な結合を作ることができる。このため有機化合物には極めて多くの種類が存在する。

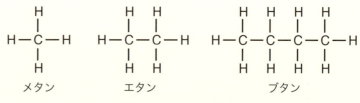

図 3.11 アルカンの構造式

表 3.3 主なアルカンの沸点 (°C)

分子式	名称	沸点
CH_4	メタン	−161
C_2H_6	エタン	−89
C_3H_8	プロパン	−42
C_4H_{10}	ブタン	−0.5
C_5H_{12}	ペンタン	36
C_6H_{14}	ヘキサン	69
C_7H_{16}	ヘプタン	98
C_8H_{18}	オクタン	126

表 3.3 に示すように、アルカンの沸点は分子量とともに大きくなる。これは広義のファンデルワールス力 (4 章参照) に基づく分子間の相互作用が原因である。$n = 1 \sim 4$ のアルカンの沸点は 0 °C 以下であり、室温では気体である。このため分子量の小さいアルカンは広く燃料として使われている。いわゆる都市ガスはメタンを主成分とする天然ガスであり、LP ガス (プロパンガスともよばれる) の主成分は**プロパン** C_3H_8 とブタンである。これら炭化水素は酸化反応 (燃焼反応)

によって熱を放出するため燃料として使うことができる（10.4節参照）。また分子量の小さいメタンは空気より密度が小さいためガス漏れの際に部屋の上部に移動するが，プロパンやブタンは密度が大きく，部屋の下部に溜まりやすいなどの違いもある。

　ここでブタンを例に，有機化合物の表記法と構造について説明する。図3.11に示したブタンの構造式はどの原子と原子の間に結合があるかなどが明示されており，情報量が多い。しかし描画が煩雑で，詳しすぎるため分子の全体構造を把握しづらい。そこで，図3.12 (a)のような簡略化された構造式が使われることが多い。なお，図3.11や図3.12 (a)に示す2次元表記の構造式では，ブタンは直線形の分子のように見えるが，炭素原子が四面体型のsp^3混成軌道をもつことから折れ曲がった構造である（図3.12 (b)）。

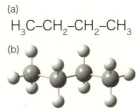

図3.12　ブタンの簡略化された構造式 (a) と3次元構造 (b)

アルケンとアルキン

　炭化水素の中にはsp^2やsp混成軌道の炭素原子を有して二重結合や三重結合などの多重結合をもつものがあり，それぞれ**アルケン**と**アルキン**とよばれる。アルカンが**飽和炭化水素**とよばれるのに対し，アルケンとアルキンは**不飽和炭化水素**ともよばれる。

　アルケンは**オレフィン**ともよばれ，炭素−炭素間の二重結合をもつ。二重結合が1個の場合の一般式はC_nH_{2n}（$n = 2, 3, \cdots$）となる。最も簡単なアルケンは**エチレン**C_2H_4で，2つの炭素原子はsp^2混成軌道で表される。図3.13 (a) に示すように，2つの炭素間のsp^2混成軌道の重なりによってC–C結合軸に沿ったσ結合が形成される。また3個のsp^2混成軌道の残りの2つは水素原子の1s軌道とσ結合を形成する。それぞれの炭素原子は混成軌道を形成していないp軌道が1つ残っている。このp軌道は3つのsp^2混成軌道が作る平面に垂直で，側面から重なり合ってπ結合を形成する（図3.13 (b)）。結果として，エチレンの炭素−炭素間にはσ結合とπ結合からなる二重結合が形成される。

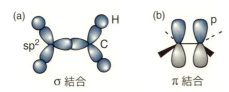

図3.13　エチレンC_2H_4の共有結合
(a) C–CおよびC–H間のσ結合，(b) C–C間のπ結合

　σ結合とπ結合は異なった種類の結合であり，二重結合は単結合の単純な2倍の強さではない。しかし，二重結合はより強固な結合であり，分子構造にも違いが現れる。例えば，エタンとエチレンを比較すると，炭素−水素間の距離はともに1.09 Åであるが，炭素−炭素間の距離はエタンが1.54 Åであるのに対し，エチレンが1.34 Åと短くなっている。また単結合と二重結合では構造の違いだけでなく，結合軸まわりの回転の障壁の有無にも大きな違いがある。σ結合は円筒形の対称性をもっており，結合軸を回転しても軌道の重なりは変化しないため

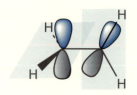

図 3.14 エチレンの C=C 二重結合まわりの回転と π 結合の開裂

自由回転が可能である。エタンの場合，異なった C 原子上にある H 原子間の相互作用があるため完全な自由回転ではないが，その回転障壁は比較的小さく（～12 kJ mol^{-1} 程度），室温付近ではほぼ自由に回転できる。一方，π 結合は結合軸に垂直な p 軌道間の重なりである。このため，図 3.14 に示すように結合軸が回転すると p 軌道間の重なりが小さくなり結合が弱まり，90° の回転により π 結合は完全に切れてしまう。したがって，C＝C 二重結合は回転することができない。

アルキンは炭素−炭素間の三重結合をもち，その代表例は**アセチレン** C_2H_2 である。三重結合が 1 個の場合の一般式は C_nH_{2n-2} ($n = 2, 3, \cdots$) となる。三重結合を作る炭素は sp 混成軌道をもち，2 個の軌道が直線上に反対方向を向いて位置する。C−C 間の結合の 1 つは sp 混成軌道の重なりによる σ 結合で，アセチレンの場合は残りの sp 混成軌道は水素原子の 1s 軌道と σ 結合を形成する。混成軌道にかかわらない 2 つの p 軌道はもう片方の炭素原子の p 軌道とそれぞれ π 結合を形成する。このように三重結合は 1 本の σ 結合と 2 本の π 結合から構成される（図 3.15）。三重結合は二重結合よりもさらに強い結合であり，アセチレンの C−C 間の結合は 1.20 Å とエチレンの場合よりもさらに短くなっている。アセチレンは非常に反応性に富む物質で，酸素との燃焼反応によって高温を得ることができる。このため，ガス溶接の際に使われる燃料としてアセチレンは使われている（10.4 節参照）。またアルキンはその高い反応性のため，アルケンほどは自然界に存在しないが，工業的には反応の中間体などとして使われている。

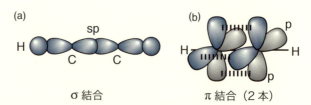

図 3.15 アセチレン C_2H_2 の共有結合
(a) C−C および C−H 間の σ 結合，(b) C−C 間の 2 本の π 結合

3.4 電子の非局在化と芳香族化合物

共鳴構造

前節では，炭化水素を中心に軌道の考えに基づいて結合の形成と分子の形を考えたが，ここでは再びルイス構造によって分子構造を考察する。まず，例として二酸化硫黄 SO_2 を考えると，ルイス構造式は次の図のように描ける。

この構造では 2 つの硫黄−酸素間の結合は異なり，単結合（左側）と二重結合（右側）となっている。したがって，SO_2 は短い S＝O 二重結合と長い S−O 単結合をもつと予測されるが，実験的には 2 つの結合は同じ長さで区別できないことがわかっている。この実験結果との不一致は 2 つのルイス構造で二酸化硫黄を表すこ

3.4 電子の非局在化と芳香族化合物   63

とで解決される。

これらの構造は**共鳴構造**とよばれ，実際の分子構造はこれら2つの共鳴構造の中間の構造であり，2つの共鳴構造で実際の1つの構造を表すと解釈する。

　ここで共鳴という概念に関して注意すべき点がある。まず，2つの共鳴構造が実際に存在し，ある共鳴構造から別の共鳴構造に行き来しているわけではないことである。共鳴構造はルイス構造式を用いて実際の分子構造を理解するための仮想的なものであり，各ルイス構造は ↔ で結んで表現する。一方，実際に複数の異なった構造が存在し，それらが行き来している状況もある。この場合は化学平衡とよばれ，⇌ で表される（化学平衡については2.4節で述べたが，5章でより詳しく考察する）。次に，3つ以上の共鳴構造を考える必要がある場合があることである。三酸化硫黄 SO_3 を例にすると，この分子の構造は次の3つの共鳴構造で表すことができる。

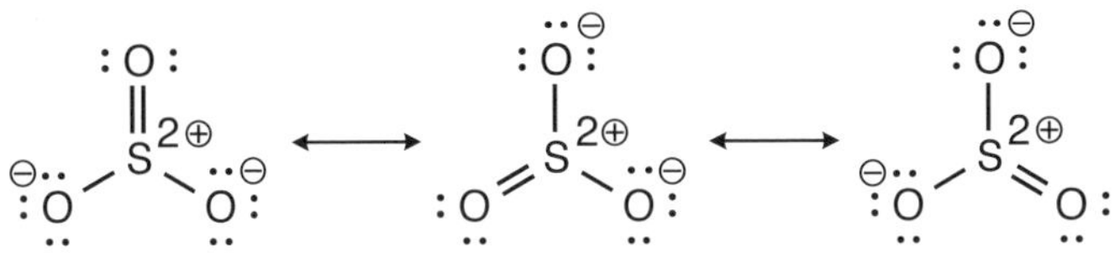

【例題 3.1】 SO_3 と SO_3^{2-} では，どちらの方が硫黄−酸素結合が長いと予想されるか答えよ。

【解答】 上記のように SO_3 の構造は3つの等価な共鳴構造で表すことができる。各共鳴構造は1本の S=O 二重結合と2本の S−O 単結合をもっており，全体として，硫黄−酸素結合は $1\frac{1}{3}$ 重結合となる。

　一方，SO_3^{2-} は2個の電子を余分にもち，次のようなルイス構造で表される。

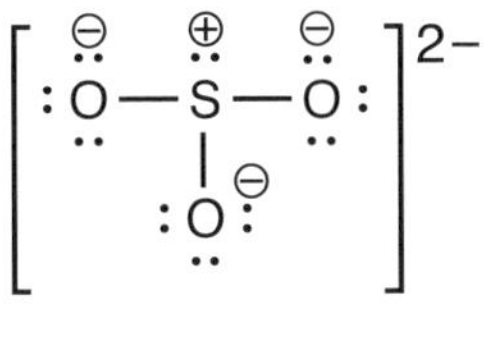

この構造は3つの等価な S−O 単結合をもっている。したがって，単結合をもつ SO_3^{2-} が中性の SO_3 より長い硫黄−酸素結合を有すると予測される。

電子の非局在化

　ここまで σ 結合や π 結合などの共有結合を考えるとき，結合に関与する電子は局在していた。すなわち，結合に関与する電子は結合する2つの原子に付随していると考えてきた。しかし，上記の共鳴の考えで見たように，局在した電子の

考えでは説明することのできない分子が数多く存在する。その代表例はπ結合を有する有機化合物である。局在したπ結合で説明できない分子の代表例はベンゼンC_6H_6で，図3.16に示すように，6個の炭素原子が六角形に配置され，各炭素は隣り合った2つの炭素および1つの水素原子と共有結合を形成している。各炭素の3つの結合が120°の角度をなしており，sp^2混成軌道をもつことがわかる。したがって，炭素 – 炭素の間は1つが単結合で，もう1つが二重結合になると期待され，この構造は図3.16 (b) の簡略化された構造式で表されることが多い。しかし，炭素 – 炭素間の結合距離はすべて1.40 Åであり，単結合の1.54 Åより短く，二重結合の1.34 Åより長い。このため，ベンゼンの構造は次の2つの共鳴構造で表される。

(b)

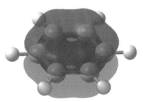

図3.16 ベンゼンの構造式

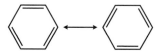

このベンゼンの構造を分子軌道の考え方で説明すると次のようになる。まず各炭素はsp^2混成軌道をもつので，ベンゼン環の平面と垂直な方向にσ結合を形成しないp軌道がある。炭素のp軌道は隣接する1つの炭素だけでなく両隣の2つの炭素原子のp軌道と重なり合ってπ結合を形成し，ベンゼン環の上下に円形の分子軌道となって広がっていると考える (図3.17)。このように分子軌道が2つの原子間に局在せず，3つ以上の原子に広がっているとき，分子軌道が**非局在化**しているという。このような非局在化したπ軌道を表現するため，ベンゼンは下記のように表記されることがある。

図3.17 ベンゼンの非局在化したπ軌道

またベンゼンのC_6H_6構造を母体とした有機化合物は数多く知られ，**芳香族化合物**とよばれている。詳細については7章で解説する。

共役二重結合

π軌道の非局在化は芳香族化合物の特徴を理解するうえで非常に重要であるが，6員環構造をもたない鎖状の分子においても重要である。特に，二重結合と単結合を交互にもつとき二重結合が**共役**[*1]しているといい，特徴的な性質を示す。2個の二重結合をもつアルケンをジエンというが，共役した二重結合をもつ最も簡単な分子は1,3-ブタジエンである。図3.18に構造式を示すが，4つの炭素原子はsp^2混成軌道をとり炭素 – 炭素間にσ結合を形成する。さらに，両端の炭素 – 炭素間にはπ結合も形成され，2個の二重結合が単結合で結ばれた構造となっている。図3.19に示すように，2つのπ結合は空間的に近接しているため軌道の重なりが生じ，二重結合を形成するπ軌道はその間に存在する単結合にも広がり非局在化する。したがって，中央の単結合は若干の二重結合性をもつように

*1 共役は「きょうやく」と読む。「きょうえき」は誤り。

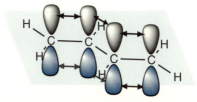

図 3.18 1,3-ブタジエン　　**図 3.19** 1,3-ブタジエンの共役した π 軌道

なり，この単結合の結合距離は 1.45 Å とエタンの C−C 間の距離 1.54 Å よりも短く，エチレンの C=C 間距離 1.34 Å よりも長い。

1,3-ブタジエンで見られるような共役した π 軌道はより長い炭素鎖でも見られる。炭素鎖が長くなると π 軌道に存在する π 電子の非局在化の程度が大きくなり，光吸収の点で重要な性質を示すようになる。この π 電子の非局在化と色の関係については，9 章で考えることにする。

3.5　ルイス酸・ルイス塩基と配位結合

2 章では，酸と塩基は，**プロトン**(H^+) や水酸化物イオン(OH^-) の生成(アレニウスの酸・塩基) や H^+ の授受(ブレンステズ・ローリーの酸・塩基) で決められていた。しかし，アレニウスの場合は水でない溶媒では適用できず，ブレンステズの場合は H^+ をもつ分子に制限されている。酸と塩基の概念をより広く適用できるようにするために，ルイス(Lewis, G. N., 1875-1946)は電子対に着目した。つまり，電子対を受け入れる分子やイオンを酸(**ルイス酸**)，電子対を与える分子やイオンを塩基(**ルイス塩基**)と定義した。ブレンステズ・ローリーの酸である H^+ はもちろんルイス酸であるが，この定義だと H をもたない分子でも酸とみなすことができ，酸の種類が非常に多くなる。また，塩基に関しては，OH^- や H_2O，NH_3 のように**オクテットルール**[*1]を満たし，非共有電子対をもつ物質である。ブレンステズ・ローリーの塩基はルイス塩基である。ただし，H^+ 以外の物質に電子対を与える場合でもルイス塩基とみなす。

まずルイス酸とルイス塩基の反応の例として，三フッ化ホウ素 BF_3 とアンモニア NH_3 との反応をみてみよう。

$$F-\overset{F}{\underset{F}{B}} + :\overset{H}{\underset{H}{N}}-H \longrightarrow F-\overset{F}{\underset{F}{B}}-\overset{H}{\underset{H}{N}}-H$$

この反応では，上に示すように BF_3 の B 原子の空軌道があり，NH_3 の N 原子にある非共有電子対を受け入れることで結合が形成される。この場合，BF_3 は電子対を受け入れるのでルイス酸であり，NH_3 は電子対を与えるのでルイス塩基である。また，このように共有する電子対が 2 個とも片方の原子から与えられている化学結合を**配位結合**とよぶ。

*1　原子の最外殻の電子が 8 個あると化合物やイオンが安定に存在できるという経験則をオクテットルールとよぶ。

また，多重結合をもつ分子もルイス酸となる。二酸化炭素 CO_2 を水酸化ナトリウム水溶液に通すと重炭酸イオン（または炭酸水素イオン）HCO_3^- ができる反応では，

$$CO_2 + OH^- \longrightarrow HCO_3^-$$

となる。図 3.20 に示すように，CO_2 がルイス酸であり，水酸化物イオン OH^- がルイス塩基として働いている。

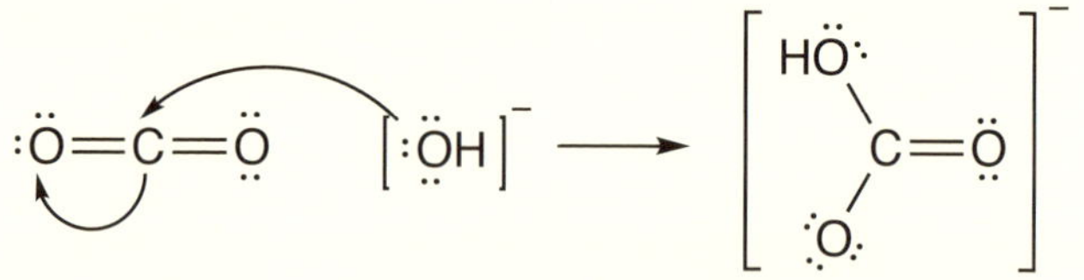

図 3.20 ルイス酸 CO_2 とルイス塩基 OH^- の反応

ルイス酸には電子対を受け入れるための空軌道があればよいので，金属イオンなどのカチオンもルイス酸となる。例えば，Al^{3+} が水和すると $[Al(H_2O)_6]^{3+}$ を生成する。この反応は

$$Al^{3+} + 6\,H_2O \longrightarrow [Al(H_2O)_6]^{3+}$$

である。このときは，Al^{3+} がルイス酸であり，H_2O がルイス塩基となる。

3.6　錯形成反応，配位数，錯体の生成定数

　金属イオンはルイス酸であり，水やアンモニアなどのルイス塩基と配位結合できる。このような金属イオンのまわりに複数の分子やイオンが配位結合したものは**金属錯体**または**錯体**とよばれ，数多く存在している。このときに配位結合している分子やイオンを**配位子**とよぶ。例えば，先ほどの $[Al(H_2O)_6]^{3+}$ では H_2O が配位子であり，$[Cu(NH_3)_4]^{2+}$ では，NH_3 が配位子である。$[Co(NH_3)_5Cl]^{2+}$ では，NH_3 と Cl^- が配位子である。これらの配位子は配位にかかわる原子（**配位原子**）が 1 つだけであり，**単座配位子**とよばれる。エチレンジアミン $NH_2CH_2CH_2NH_2$ (en) では 2 個の N 原子が配位原子となるので，**二座配位子**とよばれる。二座配位子には他にビピリジン (bpy) などがある（図 3.21(a)）。3 個以上の配位原子をもつものは**多座配位子**とよぶ（図 3.21(b)）。これらの配位子は中性分子かアニオンである。1 個以上の非共有電子対をもっており，それが配位結合する。

　$[Al(H_2O_6)]^{3+}$ が作られる反応や，Ag^+ イオンにアンモニア NH_3 が配位結合する（「配位する」ともいう）反応など，錯体を形成する反応を**錯形成反応**とよぶ。

$$Ag^+ + 2\,NH_3 \longrightarrow [Ag(NH_3)_2]^+$$

　錯体の中で金属イオンに直接結合している原子の数を**配位数**という。例えば，$Al(H_2O)_6^{3+}$ では Al^{3+} イオンの配位数は 6 であり，$Ag(NH_3)_2^+$ では Ag^+ の配位数は 2 である。錯体でよく見られる配位数は 4 と 6 である。配位数は錯体の構造と

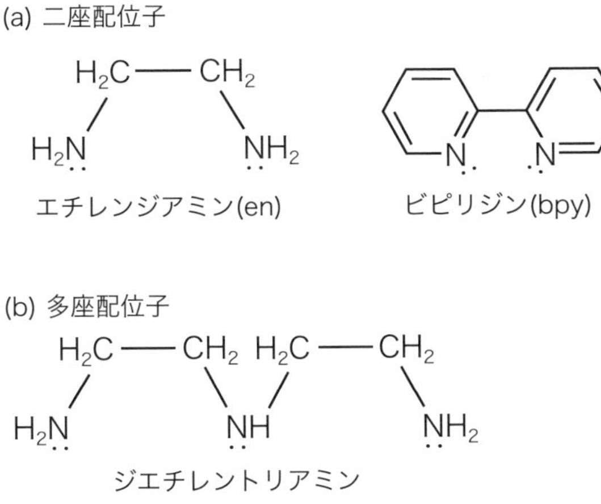

3.6 錯形成反応, 配位数, 錯体の生成定数　　　　　　　　　　　　　　　　　　　67

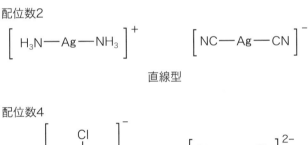

(a) 二座配位子

エチレンジアミン(en)　　ビピリジン(bpy)

(b) 多座配位子

ジエチレントリアミン

図 3.21 二座配位子 (a) と多座配位子の例 (b)

関連している。配位数 2 の場合は, $[Ag(NH_3)_2]^+$ や $[Ag(CN)_2]^-$ のように直線構造をもつ。また配位数 4 の場合は, 正四面体型と平面四角形型の 2 種類の立体構造が見られる。例えば, $[Zn(NH_3)_4]^{2+}$ や $[FeCl_4]^-$ などは正四面体構造になることが知られている。平面四角形構造がよく見られるのは, $[PtCl_4]^{2-}$ など Cu^{2+}, Ni^{2+}, Pd^{2+}, Pt^{2+} の錯体である。配位数が 6 の場合は, $[FeF_6]^{3-}$ や $[Co(en)_3]^{3+}$ などほぼ正八面体型の立体構造をもつ (図 3.22)。

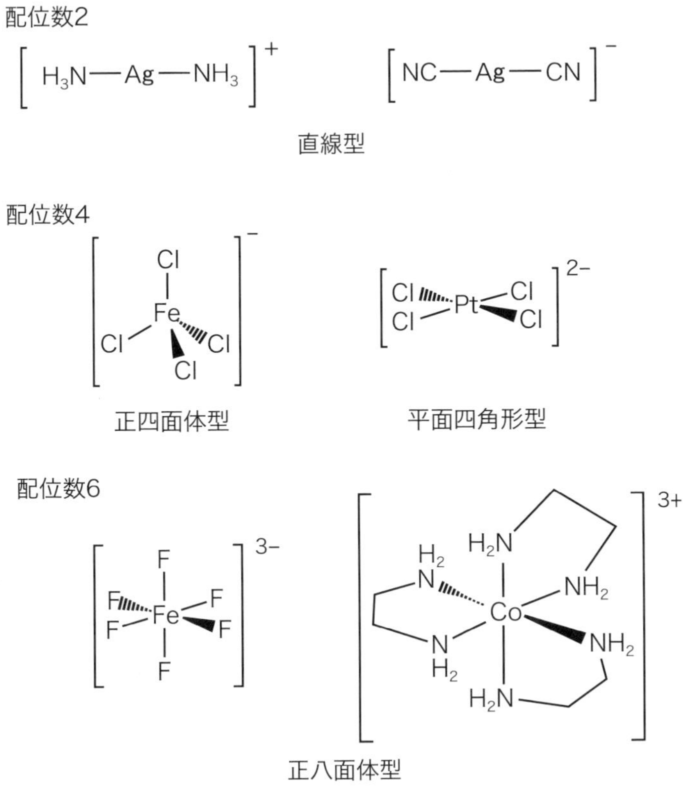

配位数 2

$$\left[H_3N\!-\!Ag\!-\!NH_3 \right]^+ \qquad \left[NC\!-\!Ag\!-\!CN \right]^-$$

直線型

配位数 4

正四面体型　　　　平面四角形型

配位数 6

正八面体型

図 3.22 金属錯体の例

表3.4 25°Cにおける錯体の生成定数

錯体	平衡	生成定数
$[Cu(NH_3)_4]^{2+}$	$Cu^{2+}(aq) + 4\,NH_3(aq) \rightleftharpoons [Cu(NH_3)_4]^{2+}(aq)$	5×10^{12}
$[Cu(CN)_4]^{2-}$	$Cu^{2+}(aq) + 4\,CN^-(aq) \rightleftharpoons [Cu(CN)_4]^{2-}(aq)$	1×10^{25}
$[Ni(NH_3)_6]^{2+}$	$Ni^{2+}(aq) + 6\,NH_3(aq) \rightleftharpoons [Ni(NH_3)_6]^{2+}(aq)$	1.2×10^9
$[Fe(CN)_6]^{4-}$	$Fe^{2+}(aq) + 6\,CN^-(aq) \rightleftharpoons [Fe(CN)_6]^{4-}(aq)$	1×10^{35}
$[Fe(CN)_6]^{3-}$	$Fe^{3+}(aq) + 6\,CN^-(aq) \rightleftharpoons [Fe(CN)_6]^{3-}(aq)$	1×10^{42}
$[Cr(OH)_4]^-$	$Cr^{3+}(aq) + 4\,OH^-(aq) \rightleftharpoons [Cr(OH)_4]^-(aq)$	8×10^{29}
$[Co(SCN)_4]^{2-}$	$Co^{2+}(aq) + 4\,SCN^-(aq) \rightleftharpoons [Co(SCN)_4]^{2-}(aq)$	1×10^3

水溶液中での錯体の安定性は，水和している金属イオンに配位子が配位結合し錯体を生成する反応の平衡定数の大きさが関係している．この平衡定数を錯体の**生成定数**K_fという．**安定度定数**ともよばれる．例えば，$[Ag(NH_3)_2]^+$や$[Ag(CN)_2]^-$の場合は，以下の式のように非常に大きな値になり，安定な錯体が生成することが推測できる．

$$K_f = \frac{[Ag(NH_3)_2^+]}{[Ag^+][NH_3]^2} = 1.7 \times 10^7,$$

$$K_f = \frac{[Ag(CN)_2^-]}{[Ag^+][CN^-]^2} = 1.0 \times 10^{21}$$

ここで，$[Ag^+]$などはイオンや錯体の濃度である．他の錯体の生成定数を表3.4に表す．

3.7 d軌道を用いる金属錯体の形成

遷移金属はd軌道に電子が満たされていないため，**遷移金属錯体**では配位子との結合に金属のd軌道（図3.23）が重要な役割を果たす．このときの結合生成を考えるときには，はじめは混成軌道を用いた解釈がなされていたが，これでは吸収スペクトルの説明は不可能であった．しかし，**結晶場理論**や**配位子場理論**を用いると，遷移金属錯体に対する観測事実を説明することができる．ここでは結晶場理論について説明する．

3.6節で説明したように，遷移金属イオンと配位子の結合では，ルイス酸である遷移金属イオンの空軌道がルイス塩基である配位子の非共有電子対を受け入れ

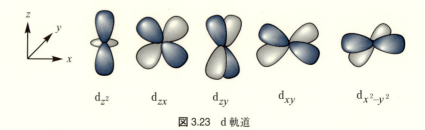

図3.23 d軌道

ていると考えられる。しかし，遷移金属イオンと配位子の相互作用としては，遷移金属イオンの正電荷と配位子の負電荷の間の静電引力も重要である。遷移金属イオンの正電荷は配位子を強く引きつけるが，金属イオンのd軌道を占める電子は配位子と静電反発を引き起こす。このことが遷移金属錯体の性質にどのような影響を与えるかを，遷移金属イオンに正八面体型に配位している場合（図3.24）について考えてみよう。

図3.23にあるように，d軌道はそれぞれ異なった方向性と形をしている。そのため，d軌道を占める電子はその軌道の方向性・形によって静電反発が異なる。例えば，d_{z^2}軌道と$d_{x^2-y^2}$軌道は配位子が配位する軸方向に向いている。一方，他のd_{xz}軌道，d_{yz}軌道，d_{xy}軌道は軸と軸の間に向いている。したがって，d_{z^2}軌道と$d_{x^2-y^2}$軌道はd_{xz}軌道，d_{yz}軌道，d_{xy}軌道に比べて強い静電反発が生じるため，d_{z^2}軌道と$d_{x^2-y^2}$軌道の軌道エネルギーはd_{xz}軌道，d_{yz}軌道，d_{xy}軌道より高くなり，d軌道のエネルギーが5重縮退（5つのd軌道が縮重していること。1.2節参照）から分裂する（図3.24）。このときd_{z^2}軌道と$d_{x^2-y^2}$軌道を**e_g軌道**とよばれ，d_{xz}軌道，d_{yz}軌道，d_{xy}軌道は**t_{2g}軌道**とよばれる。また，これらの軌道間のエネルギー差を**結晶場分裂エネルギー**とよぶ。

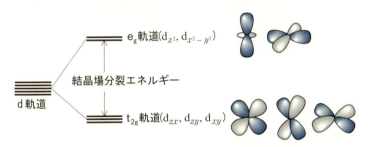

図3.24 正八面体型6配位錯体の結晶によるd軌道の結晶場分裂

結晶場分裂エネルギーは遷移金属イオンと配位子によって決まる。以下に示すように配位子を結晶場分裂エネルギーを大きくする順に並べたものを**分光化学系列**とよばれる。

$$Cl^- < F^- < H_2O < NH_3 < en < NO_2^- < CN^-$$

結晶場理論を用いて遷移金属錯体の色についてうまく説明をすることができる。遷移金属錯体は様々な色を示すことが知られている。例えば，$[Ni(NH_3)_6]^{2+}$は青紫色を示す。このように遷移金属イオンが色を示す原因は，一般的に結晶場分裂エネルギーが可視光のエネルギーとほぼ同じ程度になるためである。遷移金属錯体に可視光を当てると，可視光のエネルギーを吸収して，t_{2g}軌道の電子はe_g軌道に遷移する。例えば，$[Ti(H_2O)_6]^{3+}$のTi^{3+}はd電子を1個もち，t_{2g}軌道に入っている。この錯体は495 nmの光を当てると，t_{2g}軌道に入っているd電子はe_g軌道に遷移する。このように，あるd軌道から別のd軌道へと電子が遷移することを**d–d遷移**とよぶ。この錯体に白色光を当てると，d–d遷移により495 nm付近の青色・緑色・黄色の光を吸収してしまうので，残る紫色，赤色の

光が目に届くため，赤紫色に見える。

また，配位子によって結晶場分裂エネルギーが変わるので，d–d 遷移によって吸収する可視光も変わる。そのため，遷移金属錯体の色は配位子によって異なる。例えば，Co^{3+} 錯体では，配位子が NH_3 から H_2O や Cl^- イオンに換えると，結晶場分裂エネルギーは小さくなるため，d–d 遷移に必要な可視光のエネルギーは小さくなる。つまり可視光の波長は長くなる。$[Co(NH_3)_6]^{3+}$ は約 476 nm の青色の光を吸収するので，この遷移金属錯体は補色である橙色を示す。$[Co(NH_3)_5(H_2O)]^{3+}$ の場合は約 487 nm の光が吸収されるので，赤色になる。配位子が Cl^- イオンになると，吸収する光の波長はさらに長い 530 nm 付近（緑色）になるため，$[CoCl(NH_3)_5]^{2+}$ は赤紫色になる（物質の色については 9 章参照）。

▍演習問題

3.1 ケイ素について，最外殻の電子配置を答えよ。

3.2 次の分子およびイオンについて，下線を引いた原子の酸化数を答えよ。
(1) $\underline{Cs}_2O$ 　(2) $\underline{C}_2O_4^{2-}$

3.3 反応 $Fe_2O_3 + 3\,CO \longrightarrow 2\,Fe + 3\,CO_2$ について，以下の問いに答えよ。
(1) 酸化剤と還元剤を答えよ。
(2) 酸化された元素と還元された元素の酸化数の変化を答えよ。

3.4 プロペン（プロピレン）C_3H_6 の中心 C 原子について，その原子軌道の混成の様子を答えよ。

3.5 次の反応において，ルイス酸・ルイス塩基として働いている物質を答えよ。
(1) $H^+ + NH_3 \longrightarrow NH_4^+$
(2) $Fe^{3+} + 6\,CN^- \longrightarrow [Fe(CN)_6]^{3+}$

3.6 $[Ni(H_2O)_6]^{2+}$ は赤色の光を吸収するので緑色を示すが，配位子をエチレンジアミン (en) に変えると赤紫色を示す。その理由を説明せよ。

3.7 CH_4 分子の HCH 角は 109.5°であり正四面体角とよばれる。立方体の互い違いの 4 頂点を線分で結ぶと正四面体ができることを利用し，正四面体角の余弦 (cos) が $-1/3$ であることを示せ。

3.8 BF_3 と NH_3 が配位結合を形成する反応の前後で，B と N の混成軌道の状態がどのように変化するか答えよ。

4 分子間の相互作用と分子の集合

化学が発展し,膨大な数の新しい分子が毎日のように生み出されている。どんな分子にも学術価値があるが,分子に機能をもたせようとする立場からすると,どんなにエレガントに合成した分子も,働きをもたなければ使えない。単独で特徴的な機能をもつ分子も多いが,集合して初めて新たな機能を発揮する分子もまた夥しい。分子の集合は親和的相互作用とランダムな熱運動との鬩ぎ合いで決まる。このバランスの制御は分子機能化学の要である。

分子集合体は有限のサイズをもつため,機能は別の集合体や相との**界面**[*1]で生じることが多い。ほとんどの電子デバイスや光デバイスの機能も界面挙動が決めるのと同様である。生体機能の多くは細胞膜などでの界面機能である。

本章では,分子集合体の生成と機能,および界面の化学的性質を,界面活性剤とよばれる分子などを例として,分子間相互作用に基づいて記述する。また,表面張力や親水性・疎水性の概念を述べる。

4.1 分子やイオン間の相互作用

静電相互作用

分子–分子,あるいは分子–イオンやイオン–イオン間では,常に引力が働いているとともに,状況によっては同時に強い斥力(反発力)が働く。これらの力の起源にまで遡ると,共有結合を除けば静電的な相互作用といってよい。

図4.1に静電力(クーロン力)で相互作用する2つの電荷 q_1 と q_2 が示してある。具体的には,2つのイオン間の相互作用である。$r \to \infty$ での静電ポテンシャルエネルギー $E_{elec}(\infty)$ を0として基準とすると,距離が r のときの**静電ポテンシャルエネルギー** $E_{elec}(r)$ は

$$E_{elec}(r) = \frac{1}{4\pi\varepsilon_0\varepsilon} \frac{q_1 q_2}{r} \tag{4.1}$$

となる。ここで,ε_0 は真空誘電率,ε は媒体の比誘電率[*2](真空中であれば1)である。$E_{elec}(r)$ を,q_1 と q_2 の符号が同じときと異なるときについて図示してある(図4.1)。紛らわしいが,単に**静電ポテンシャル**というと,単位はVoltである。図の左の(原点にある)点電荷が作る静電ポテンシャルは距離 r のところで $\phi_1(r) = (1/4\pi\varepsilon_0\varepsilon)q_1/r$ である。例えば,右の電荷が正(q_2)のときの静電ポテンシャルエネルギー $E_{elec}(r)$ は,この静電ポテンシャル $\phi_1(r)$ に q_2 を掛けるとすぐに計算でき $q_2\phi_1(r)$ である。また,$q_2\phi_1(r) = q_1\phi_2(r)$ である。

静電相互作用の強さは距離 r に反比例する。他の相互作用と比べて

*1 界面(interface)とは,A相とB相が接したとき,接触面を挟んで互いに他の影響でA′相とB′相になったとき,(A′相 + B′相)の領域のことをさす。つまり,界面は厚みをもつ。

*2 真空中の電場強度と,問題にしている媒体中における電場強度の比を比誘電率という。媒体中の電荷(電子や原子核による)が電場から受ける静電力で位置をわずかに変える。あるいは,この後すぐに述べる双極子の配向角度分布が変わる。これらの変化は,与えられた電場を打ち消すように働く。この程度を比誘電率が表していると考えるとわかりやすい。

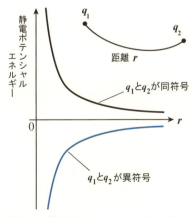

図4.1 静電ポテンシャルエネルギー曲線

距離依存性がなだらかで遠距離まで効く。静電相互作用の強さを比誘電率 ε が決定づける。25℃ の液体では、n-ヘキサンの $\varepsilon = 1.9$ に比べ、水の $\varepsilon = 78.3$ は非常に大きい。よって、水中での静電相互作用は n-ヘキサン中に比べて非常に弱く、静電ポテンシャルエネルギーは同じ距離で 2.4% にすぎない。これは、水の中でカチオン 1 つとアニオン 1 つが相互作用しているとき、同時にその間にある多数の水分子が、2 つのイオンと静電相互作用をしているからである。この説明のためには、水分子の双極子を理解する必要がある。

双極子や誘起双極子による相互作用

イオン部位をもたない分子であっても、分子内で正電荷の中心と負電荷の中心がずれているとき、その状態を**電気双極子** (electric dipole) という。あるいは、文脈によっては単に**双極子**という[*1]。双極子はイオンや他の双極子などと相互作用する。複数の種類の原子からなる中性な 1 つの分子の中では、電気陰性度が大きい原子の側に電子が偏って存在している。これは、1 つの電子が原子から他の原子に移動し、分子内でカチオン部位とアニオン部位が生じたのではない。共有結合している原子間の MO において、電気陰性度が大きい原子側で電子の存在確率がより高くなっていることが、「引き寄せられる」という意味である。このときの電荷の偏りは、図 4.2 で示すように、局所的に距離 d で $+\delta q$ と $-\delta q$ に電荷の分離が起こっているものと理解できる ($\delta q > 0$)。この d は小さい場合には高々 MO の大きさの程度以下だが、タンパク質分子になると 1 nm 以上と見積もられることもある。

電荷の偏りの程度を表す**双極子モーメント** (dipole moment) は $\delta q \times d$ の大きさをもち、$+\delta q$ から $-\delta q$ に向くベクトル[*2]である。特に、時間変化しない双極子を**永久双極子** (permanent dipole) とよぶ。

永久双極子をもたない中性分子にカチオンが近づいてきたとする (図 4.3)。すると、中性分子の中で、近づいてくるカチオンに近い側に静電引力で電子が引きつけられる。これにより、分子の原子核配置に対して電子雲がカチオンの方向に偏り、分子内において距離 d で $+\delta q$ と $-\delta q$ に電荷の分離が起こっている、すなわち双極子をもっているのと同様の状態になる (図 4.3)。このように、外部からの誘因で生じた双極子を**誘起双極子** (induced dipole) という。

水分子 H_2O では電気陰性度が O>H であるため、酸素原子側に $-\delta q$、水素原子の中点側に $+\delta q$ と電荷が分離しており、大きな双極子モーメントをもつ (6.17×10^{-30} C m、単位はセンチメートル cm ではなく、クーロン×メートルであることに注意)。前のところに、水中ではイオン間の静電相互作用が弱いことを書いた。これは、水分子は熱運動で回転運動をしているが、カチオンの近くでは、自身の大きな双極子モーメントのため酸素側 ($-\delta q$) をカチオンに向けている確率が高くなる。このように、水分子は配向し、双極子はイオンが作る電場を打ち消すように働く。このため、イオン間の静電相互作用は水中では小さくなるのである。ごく小さい双極子モーメントしかもたない n-ヘキサンでは水分子のような電場を打ち消す作用はなく、液体 n-ヘキサン媒体中ではイオン間に強い

[*1] 磁気双極子と区別できるときは単に双極子といってよい。

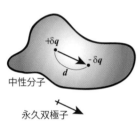

図 4.2 双極子モーメント

[*2] 化学の分野では図 4.2 のように双極子の向きをとることが多いが、国際的に取り決められている定義は逆であるので注意したい。

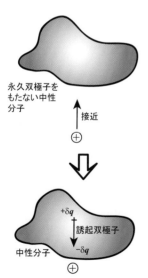

図 4.3 誘起双極子モーメント

4.1 分子やイオン間の相互作用

静電相互作用が働く。

静電的な相互作用をする要素として，イオン，双極子，誘起双極子の3つがある。図4.4に，これらの間の1対1の相互作用6通りを相互作用の構成図としてまとめる。

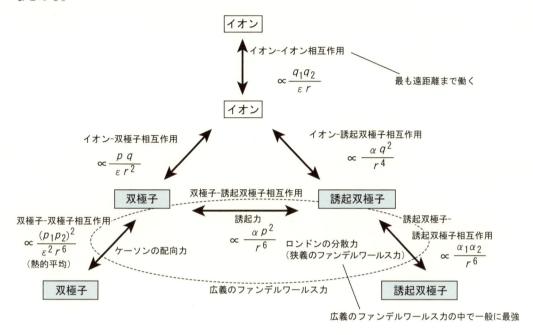

図4.4 イオン，永久双極子，誘起双極子間の相互作用

- 誘起双極子がかかわる相互作用はすべて引力である。図4.4で見てとれるように，例えば，イオンが中性分子に誘起双極子を誘起したとき，双極子におけるイオンと反対電荷の極がイオンの方を向く（イオンがカチオンなら$-\delta q$がカチオン側に生じる）。これにより，イオンから見れば相手に誘起双極子を誘起し，翻ってそれが自分（イオン）との引力に働くのである。この事情は永久双極子−誘起双極子でも同様である。「働きかければ親和的に振り向いてくれる」という関係である。
- 2つの永久双極子の組では，それらが熱的に自由回転できるときには引力が働く。ちなみに，固定された2つの永久双極子間の相互作用は両者の間の角度関係（天頂角と方位角）に依存し，相互作用エネルギーは距離の3乗に逆比例し，引力になる場合も斥力になる場合も，0になる場合もある。
- 図中で「**広義のファンデルワールス力**」（あるいは**分子間力**）とよばれる相互作用はすべて距離の6乗に反比例する相互作用エネルギーをもつ引力である。静電相互作用に比べれば指数が5も異なっていて近距離力である。つまり，接近すると急激に効く相互作用である。

なお，分子間の相互作用のエネルギーが$k_B T$程度かそれより小さい場合，引力であっても熱的な運動に対抗することはできない。つまり，引力でつなぎ留めておくことはできず，ランダムな運動で分子は離散することになる。

4.2 表面張力

表面張力とは単位面積の表面を新たに作るのに必要なエネルギーである。表面自由エネルギー G_s を用いると，表面張力 γ は，

$$\gamma = \left(\frac{\partial G_s}{\partial A}\right)_{T,P,n} \tag{4.2}$$

で与えられる。ここで，A は表面積である。20℃のときの γ は，n-ヘキサンでは 18.40 mN/m，水では 72.75 mN/m，水銀では 476.00 mN/m である。γ の単位は mN/m（ミリニュートン割るメートル）であり，名称は"力"だが，ディメンションは「エネルギー（仕事）/ 面積」＝「力 / 長さ」である。

ここまでの表面は，より一般的には界面と書き換えられる。つまり，上に述べた気相 / 液相の**界面張力**の他に，気相 / 固相，液相 / 固相などの界面に対して，G_s を界面エネルギーと読めば，式 (4.2) で界面張力 γ が定義できる。

γ の値はマイナスにはならない。つまり，どんな物質（固体，液体）も，新しい表面を露出させたり界面を広げたりするには，外部から仕事が必要である。例えば，鉄棒を金属鋸で切断するのがたいへんなのは，固体金属の表面張力が非常に大きいからである。表面（界面）は，条件が許す限り自発的に面積を最小にするように挙動する。これが，せっけん膜の張り方を決定づける。

空気中に球形の水滴があって，これが一瞬で2つの半球に切断された状態を考えてみる。新しくできた円形の水面を構成する水分子は，切断前には水の媒体に埋まっていたものである。したがって，立体的に半分の水媒体の世界が空気媒体に変わったのだから，切断によるその水分子の変化は隣り合っていた水分子の多くがいなくなったことによって，(1) 広い意味でのファンデルワールス（引力）を及ぼし合う相手を多く失った，(2) 水素結合していた相手が減った可能性がある，(3) 水素結合の数がさらに減ることがないように，運動が制限されるようになった。水の表面張力 72.75 mN/m すなわち約 7.3×10^{-5} J/m^2 のうち，約 22 mN/m 分が，(1) のうちのロンドン力（水分子間の誘起双極子－誘起双極子相互作用）によるものであり，残りが，(1) のうちで水の永久双極子がかかわる寄与と (2) および (3) の寄与である。水中で1つの水分子は4つの水分子と水素結合している（図 4.5）。ところが，表面に露出した水分子のうち，約4つに1つは，少なくとも1本の水素結合を失っていることがわかっている。このエネルギーの不安定化が表面張力を押し上げるのである。

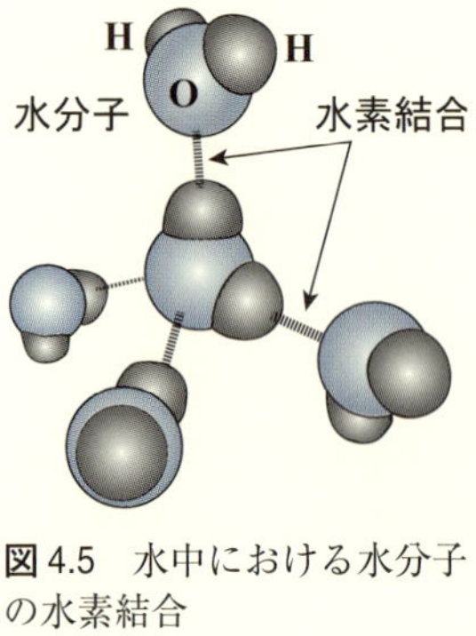

n-ヘキサンの水に比べて相当小さい表面張力は，n-ヘキサンには水素結合能がないこと，永久双極子モーメントが非常に小さいことによる。

図 4.5 水中における水分子の水素結合

4.3 親水性，親油性，疎水性

身の回りにある物体の表面の性質は，水に馴染みやすいか，あるいは油に馴染みやすいかという観点で様々なものがあり，その性質が快適な生活を支えている場合がある。例えば，清浄なガラス表面はよく水に濡れ，理想的には際限なく水

4.3 親水性，親油性，疎水性

滴がガラス表面に広がり**展開**する。一方，水を掛け流した後，多数の水滴が残るガラス表面は実は不純物に汚染されている。市販されている撥水スプレーを靴の布地表面に施せばよく水をはじく。原理は異なるが，ムラサキツユクサや蓮の葉の上に載った雨水の滴が球状になってコロコロ転がる様子は見たことがあるだろう。水をはじく処理をした表面は，フライパンなどの調理用具，傘やレインコート，あるいは自動車のフロントガラスなどでも見ることができる。これらの界面の性質を化学的に整理する。

平坦かつ水平な固体表面上に水滴を載せて形を観測する。水滴が十分小さければ形に対する重力の影響は無視でき，滴の形は球の一部となる。図4.6のように接触角 θ を定義すると**ヤングの式**

$$\gamma_{W/G} \cos\theta + \gamma_{W/S} = \gamma_{G/S} \tag{4.3}$$

が成り立つ。水と空気と固体表面の3者が接触している線が円周をなしている。どの界面も，界面張力により自発的にその面積を減らそうとしていて，円周をなす部分線分 δx に対し，$\delta x \times \gamma_{i/j}$ の力を及ぼしている。ここで，i/j は i 相と j 相の界面を表し，i/j = W/S =水／固体表面，i/j = W/G =水／空気，i/j = G/S =空気／固体表面であり，3者の力がつり合っているとき，水滴は力学的平衡にあって動かずヤングの式が成り立つ。

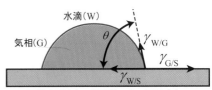

図4.6 固体表面上の水滴

$\theta = 0°$ のとき，表面は**完全濡れ**であり，水滴は**完全展開**する（水相が保たれる限り，広がっていく）。清浄なガラス[*1]の表面は，シラノール (silanol) 基に覆われており（図4.7），これに水分子が水素結合している。そのため，液体の水と極めて親和性がよく，同じ水なので理想的には界面張力 $\gamma_{W/S}$ は0とみなしてよい。この時，表面は**超親水性**であるという。また，θ が $0°$ に近いほど固体表面は**親水性** (hydrophilicity) が高い。

*1 ガラスの主成分はケイ素原子 (silicon, Si) の酸化物 SiO_2 であるが，B や Al などが添加されているものが多い。

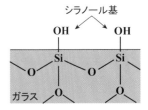

図4.7 ガラス表面のシラノール基

θ が大きいほど表面がよく水をはじいている状態である。この時の表面は**疎水性** (hydrophobicity) が高い。$\theta > 150°$ になると**超撥水性**といわれることがある。金属の表面は多くの場合，親水的であるが，例えば金の表面に有機物を修飾して疎水性にするにはどうしたらいいだろうか？アルカンチオール（アルコールの酸素原子 O を硫黄原子 (sulfur, S) に代えた化合物）は，金の表面を覆って，1分子の厚みで安定な膜を作る（図4.8）。この膜を**自己集合単分子膜** (self-assembled monolayer, SAM) とよぶ。この表面は長いアルキル鎖に覆われていて疎水的である。n-ドコサンチオール ($CH_3(CH_2)_{21}SH$) の SAM で被覆した金上の水滴の θ は $112°$ である。さらに，アルキル鎖の H を F に代えたパーフルオロ鎖の化合物の一例として $CF_3(CF_2)_5(CH_2)_2SH$ の SAM では，さらによく水をはじき $118°$ である。

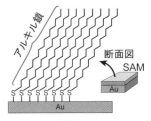

図4.8 金基板上のアルカンチオール SAM

興味深いことに，後者の SAM 上では，水滴だけでなくヘキサン滴も展開しない。これは，パーフルオロ鎖の集団は疎水的であるだけでなく，疎油的でもあることを示している。よって，パーフルオロ化合物は水とも油とも異なる第3の物質相といわれる。

パーフルオロ化合物の代表例は**テフロン** (Teflon, poly(tetrafluoroethylene),

PTF(E) と略される）であり，撥水性が要求される表面処理に広く用いられるだけでなく，多くの有機物との親和性も低い。

4.4 界面活性剤分子

親水性の基を長い鎖状の疎水性部位の末端にもつ分子またはイオンで，**両親媒性**（amphiphilicity，水とも油とも親和性をもつ性質）を示し，水と油の界面張力を著しく低下させる作用をもつものを**界面活性剤** (surfactant) という[*1]。親水性の基を**親水性ヘッド**，疎水性部位を**疎水性テール**ともいう。親水性ヘッドにイオン部位が含まれるものを**イオン性界面活性剤**とよび，それ以外は**非イオン性界面活性剤**（または**中性界面活性剤**）とよぶ。イオン性界面活性剤にはカチオン性，アニオン性，**両性**（ツビッターイオン型）のものがある。これらの代表例を図4.9に示す。また，界面活性剤はそれ自身の水溶性の高低で分類されることがある。

界面活性剤は，洗剤，化粧品，シャンプー，油処理剤などの製品に広く主成分として含まれている他に，化学工業生産過程で不可欠な薬品の1つであり，可溶化，分散，乳化などに多様なものが用いられる。

*1　水に溶解した界面活性剤分子の疎水性テールは水媒体と接しているより空気と接している方が安定である。そのため界面活性分子は疎水性テールを空気の方に突き出して水面に並ぶ。この膜状の状態をギブス膜という。この膜の存在のため表面張力は著しく減少する。

■界面活性剤の基本構造（模式図）

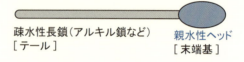

疎水性長鎖（アルキル鎖など）　　親水性ヘッド
　　　［テール］　　　　　　　　　　［末端基］

■アニオン性界面活性剤（末端基＝スルフォネート）

　　　　　　　　　　　　　　　$SO_3^- Na^+$

■カチオン性界面活性剤（末端基＝トリメチルアンモニウム）

　　　　　　　　　　　$H_3C-N^+(CH_3)_2 \cdot Cl^-$

■両性界面活性剤（アルカリ性水溶液中）

　　　　　　　　　　　　CH_2-COO^-

■中性界面活性剤

　　　　　　　　　　　$O-(CH_2-CH_2-O)_6 H$

図4.9　いろいろな界面活性剤

4.5 分子の集合構造と組織化

ミセルの生成

水溶性の多くの界面活性剤は，その水中での濃度を高めていくと，**クラフト温度**(Krafft, F., 1852-1923) 以上では，やがて**臨界ミセル濃度**(critical micelle concentration, cmc) を超えると集合し，**ミセル**とよばれる集合体を形成する。球形に近いものを**球状ミセル**という。疎水性テールが内側に集合して水を排除し，球の外皮を親水ヘッドが形成する(図4.10)。界面活性剤分子は水との接触面積が大きい疎水基をもつので，単量体の状態(分子1つ1つが孤立してばらばらの状態)では，水への溶解度はそれほど高くない。しかし，分子が集合して疎水基同士が，その間の水を排除して接近すれば，単量体での溶解度の低さの原因であった水と疎水基の接触を大幅に減らして安定になる。一方，イオン性のヘッドが相互に接近すると静電反発があるが，近くには必ず反対電荷の対イオンがあるため反発は軽減される。また，イオン性の親水性ヘッドは強い親水性をもつので，ミセルの内側をアルキル鎖が構成し，外皮はよく水和したイオン性部位が並んだ構造になる。cmcからさらに濃度を上げていくと，**紐状ミセル**，**ラメラ構造体**，棒状ミセル，棒状ミセル六方晶集合体など多彩な集合体を形成することがある。

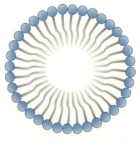

図4.10 球状ミセルの構造

ここでは，ドデシル硫酸ナトリウム(sodium dodecylsulfate, SDS) を代表例としてミセル生成を示す(図4.11)。SDSのクラフト温度は10°C, cmcは25°Cで8.5 mMであり，cmcを少し超えた濃度では球状ミセルの会合数は55〜60程度である。ただし，会合数は濃度などにも依存する。ミセル溶液中には単量体が飽和しており，cmcは単量体の飽和濃度といえる。クラフト濃度以下ではcmcは存在せず(つまり，ミセルは生成せず)，クラフト濃度以下で濃度が高いときには水和固体と単量体溶液(分子すなわちドデシル硫酸イオンがばらばらに溶解している溶液)が共存した状態になる。

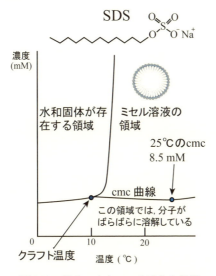

図4.11 SDSの水中での分子集合状態

生体脂質二分子膜

　球状ミセルを生成する界面活性剤の1分子が占める体積は，一般に円錐形に近い形に縁取ることができる。円錐の頂点方向が疎水テール側であり，底面の一定の半径はイオン性の親水性ヘッドの大きさだけでなく，対アニオンの占める体積や水和する水も含んでいる。こうした円錐の頂点を1点に集めて集合させれば自ずと球を形成することがわかる。これにより，SDSは球形ミセルを形成したわけである。

　では，親水性ヘッドに2本の疎水性テールとして疎水鎖がついているイオン性界面活性剤はどうだろうか。その代表例は**脂質**とよばれる2本鎖の両性界面活性剤分子であり，特に**リン脂質**はラメラ状の**二分子膜**を形成する。細胞膜もこの例に他ならない。これらの分子の例と二分子膜構造(図8.12)については8.3節で詳しく説明する。

　脂質二分子膜のアルキル鎖部分は温度を下げると固化する傾向をもつ。そのため，この二分子膜は低温では結晶相をとり，高温では流動相となる。ある温度を融点として，それ以下では結晶，以上では液晶状態であるため**相転移温度**といえる。これは言い換えると，水和した脂質分子集合体の融点である。

　この相転移温度で細胞膜が固まってしまうのなら，低温では生物の細胞も壊れてしまう。そこで，膜の中にコレステロールを入れることによって相当の低温まで流動相を保つ戦略を生物はとっている。

曇点

　非イオン性の界面活性剤が両親媒性を示すのは，多くの場合，親水性ヘッドが水とよく水素結合するからである。つまり，水分子がまとわりつくために水に馴染むのである。しかし，水素結合がさほど強くなければ，水の沸点に達する前に水の熱運動によって水が離れてしまい，親水性が失われることはないだろうか。

　中性界面活性剤 ($C_{12}H_{25}O(CH_2CH_2O)_8H$) を例とする(図4.12)。

　$-O-CH_2-CH_2-$ の繰返しユニットのエーテル酸素は低温では水とよく水素結合する。この状態ではミセルを形成する。ところが，温度を高くすると，水分子の熱運動によって水が水素結合を振り切って離れていく。これが，分子内さらに分子間で連鎖的に起こるため，親水性ヘッドがその役割を失う。すなわち，両親媒性分子だったものが単に油成分になったと同様である。親水性を失ったので分子はできる限り集まろうとする(水との接触界面を減らそうとする)ため，際限なく集ってやがては油滴を形成するようになる(図4.12)。この分子では50.5℃でこれが起こる。つまり，低温では界面活性剤であった分子が，高温では油として油相を形成し相分離する。この境界の温度を**曇点**(くもりてん，どんてんと読む，cloud point)という。実際にこの様子を透明なガラス用容器中で加熱過程を観測すると，曇点を迎えると急に白く濁り出し，やがて油相が析出してくる。逆に温度を下げると，多くの場合，もとの水相だけ(それにはミセルとして界面活性剤が溶解している)に戻る。

　どんな物質も，温度を上げると水によく溶けると直感的に考えがちであるが，

演習問題

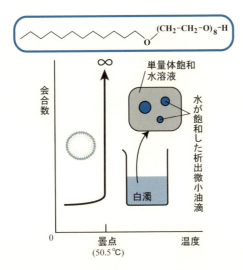

図 4.12 中性界面活性剤分子の分子構造および曇点

そうとは限らないのである。この曇点も，分子の集合は，親和的な相互作用と，ランダムな熱運動との鬩ぎ合いで決まる，という普遍的な原理による典型現象である。高分子でも，低温ではよく水を含むが高温では水を排除するものが数多く存在する (10.3 節参照)。

演習問題

4.1 水分子 1 つの模型を描き，その中に永久双極子モーメントを，矢印を用いて書き込め。

4.2 ヤングの式を導け。

4.3 アセトニトリル CH_3CN とクロロメタン CH_3Cl の双極子モーメントはそれぞれ 1.3×10^{-29} C m と 6.3×10^{-30} C m である。双極子–双極子相互作用が大きいのはどちらか答えよ。

4.4 プランケット (Plunkett, R., 1910-1994) による世界初のテフロン合成は偶然の産物といわれている。ある分子をボンベに詰めておいたところ固化したものである。この分子は何か。またこの経緯と年代を調査せよ。さらに，身の回りでテフロンがどのように用いられているかを答えよ。

4.5 せっけんを構成する両親媒性分子の構造を調査せよ。また，針金で作った立方体枠にせっけん水の膜を張ると，中央に，外側に膨らんだ面をもち，辺の長さが等しい枠より小さい六面体が生じる理由を説明せよ。

コラム1：潤滑の化学

潤滑 (lubrication) は相互に動く固体表面の摩擦・摩耗を防ぐことであり，古代エジプトでのピラミッド巨石の運搬から，車輪で走るもの，そしてコンピュータなどのテープやディスクでのエラーのない高速書き込み・読み込みまで，時代を貫いて産業と生活で不可欠な技術である。ハードディスクなどでは実は，空気流動層が潤滑を受け持っている（気相潤滑）が，それ以外の固体潤滑，液体潤滑，分子相潤滑の技術は，まさに化学・材料・機械工学などの複合技術といえよう。

フラーレン C_{60} の構造

清浄な固体表面には，空気中から多様な化学物質が付着・吸着する。これらは摩擦と摩耗を軽減する働きがあるがそれに頼ることはできず，意図的に潤滑剤を2つの表面間に配置することが不可欠である。潤滑剤には固体と液体がある。固体としてはグラファイト，二硫化モリブデン，テフロン (PTFE, 4.3節参照) などが用いられることが多い。滑りやすさの他に，熱耐性や化学的安定性なども重要である。理論的には，C_{60} フラーレン (fullerene：炭素の同素体で，sp^2 混成した炭素原子60個からなるサッカーボール型の分子，図参照) の1層を2つの固体表面の間に敷き詰めることができれば，ナノサイズのベアリング球として働き，摩擦が0になるとされている。

静圧潤滑とよばれる方法では，ポンプで圧力をかけた厚みのある液体を固体表面間に入れ込んで潤滑する。鉱油，合成油など様々なものが使われる。

流体潤滑では動きによって接近した固体表面間に圧力がかかり，液体の薄層が表面間を支える。かかる荷重が低い場合には粘度を高く調整する必要がある。ここでも，鉱油，合成油などを主成分とした潤滑剤が用いられる。また，亜鉛やモリブデンなどの金属系化合物が添加されることも少なくない。

2つの表面の間隔が小さくなってくると表面に吸着した分子層が重要な役割をもち，界面化学的な理解が必要である。このような状況を境界潤滑という。一部には固体同士が直接接触した部分があるが，その他の表面は潤滑剤で覆うようにする。簡単な潤滑剤としてはステアリン酸などの長鎖カルボン酸が用いられることもあるが，パーフルオロポリエーテルもよく用いられる。後者では，基板への第1層の吸着はファンデルワールス力によるもので分子はよく配向している（長鎖の分子軸の方向が表面法線に近い方向を向いて揃っている）が，その上には等方的な厚い膜があることもわかってきている。

摩擦・摩耗の低減はエンジンや記憶装置を長持ちさせるなど，大きな経済効果と社会的信頼性向上に不可欠であるが，物体の間に挟まれたナノ空間にある分子の理解は挑戦的な課題でもある。諸分野のエンジニアが協力して分野をさらに発展させることが求められている。

5 化学変化の熱力学

化学変化はいつも熱の出入りを伴う。例えば，燃焼反応で発生する熱は燃焼熱であり，酸と塩基の中和の際に生じる熱は中和熱である。熱の発生や吸収は，ある物質が別の物質に変わる化学反応に限って起こるものではなく，物質の溶解や相転移によっても熱は出入りする。このような化学過程に伴う熱の移動を論理的かつ定量的に捉えるとき，熱と物質の状態変化を扱う理論である**熱力学**が役に立つ。2章では熱力学の初歩にふれた。ここでは化学変化と関連した熱力学を詳しく解説する。

5.1 内部エネルギーとエンタルピー

熱とはエネルギーの1つの形態であり，運動する物体がもつ力学的エネルギーや荷電粒子がもつ電気エネルギーのように，他の形態のエネルギーに変わったとしても消えることなく保存される物理量である。熱力学では，取り扱う対象を一般に系といい，系のもつ全エネルギーを内部エネルギー (U) と定義する。内部エネルギーはひとりでに生成することも消失することもない。系の外側の外界から熱を加えて温めたり，力をかけて圧縮すれば，与えられた熱や仕事は失われることなく内部エネルギーとして系に蓄えられる。こうして系の内部エネルギーが保存されることを**熱力学第一法則**という。

例えば，図5.1のような系に対して，熱 (q) と仕事 (w) によって状態を変化させたとき，内部エネルギーの変化分 ΔU は

$$\Delta U = w + q \tag{5.1}$$

である。

いま，圧力 (P) が一定の下で体積を ΔV だけ変えて，系の状態変化を起こしたとしよう（図5.2）。このとき系の内部エネルギー変化 ΔU は[*1]，

$$\Delta U = -P\Delta V + q_P \tag{5.2}$$

となる。$-P\Delta V$ は系に与えられた仕事であり，q_P は圧力一定の下で系に加えら

*1 系の圧力 P とつり合うように力 F で外からピストンを押すとき，

$$|F| = Ps$$
(s：ピストンの断面積)

である。ここで，ピストンを図5.2のように Δl だけ動かして系に仕事をすると，圧力一定の下で系が受け取る仕事 w は

$$w = -F\Delta l = -Ps\Delta l$$
$$= -P\Delta V$$

となる（ΔV が負値であることに注意）。

図5.1 外界から系(圧力 P, 体積 V, 温度 T) に与えられる熱 q と仕事 w

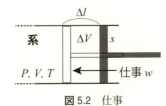

図5.2 仕事

れた熱である。式 (5.2) を q_P について書き直すと

$$\Delta U + P\Delta V = q_P \tag{5.3}$$

を得る。ここで、新たに

$$H = U + PV \tag{5.4}$$

と定義すると、式 (5.3) から H の変化分 (ΔH) は圧力一定の下で

$$\Delta H = \Delta U + P\Delta V = q_P \tag{5.5}$$

となる。つまり、等圧条件下での ΔH は系から出入りする熱と等しい。H は**エンタルピー**といわれる。一般に、化学変化は一定圧力の下で行われるため、化学過程に伴う熱はエンタルピーと言い換えられることが多い。発熱過程では系が熱を失うため、エンタルピー変化 ΔH は負となる。逆に、吸熱過程では系が熱を得るため ΔH は正となる (図 5.3)。

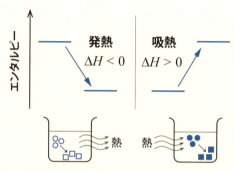

図 5.3 発熱反応と吸熱反応におけるエンタルピー変化

内部エネルギー U やエンタルピー H は、系の温度、圧力、体積などのように系の状態が決まれば一意的に決まるもので、これらは熱力学では**状態量** (あるいは**熱力学関数**) という。状態量は系がどのような経路をたどって、ある状態から別の状態に変化したかには依存しないのが特徴である。

【例題 5.1】 ある気体が 0.20 MPa のもとで 124.0 J の熱エネルギーを失って温度を低下させ、その体積が 377 mL から 119 mL に減少した。このときの内部エネルギーとエンタルピーの変化はいくらか。

【解答】 熱力学第一法則より内部エネルギー変化 ΔU は

$$\begin{aligned}\Delta U &= w + q = -P\Delta V + q \\ &= -0.20\times 10^5 \times (119-377)\times 10^{-3} - 124.0 \\ &= 5036 \,[\text{J}]\end{aligned}$$

となる。一定圧力の下での ΔH は系が得た熱量に等しい。したがって、$\Delta H = q = -124.0\,[\text{J}]$ である。

5.2 エントロピー

　直感的に化学変化を考えると，化学反応はエネルギーの高い反応物からエネルギーの低い生成物に変わる過程であると感じられる。この感覚は，物体が滑り台の高い位置から低い位置へ転げるようなものに近く，滑り台を転げ落ちる物体は最終的には滑り台との摩擦によって熱を生じて止まる。こうして想像すると，化学反応もまた同様にエネルギーを失う過程であって，常に発熱過程が起こるように感じられてしまうかもしれない。ところが，実際には熱を出す発熱反応もあれば，自発的に熱を吸収する吸熱反応もある。これは化学変化が単にエネルギーの損得だけでは説明できないことを意味しており，化学変化にかかわるもう1つの重要な要因に**エントロピー**という物理量がある。

　エントロピー (S) は，エネルギーとは違って系の**状態数** (Ω) と結びついている。状態数とは系の取り得る微視的な状態の数である。まず，系の状態数について図5.4のようなモデルで考えてみよう。

　図5.4は3つの粒子 l, m, n とエネルギー間隔が ε のエネルギー準位で構成された系である。エネルギー準位とはエネルギーの階段のようなもので，粒子がその階段を1段登るとエネルギー ε を得る。この系の内部エネルギー U が0となる状態を作る場合 (図5.4①)，3つの粒子のすべてが最下位のエネルギー準位を占める以外に方法はない。このとき，系の状態数は1通りであるという。一方で，系がもつエネルギーが ε になると (図5.4②)，粒子がもてるエネルギーに自由度が生まれる。このため，粒子 l, m, n のどれかがエネルギー ε をもつことができて系の状態数は3通りに増える。さらに系のエネルギーが 3ε まで大きくな

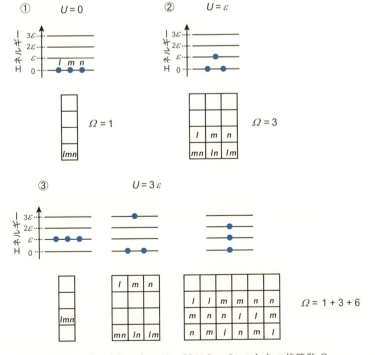

図5.4 系の内部エネルギー U が $0, \varepsilon, 3\varepsilon$ のときの状態数 Ω

ると（図 5.4 ③），系の取り得る状態の数は 10 通りに増える。このように系は，エネルギーが同じでも微視的には様子の異なる状態が存在している。系のエネルギーが 3ε のとき，各々の粒子が異なるエネルギー準位を占める状態が 6 割を占める。したがって，もし無作為に状態を選んだとしたら，半分以上の確率で粒子が異なるエネルギー準位に散らばった状態を引き当てるだろう。日常では，多くのエネルギー自由度と多数の原子・分子からなる系に対して，微視的に最も起こりやすい状態を私たちは見ていると言っていい。このような微視的な系の状態数 Ω と系のエントロピー S は以下の**ボルツマンの式**（Boltzmann, L. E., 1844-1906）によって結びつけられている。

$$S = k_B \ln \Omega \qquad (5.6)$$

ここで，k_B はボルツマン定数であり（1.4 節参照），エントロピーは状態数の自然対数に比例する。状態数は，構成する粒子が 1 つのエネルギー準位に集まるような整然とした状態では少なく，各々の粒子が異なるエネルギー準位に散らばった状態では多くなるのが特徴である。これは，エントロピーの大きさは系の乱雑さの物差しとなることを意味している。

もう 1 つの例として，容器に閉じ込められた N 個の気体分子を考えてみよう。図 5.5 のように，A は容器を半分に仕切って片方にだけ気体分子が入った状態である一方で，B は容器内に均一に気体分子が分散した状態である。

状態 A 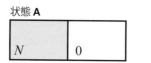   状態 B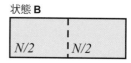

図 5.5 容器内の N 個の気体分子。状態 A では容器の左半分にだけ気体が封入されている。一方で，状態 B では気体分子は容器全体に均一に分散している。

*1 気体分子を配置する方法の数：n 個の粒子から任意の m 個を選ぶ組合せの数は

$$_nC_m = \frac{n(n-1)\cdots(n-m+1)}{m!}$$
$$= \frac{n!}{m!(n-m)!}$$

で与えられる。N 個の気体分子の中から N 個すべてを選んで，箱の左半分だけに配置する方法の数は
$_NC_N = N! \div N! \div 0! = 1$
一方で，N 個の気体分子の中から $N/2$ 個を選んで箱の左半分に配置して，残り $N/2$ 個を右半分に配置する方法の数は
$_NC_{N/2} \times {}_{N/2}C_{N/2}$
$= {}_NC_{N/2} \times 1$
$= N! \div (N/2)! \div (N/2)!$
である。

このとき，容器内での気体分子の配置について状態数を比較すると，状態 A の状態数は $_NC_N (=1)$ 通り，状態 B は $_NC_{N/2} (= N!/(N/2)!^2)$ 通りである[*1]。気体分子の数が多くなるほど，状態 B の状態数が大多数となって，状態 B が圧倒的な確率で起こりやすくなる。私たちが気体を容器に入れたとき，片側だけに気体が偏ることが起こらないのはこれが理由である。

ではここで，状態 A の仕切りを外すことにする。そうすると状態 A は自然に状態 B になる。箱が断熱されていて，仕切りが非常に薄ければ，系に何も仕事を与えることなく仕切りを外すことができる。さらに，気体分子が真空中を広がる仕事も 0 であるから（自由膨張），状態 A から状態 B への変化において仕事も熱も与えられない。したがって，2 つの状態のもつ内部エネルギーは同じである。しかし，たとえエネルギーが同じであっても系は状態数の多い，つまりエントロピーが大きい方へ自発的に移行するのである。これは**エントロピー増大の法則（熱力学第二法則）**といわれ，断熱された系で起こる自発的な変化ではエントロピーは必ず増加する。ここで自発的とは，一旦起こったら自然にはもとには戻らない，不可逆という意味でもある。

5.2 エントロピー

いま概観したエントロピーの微視的な描像は，実際には熱力学からの結論ではなく，熱力学の確立後に統計力学の発展の中で明らかにされた．統計力学では，原子・分子の存在に基づいて系のもつ巨視的な性質（温度，圧力，熱など）を正確に導くことができる．一方で，熱力学は，まだ原子や分子の構造が明らかではない時代に，（原子・分子の存在を仮定することなく）系の巨視的な性質を記述した厳密な理論体系である．熱力学では温度 T での状態変化において，エントロピー変化 ΔS を

$$\Delta S = \frac{q_{\max}}{T} \tag{5.7}$$

と定義する．$q_{\max}$ は，温度 T における状態変化で得られる最大の吸熱量である．この最大吸熱量 $q_{\max}$ は可逆的な状態変化で得られる熱量と等しく，不可逆な変化の場合に得られる熱量は $q_{\max}$ に満たないことが熱力学では証明される．$q_{\max}$ は状態が決まれば確定する量であるから，エントロピーも，内部エネルギーやエンタルピーと同様に，状態量である．

【例題 5.2】 熱力学では，n モルの理想気体の自由膨張によって体積が 2 倍になるときのエントロピー変化は $nR\ln 2$ であると知られている（R は気体定数）．これがボルツマンの式 (5.6) を使って得られるエントロピー変化と一致することを確かめよ．ただし，N が十分に大きいとき，$\ln N! = N \ln N - N$ と近似できることを用いよ．

【解答】 図 5.5 において，状態 A から状態 B へ変わるときのエントロピーの変化を求める．N 個の気体分子をすべて左半分に配置する状態 A の配置についてのエントロピー S_A はボルツマンの式を用いて

$$S_A = k_B \ln \frac{N!}{N!} = 0$$

である．また，N 個の気体分子を左半分と右半分に均等に配置する状態 B のエントロピー S_B は，

$$S_B = k_B \ln \frac{N!}{(N/2)!\,(N/2)!} = (k_B N \ln N - N) - 2\left(\frac{k_B N}{2} \ln \frac{N}{2} - \frac{N}{2}\right)$$
$$= k_B N \ln N - k_B N \ln \frac{N}{2} = k_B N \ln 2$$

と書ける．したがって，n モルの理想気体が状態 A から状態 B への変化に伴うエントロピーの変化は，アボガドロ数 N_A を用いて

$$S_B - S_A = k_B N_A n \ln 2 - 0 = nR \ln 2$$

となる．

注）ボルツマン定数 k_B とアボガドロ数 N_A の積が気体定数 R となることを用いた ($k_B N_A = R$)．

式 (5.7) の最大吸熱量 q_{max} の最も典型的な例は，物質の相転移に伴う融解熱や蒸発熱であろう。物質の融解や蒸発は，温度一定の下で起こる可逆的な状態変化だからである。このとき圧力も一定であるから，相転移に伴うエンタルピー変化を $\Delta_{tr}H$ とすると，

$$q_{max} = \Delta_{tr}H \tag{5.8}$$

である。そうすると，相転移温度を T として，エントロピーの変化 $\Delta_{tr}S$ は

$$\Delta_{tr}S = \frac{\Delta_{tr}H}{T} \tag{5.9}$$

と関係づけられる。例えば，水の融点は 273 K で，融解熱は 6010 J mol^{-1} であるから，融解に伴うエントロピー変化は $6010/273 = 22.0$ J K^{-1}mol^{-1} と計算できる。一方で，先の容器に閉じ込められた気体の自由膨張の例 (図 5.5) では，気体を断熱的に膨張させたため系は熱を得ていない。そうすると，$\Delta S = 0$ としたくなるが，これは間違いである。気体の自由膨張は可逆的な過程ではないからである。不可逆な変化の場合に得られる熱量 q は $q_{max} > q$ となるため，不可逆過程では以下の不等式が得られる。

$$\Delta S > \frac{q}{T} \tag{5.10}$$

断熱的な気体の自由膨張の例では，$q = 0$ であるから

$$\Delta S > 0 \tag{5.11}$$

となる。これは断熱的な不可逆変化ではエントロピーが増えるという意味であり，エントロピー増大の法則に他ならない。

　歴史的には，熱という捉えどころのないマクロなエネルギー量を温度で割ったエントロピーは，ミクロには系を構成する原子・分子の乱雑さと結びついた。そして，気体の膨張の例でみたように，一度乱雑になったものは自然には整ったもとの状態には戻らないことと関係したエントロピー増大の法則は，エントロピーが状態変化について不可逆性の尺度となることを意味する。

【例題 5.3】 1.0 mol の水を 0°C から 100°C まで可逆的に加熱する場合のエントロピー変化はいくらか。ただし，熱容量は 4.18 J g^{-1}K^{-1} で一定とする。系の温度が T_1 から T_2 まで可逆的に変化するとき，微小な温度変化 dT で吸収する熱量を dq とするとエントロピー変化が

$$\Delta S = \int_{T_1}^{T_2} \frac{dq}{T}$$

と計算できることを用いよ。

【解答】 1.0 mol の水の熱容量を C_0 とすると，温度が dT 変化するときに得る熱量 dq は C_0dT である。そのため，1.0 mol の水を 0°C から 100°C まで加熱した場合のエントロピー変化 ΔS は

$$\Delta S = \int_{273}^{373} \frac{dq}{T} = \int_{273}^{373} \frac{C_0 dT}{T} = C_0 \int_{273}^{373} \frac{dT}{T} = C_0 [\ln T]_{273}^{373} = C_0 \ln \frac{373}{273}$$

と計算される。したがって，1.0 mol の水は 18 g なので，熱容量 C_0 は $C_0 = 4.18 \times 18 = 75.24 \, \mathrm{J \, K^{-1} \, mol^{-1}}$ より，$\Delta S = 23.5 \, \mathrm{J \, K^{-1}}$ となる。

5.3　自由エネルギーと化学変化の方向

　ここまで，系の状態変化にはエネルギー（内部エネルギーやエンタルピー）の他にエントロピーが重要な因子として関係することをみた。例えば，水に水酸化ナトリウムの粒を入れると熱を発しながら溶解して均一な水溶液になる。この発熱過程はエネルギーの高いところから低いところへ移る状態変化であり，溶質がイオンに電離して均一に溶液中に拡散する混合過程でエントロピーも増大する。しかし一方で，水に油滴をたらしても油は水に溶けて混ざることはない。混ざり合う速度が遅いのではなく，どれだけ時間が経ったとしても，水と油が自発的に混和する方向に状態は変化しない。それは，混合によってエントロピーを稼いでも，油が溶けて水と親和することの方がエネルギー的に不利だからである。これらは，自発的に化学変化が進む方向はエネルギーとエントロピーのバランスで決まることを示唆している。ここでは，エネルギーとエントロピーと組み合わせた**自由エネルギー**という熱力学関数の導入によって，化学変化の進む方向が決定されることを簡潔にみよう。

　はじめに，温度一定の下で起こる状態のエントロピー変化 $T \Delta S$ を考える。式 (5.7) と式 (5.10) から，一般の等温変化に伴う熱を q_T とすると以下の式が得られる。

$$\Delta S_T = \frac{q_T}{T} \quad \text{（可逆過程）} \tag{5.12 a}$$

$$\Delta S_T > \frac{q_T}{T} \quad \text{（不可逆過程）} \tag{5.12 b}$$

温度一定の条件で，系が外界にした仕事を w_T，そのために得た熱量を q_T とすると，内部エネルギー変化 ΔU_T は熱力学第一法則から，

$$\Delta U_T = w_T + q_T \tag{5.13}$$

であり，式 (5.12) を用いると

$$\Delta U_T \leqq w_T + T \Delta S_T \tag{5.14}$$

となる。これを

$$\Delta U_T - T \Delta S_T \leqq w_T \tag{5.15}$$

と変形し，$A = U - TS$ と定義すれば，温度一定の条件では $\Delta U - T \Delta S = \Delta(U - TS)$ より，

$$\Delta A \leqq w_T \tag{5.16}$$

を得る。ここで定義した A は**ヘルムホルツの自由エネルギー**（あるいは**ヘルムホルツエネルギー**, von Helmholtz, H. L. F., 1821-1894）といわれる熱力学関数である。式 (5.16) は等温変化において、ヘルムホルツエネルギーの変化 ΔA は系が外界にする仕事 w_T よりも小さく、可逆過程の場合にだけ ΔA と w_T が等しくなることを示している。式 (5.16) について注意したいのは、系が外界にする仕事 w_T は負の値であるということである。これは、系が獲得するエネルギーを一貫して正符号で定義するため、系が仕事 w_T を外界に与える場合は、仕事 w_T の分だけエネルギーを失うことになるからである。つまり、w_T が小さい（符号が負で、絶対値が大きい）ほど、系が外界に与える仕事が大きい。したがって、式 (5.16) はヘルムホルツの自由エネルギーが等温過程で系から取り出せる最大の仕事量であることを意味する。

いま、系が体積の変化によってのみ外界に仕事を与えられるとすると、体積一定の条件では $w_T = 0$ となる。このとき、

$$\Delta A \leqq 0 \tag{5.17}$$

である。不可逆過程において不等号が成立することを考えれば、これは温度と体積が一定の条件では、系の自発的な状態変化によってヘルムホルツエネルギーは減少することを示している。つまり、自発的な化学反応であれば、ヘルムホルツエネルギーは減少し続けるといえる。そして、あるところで落ちついて平衡状態に達したとする。そうすると、平衡状態では正反応も逆反応も可逆的に起こるから、$\Delta A = 0$ である。このようにヘルムホルツエネルギーは化学変化の方向を与えてくれる。しかし、温度と体積が一定という条件は、日常の化学変化が体積ではなく圧力が一定の条件下で起こることを考えるとやや使いにくい。温度と圧力が一定の条件下で、状態変化の方向性を決めるもう1つの自由エネルギーを次に学ぼう。

系が外界にする仕事 w_T を体積変化による仕事 $w_{T,PV}$ とそれ以外 $w_{T,\mathrm{Res}}$ に分離する。$w_{T,\mathrm{Res}}$ の例は電流や電圧を生じる電気化学的な仕事である。

$$\Delta U_T - T\Delta S_T \leqq w_{T,PV} + w_{T,\mathrm{Res}} \tag{5.18}$$

ここに圧力一定の条件を加えると、体積変化による仕事は

$$w_{T,PV} = -P\Delta V \tag{5.19}$$

で与えられるため、式 (5.18) は

$$\Delta U_T + P\Delta V - T\Delta S_T \leqq w_{T,\mathrm{Res}} \tag{5.20}$$

と変形できる。ここで新たに $G = U + PV - TS$ と定義する。この G は**ギブスの自由エネルギー**（あるいは**ギブスエネルギー**, Gibbs, J. W., 1839-1903）として知られ、エンタルピー $H = U + PV$ の定義を用いれば、ギブスエネルギーは

5.3 自由エネルギーと化学変化の方向

$G = H - TS$ と書き直せる。温度と圧力が一定の条件下では，

$$\Delta U + P\Delta V - T\Delta S = \Delta(U + PV - TS) = \Delta(H - TS) \quad (5.21)$$

であるから，式 (5.20) より

$$\Delta G \leq w_{T,\text{Res}} \quad (5.22)$$

を得る。上式はギブスエネルギーが等温等圧過程で系から取り出せる最大の仕事量であることを意味する。いま，系が外界にする仕事が体積の変化によるものだけであると想定すると，$w_{T,\text{Res}} = 0$ であるから

$$\Delta G = \Delta H - T\Delta S \leq 0 \quad (5.23)$$

となって，等温等圧下の自発的な状態変化でギブスエネルギーは常に減少する。

例えば，温度と圧力が一定の下で自発的に化学反応が起きるとき，私たちは反応系に働きかけ（つまり仕事）をする必要がないし，フラスコの溶液中に分子Aと分子Bを混ぜて自然に分子Cが生成しても反応系はフラスコの外に通常は何ら仕事をしないだろう（生成物Cが膨張性あるいは収縮性の物質で，系の体積が大きく変化しても，それは体積変化による仕事である）。したがって，$w_{T,\text{Res}} = 0$ であるから式 (5.23) が成立して，等温等圧下で起こる自発的な化学変化ではギブスエネルギーは減少する。そして，平衡状態に達したところで $\Delta G = 0$ となる（図 5.6）。別の例として，電極を溶液に差し込んで起電力（電圧）が自発的に発生する場合を考えてみる。このような電気化学的な変化においても，外部から電圧を印加しない限り $w_{T,\text{Res}} = 0$ であるからギブスエネルギーは減少する。私たちは，そのギブスエネルギーの減少分を式 (5.22) に従って電気化学的な仕事として取り出すのである（これが電池の放電に相当する）。

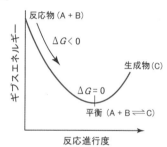

図 5.6 反応の進行とギブスの自由エネルギーの関係

式 (5.23) は，エンタルピー変化 ΔH とエントロピー変化 ΔS の収支で化学変化が進行するかどうかが決まると解釈することができる。発熱反応であれば，エンタルピー変化 ΔH が負であるからエンタルピー的には有利な反応であり，エントロピー変化 ΔS が負に大きくならない限り ΔG は負であるから反応は進行する。一方で，吸熱反応は ΔH が正であるため，エンタルピー的には不利な反応といえる。このエネルギー的な損は，正のエントロピー変化 ΔS を稼ぐことで補われて，ΔG が正味負となれば吸熱反応が進行する。

自由エネルギーという言葉の意味はつかみにくいかもしれない。その言葉の意味を知るには，ヘルムホルツエネルギーの式 (5.15) まで戻ろう。式 (5.15) において，一定の温度の下で系が得る内部エネルギー ΔU_T のすべてを仕事として外界へ取り出すことはできない。それは，系が温度を一定に保つために外界から熱を必要とするからである。$T\Delta S_T$ で与えられるこの熱量の分を内部エネルギー ΔU_T から差し引いた残りが，仕事として自由に使えるエネルギー ΔA とみることができる。式 (5.20) のギブスエネルギーについてはさらに，系が外界にする $-P\Delta V$ の仕事分が差し引かれている。この仕事は系が圧力を一定に保つた

にする仕事と考えていい。例えば，1つの反応分子が分解して2分子の生成物を生じるような分解反応を考えると，反応によって系の分子数は増えて圧力を一定に保つには体積が増えて外界に仕事をすることになる。このように温度と圧力を一定に保つために必要な仕事分を除いて，系から取り出せる自由なエネルギーがギブスの自由エネルギーである。自由エネルギーは，**完全な熱力学関数**といわれ，自由エネルギーから内部エネルギー，エンタルピー，エントロピーを求めることができる。自由エネルギーは系の状態について完全な情報をもつ物理量であり，化学反応のような状態変化の方向も与えてくれる。しかし，化学反応の前後での自由エネルギー変化から反応の速度まで知ることはできない。化学反応の速度は6章で検討しよう。

演習問題

5.1 $H_2O(g)$ 1.0 mol を 100℃，大気圧下で可逆的に凝縮させて水にした。100℃での水の蒸発エンタルピー変化は 40.7 kJ mol^{-1} である。この過程の (1) エンタルピー変化 ΔH，(2) 系が得た熱 q，(3) 内部エネルギー変化 ΔU を答えよ。ただし，$H_2O(g)$ は理想気体として扱ってよいとする。

5.2 図のように断熱された空間の中で接触した同一の2つの固体の熱移動において，エントロピーの変化を求めよ。ただし，固体の熱容量を C_0 とする。

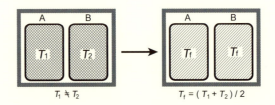

5.3 常圧の下で，−10℃，0℃，10℃ における以下の反応の ΔG の符号は，正，負，0 のいずれになるか答えよ。

$$H_2O(s) \longrightarrow H_2O(l)$$

5.4 水の融解に伴うエンタルピー変化は 6010 J mol^{-1}，エントロピー変化は 22.0 J K^{-1}mol^{-1} である。−10℃ および 10℃ における水の融解に伴うギブスエネルギー変化を実際に求めよ。

5.5 4章 (4.2節) では，表面自由エネルギー G_s を式 (4.2) で表面張力の定義に用いた。式 (4.2) では温度 T と圧力 P が一定であることに留意しつつ，表面積 A を変化させたときの G_s の変化におけるエントロピーとエンタルピーの変化の中身を考察せよ。

6 化学変化の速度

6.1 反応速度式

　化学反応は様々な時間スケールで進行する。例えば，車のエンジンの中で起こるガソリンの爆発は瞬時に気体と熱を大量に生成する反応であり，体内における食物の消化は数時間から1日かけて起こる栄養素の分解反応である。一方で，極めて遅い反応も存在し，数千年から数十億年かけて核崩壊する放射性同位体元素もある。化石などの年代測定に利用される ^{14}C 炭素同位体は，非常にゆっくりと電子を放出して核崩壊を起こすことで ^{14}N 窒素へ変わり，その量が半分に減るまでに約 5700 年かかると言われる。

$$^{14}\text{C} \longrightarrow {}^{14}\text{N} + e^- + （反電子ニュートリノ） \tag{6.1}$$

仮に，この反応の進行をみるために，一定時間 Δt の間に起こる反応物 ^{14}C 炭素の消失を観測したとしよう。ある時間 Δt の間で反応物の量（あるいは濃度）が図 6.1 のように $\Delta[^{14}\text{C}]$ だけ減少するならば，反応速度 v は

$$v = -\frac{\Delta[^{14}\text{C}]}{\Delta t} \tag{6.2}$$

で与えられる。Δt を小さくして微分の表現を用いると，

$$v = -\frac{d[^{14}\text{C}]}{dt} \qquad (\Delta t \to 0) \tag{6.3}$$

であり，ある時点 t における反応速度は，反応物の量を時間に対してプロットした曲線の 1 次微分（接線の傾き）である。^{14}C 原子の核崩壊の場合は，反応物の ^{14}C 原子 1 つの減少に対して生成物の ^{14}N 原子が 1 つ生じるため，反応物が減る速度と生成物の増える速度の大きさは一致する。

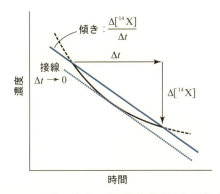

図 6.1　反応物の濃度の時間変化（黒線）と反応速度

$$\nu = -\frac{d[{}^{14}C]}{dt} = \frac{d[{}^{14}N]}{dt} \quad (6.4)$$

このように反応物そのものの分解のしやすさで速度が決まる反応は，温度や圧力などの条件が同じである場合，Δt の間に反応物の一定の割合が分解するのが自然である。言い換えれば，もし 10000 個の反応物 A が Δt の間に 10 個分解するならば，同一の条件に 5000 個の A があると A は Δt の間に 5 個分解し，1000 個あると Δt の間に 1 個分解するのが自然である。仮にそうでなければ，^{14}C 炭素のような放射性元素の分解にかかる時間（量が半分になるまでに必要な時間）が，ある濃度では 5700 年なのに，別の濃度では 3000 年といったように変わってしまい，年代測定に使用できなくなる。では，今度は同じ反応条件で反応物 A の分解を時間を追って測ると，測定開始時点（$t = t_0$）で 10000 個ある反応物 A は $t_0 \sim t_0 + \Delta t$ の間に 10 個減り，時間が経過して $t = t_1$ で 5000 個まで減少すると $t_1 \sim t_1 + \Delta t$ の間に 5 個減り，さらに $t = t_2$ で 1000 個まで減少したところでは $t_2 \sim t_2 + \Delta t$ の間に 1 個減るといった具合になる。つまり，どの時点においても，反応物 A の物質量（あるいは濃度）の一定の割合が消失する。このような反応において一般に反応物 A の消失速度は，

$$\nu = -\frac{d[A]}{dt} = k_1[A] \quad (6.5)$$

と与えられ，右辺に示す「反応物の濃度 [A] の一定の割合 k_1」が単位時間あたりの反応物の減少分，つまり反応速度 ν である。**反応速度式**とは，式 (6.5) のように反応にかかわる化学種の濃度と反応速度との関係式である。反応速度が濃度の 1 次に比例する化学反応を **1 次反応** といい，比例定数 k_1 は **速度定数** という[*1]。

次に，2 種類の反応分子が関与する化学変化を考えてみよう。例えば，実験室で窒素ガスを発生させる方法として以下のような反応が知られている。

$$NH_4^+ + NO_2^- \longrightarrow N_2 + 2H_2O \quad (6.6)$$

この反応はアンモニウムイオン NH_4^+ と亜硝酸イオン NO_2^- が溶液中で出会って起こる。そのため，2 つのイオンの出会う頻度が反応速度を決める。そこで，図 6.2 のように NH_4^+ イオンと NO_2^- イオンが出会う頻度を見積もってみる。図において，NH_4^+ イオンが単位時間あたり平均 Δl 動くとした。この場合，NH_4^+ イオンが動いた長さ Δl の円柱型の領域（体積 u）の中で，NH_4^+ イオンは単位時間あたり $u \times [NO_2^-]$ の数の NO_2^- イオンと出会う。

*1 反応速度 ν が一般に
$\nu = k[A]^x[B]^y[C]^z \cdots$
のように書けるとき，反応次数は $x + y + z + \cdots$ と定義される。

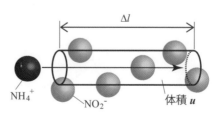

図 6.2 NO_4^+ イオンが動くときにできる円柱状の空間とその空間に位置する NO_2^- イオン

6.1 反応速度式

このとき溶液の体積を V とすると，溶液中には $V[\mathrm{NH_4^+}]$ の数の $\mathrm{NH_4^+}$ イオンが存在するから，溶液全体で $\mathrm{NH_4^+}$ イオンと $\mathrm{NO_2^-}$ イオンが出会う頻度は $Vu[\mathrm{NH_4^+}][\mathrm{NO_2^-}]$ となる。したがって，2つの反応物が出会って起こる反応速度 ν は双方の濃度の積に比例する。

$$\nu = k_2 [\mathrm{NH_4^+}][\mathrm{NO_2^-}] \tag{6.7}$$

このように速度が反応分子の濃度の2次に比例する化学反応を**2次反応**という。式 (6.7) において2次反応の速度定数を k_2 とした。したがって，反応物が消失する速度は

$$\frac{d[\mathrm{NO_2^-}]}{dt} = \frac{d[\mathrm{NH_4^+}]}{dt} = -k_2[\mathrm{NH_4^+}][\mathrm{NO_2^-}] \tag{6.8}$$

と与えられ，生成物が増加する速度は

$$\frac{d[\mathrm{N_2}]}{dt} = \frac{1}{2}\frac{d[\mathrm{H_2O}]}{dt} = k_2[\mathrm{NH_4^+}][\mathrm{NO_2^-}] \tag{6.9}$$

となる。この反応では1つの窒素分子と2つの水分子が生成するため，水分子の増加速度は窒素分子の増加速度の2倍となる。

ここで，2次反応では速度定数 k_2 の意味が，1次反応の速度定数 k_1 とは異なっていることに注意したい。

$$\mathrm{A} + \mathrm{B} \longrightarrow \mathrm{P} \tag{6.10}$$

の反応ならば，反応速度 ν は

$$\nu = k_2[\mathrm{A}][\mathrm{B}] = \left(-\frac{d[\mathrm{A}]}{dt} = -\frac{d[\mathrm{B}]}{dt} = \frac{d[\mathrm{P}]}{dt}\right) \tag{6.11}$$

であり

$$K' = k_2[\mathrm{B}] \tag{6.12}$$

と置き換えることで

$$\nu = K'[\mathrm{A}] = -\frac{d[\mathrm{A}]}{dt} \tag{6.13}$$

となる。上式では「反応物Aのある割合 K'」が単位時間あたり反応で失われたとみることができる。1次反応ならばその割合 K' が一定の定数 k_1 であったのに対して，2次反応では K' の値が反応する相手Bの濃度に比例して変わり，その比例定数が k_2 となる。

この2次反応の特殊な場合として，BがAに比べて大量に存在する場合を考えてみたい。もしBがAに比べて大量に存在するならば，反応中にBの濃度はほとんど失われないため，式 (6.12) の K' は実効的に一定の定数とみなすことができるだろう。このような場合の2次反応は，ほとんど1次反応のようであるから，**擬1次反応**といわれる。擬1次反応の例として，医薬分子のアセトアミノフェンの加水分解をあげる。アセトアミノフェンは酸性水溶液中で加水分解して p-アミノフェノールと酢酸を生成する（図 6.3）。

図6.3 アセトアミノフェンの加水分解

この反応は厳密には，アセトアミノフェンと水の2分子が関与した2次反応である。しかし，水溶液中では大量の水分子の数は一定とみなせるため，実際には反応速度がアセトアミノフェンの濃度だけに比例する擬1次反応として観測される。

通常，ほとんどの化学反応は1次反応と2次反応の組合せを考慮すれば十分である。なぜなら3つ以上の分子が同時に出会って反応することは極めて稀なため，3つの反応分子が関与した3次反応を仮に想定することはできても実際にはほとんど起こらないからである。

6.2 反応速度式の解

化学反応の速度式は，ある瞬間における反応速度とその時点での反応物や生成物の濃度とを関係づけた方程式である。濃度（あるいは物質量）の時間微分である反応速度を含んでいるため，反応の速度式は**微分方程式**であり，反応過程のどの瞬間においても反応物や生成物の量がこの微分方程式に従って変化することを意味している。いま，ある化学反応を開始させて反応物Rから生成物Pが生じる過程を考えてみる。反応の開始時点から，どの瞬間，瞬間も速度式に従った変化分だけ反応物の量は減少し，生成物の量は増加していく。そうすると，反応開始から時間 t 秒後の生成物の濃度 $[P]_t$ は，その瞬間，瞬間に生じてきた生成物の増加分の総和であり，反応物の残量 $[R]_t$ はその減少分の総和をもとの量から差し引いた残分となる。こうして反応の速度式に従って，反応物の減少分（あるいは生成物の増加分）を順次足し合わせていけば，反応開始から時々刻々と変化

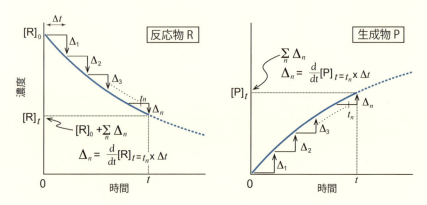

図6.4 微小濃度変化 Δ_n の総和として得られる反応物と生成物の濃度の時間軌跡

6.2 反応速度式の解

する化学種の量の軌跡を得ることができる。これは反応速度式という微分方程式を積分して解く作業に他ならない（図6.4）。

まず、ある反応物AからP生成物が生じる1次反応から考える。この反応式は

$$A \longrightarrow P \tag{6.14}$$

であり、速度式は

$$\frac{d[A]}{dt} = -k_1[A] \tag{6.15}$$

で与えられる。この式を以下のように**変数分離**[*1]して

$$\frac{d[A]}{[A]} = -k_1 dt \tag{6.16}$$

両辺を積分すれば

$$\int_{[A]_0}^{[A]_t} \frac{d[A]}{[A]} = -k_1 \int_0^t dt \tag{6.17}$$

となり、

$$\ln[A]_t - \ln[A]_0 = -k_1 t \tag{6.18}$$

を得る。対数をはずすと

$$[A]_t = [A]_0 \exp(-k_1 t) \tag{6.19}$$

となる。常に反応物の一定の割合が反応を起こして進行する1次反応では、反応物の濃度は指数関数的な減衰を示す。1分子のAから1分子のPができるから、失われた反応物の分子数と生じた生成物の分子数は同じである。そのため、全体の分子数に変化はなく、

$$[A]_0 = [A]_t + [P]_t \tag{6.20}$$

である。ここから、

$$[P]_t = [A]_0 - [A]_t = [A]_0 \times (1 - \exp(-k_1 t)) \tag{6.21}$$

となり、生成物濃度[P]の時間軌跡が得られる。

一般に、指数関数減衰を示す反応物の濃度が$1/e$にまで減少する時間$1/k_1$を

*1 微分方程式

$$\frac{dy}{dx} = X(x)Y(y)$$

が変数xの関数$X(x)$と変数yの関数$Y(y)$との積で表されるとき、この微分方程式を変数分離形であるという。この微分方程式を変形して、

$$\frac{1}{Y(y)}dy = X(x)dx$$

のようにそれぞれ変数が左辺と右辺とに分かれるようにすることを変数分離という。

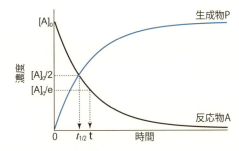

図6.5　1次反応の時間軌跡
反応物Aの指数関数減衰と生成物Pの増加曲線を表す。

その反応物の**寿命** τ と定義する。また，反応物の濃度が半分にまで減少する時間は**半減期** $t_{1/2}$ といわれる[*1]。1次反応の半減期 $t_{1/2}$ は $\ln 2/k_1$ で与えられる（図6.5）。

次に，2次反応の時間軌跡を導いてみる。ここでは，同種の分子A同士で反応する

$$A + A \longrightarrow P \tag{6.22}$$

を考えよう。この場合の速度式は

$$\frac{d[A]}{dt} = -k_2[A]^2 \tag{6.23}$$

であり，変数分離して積分することで，

$$\int_{[A]_0}^{[A]_t} \frac{d[A]}{[A]^2} = -k_2 \int_0^t dt \tag{6.24}$$

となって，ただちに

$$\frac{1}{[A]_t} - \frac{1}{[A]_0} = k_2 t \tag{6.25}$$

を得る（図6.6）[*2]。$[A]_t$ について解くと

$$[A]_t = \frac{[A]_0}{1 + [A]_0 k_2 t} \tag{6.26}$$

のように，反応の時間軌跡を得ることができる。この2次反応の半減期 $t_{1/2}$ については，$[A]_t = [A]_0/2$ を代入して，

$$t_{1/2} = \frac{1}{[A]_0 k_2} \tag{6.27}$$

を得る。2次反応の半減期は反応物の初期濃度によって変わるのが特徴である。

多くの化学反応は，これら1次反応や2次反応の組合せによって最終生成物を生じる。例えば，1つの反応物が平行して複数の反応過程をたどる**並発反応**もあれば，中間体を経て生成物を生じる**逐次反応**もある。場合によっては，生成物から反応物へ戻る逆反応を考慮することもある。このような複合的な反応についても，速度式を立てて微分方程式を解けば，時間に伴う反応の軌跡を得ることができる。では，逐次反応

$$A \longrightarrow B \longrightarrow C \tag{6.28}$$

を例にとって説明しよう。反応(6.28)において，反応の構成要素である $A \to B$ と $B \to C$ を**素反応**という。反応物A，中間体B，生成物Cの速度式が以下のように与えられることは容易にわかる。

$$\frac{d[A]}{dt} = -k_a[A] \tag{6.29}$$

$$\frac{d[B]}{dt} = k_a[A] - k_b[B] \tag{6.30}$$

*1　半減期 $t_{1/2}$ の計算

$$\frac{[A]_0}{2} = [A]\exp(-k_1 t_{1/2})$$

より，

$$\frac{1}{2} = \exp(-k_1 t_{1/2})$$

両辺の対数をとって

$$-\ln 2 = -k_1 t_{1/2}$$
$$\therefore t_{1/2} = \ln 2/k_1$$

*2　式(6.25)より，同一の分子同士で反応を起こす2次反応の場合，反応物の濃度の逆数は時間に対して直線的に変化する。直線の傾きから速度定数 k_2 が得られる。

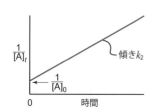

図6.6　2次反応 $2A \to P$ におけるAの濃度と時間の関係

6.2 反応速度式の解

$$\frac{d[C]}{dt} = k_b[B] \tag{6.31}$$

式 (6.29) と式 (6.31) は，それぞれ「素反応 A → B における反応物 A の減衰」と「素反応 B → C における生成物 C の増加」を意味する．一方で，中間体 B は素反応 A → B から生じて，素反応 B → C で減衰するため，式 (6.30) のような速度式となる．

では，上の微分方程式を順番に解いてみよう．まず，式 (6.29) の解は，1次反応を解いた場合と同様にして，

$$[A]_t = [A]_0 \exp(-k_a t) \tag{6.32}$$

である．これを式 (6.30) に代入すると

$$\frac{d[B]}{dt} + k_b[B] = k_a[A]_0 \exp(-k_a t) \tag{6.33}$$

を得る．この微分方程式を解くために

$$[B]_t = b(t) \exp(-k_b t) \tag{6.34}$$

と置換して $b(t)$ を求めることにする．上式を式 (6.33) に代入すると

$$\frac{d}{dt} b(t) = k_a [A]_0 \exp(k_b - k_a) t \tag{6.35}$$

となり，両辺を積分すると

$$b(t) = \frac{k_a}{k_b - k_a} [A]_0 \{ \exp(k_b - k_a) t - 1 \} \tag{6.36}$$

を得る．式 (6.36) を式 (6.34) に代入すると，次式の中間体濃度 [B] の時間軌跡が得られる．

$$[B]_t = \frac{k_a}{k_a - k_b} [A]_0 \{ \exp(-k_b t) - \exp(-k_a t) \} \tag{6.37}$$

上式を微分すると式 (6.30) に一致する．

最後に，$[A]_0 = [A]_t + [B]_t + [C]_t$ であることを考えれば，式 (6.32) と式 (6.37) から，

$$[C]_t = [A]_0 \left[1 - \frac{k_a}{k_a - k_b} \{ \exp(-k_b t) - \exp(-k_a t) \} - \exp(-k_a t) \right] \tag{6.38}$$

が生成物濃度 [C] の時間軌跡となる (図 6.7)．

逐次反応において，反応の速度を決めるのは遅い素反応である．なぜなら，反応物 A から中間体 B の生成がいかに速くても，中間体 B から生成物 C になる過程が遅ければ全体の反応速度は素反応 B → C で決まることになるからである．逆に，反応物 A から中間体 B の生成が遅ければ，中間体 B から生成物 C がいかに速くできたとしても，素反応 A → B が反応速度を決める．このように，逐次反応において反応速度を決める遅い素過程を**律速過程**という．

例えば，五酸化二窒素 N_2O_5 は以下のような素反応を経由して二酸化窒素 NO_2 へ分解する．

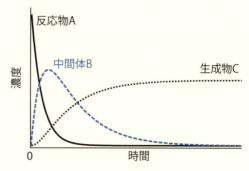

図 6.7 逐次反応 A → B → C における反応物 A, 中間体 B, 生成物 C の濃度の時間変化の例。$k_a = 3k_b$ を用いた。

$$N_2O_5 \rightleftharpoons NO_2 + NO_3 \tag{6.39 a}$$

$$NO_3 \longrightarrow O_2 + NO \tag{6.39 b}$$

$$NO + NO_3 \longrightarrow 2\,NO_2 \tag{6.39 c}$$

その実効的な反応速度が

$$\frac{d}{dt}[NO_2] = k\,[N_2O_5] \tag{6.40}$$

となることは式 (6.39 a) が律速過程であることを意味している。

6.3 遷移状態と活性化エネルギー

　一般に化学反応といえば，反応分子の中の化学結合が解離して，新しい結合が生じる過程を思い浮かべる。分子 A と B が反応して生成物 P ができるならば，分子 A と B の中の特定の結合が解離し，両者の間で決まった場所に化学結合が新たに生じる。このような化学反応が起こるためには，分子は反応過程において分子内の反応すべき部分同士が接近しなければならない。つまり，化学反応の過程には生成物ができるための前駆的な状態の存在が必要になる。この反応の準備段階といえる状態を**遷移状態**という。

　図 6.8 は反応物から生成物に至るエネルギー曲線である。反応分子は図のよう

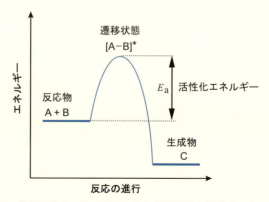

図 6.8 化学反応 A + B → C における遷移状態と活性化エネルギー

6.4 触媒の働き

に，エネルギーの山を登って遷移状態に到達して，エネルギーの山を下って生成物となる。遷移状態は，一時的で，かつ安定ではないため，並進や回転といった分子運動によって状態を維持できずに生成物に至らないこともある。この遷移状態を達成するのに必要なエネルギーは**活性化エネルギー**といわれ，単位時間あたりに活性化エネルギーを得る反応分子の数が多くなるほど，反応速度は大きくなる。

では，遷移状態に到達できる分子の割合を**ボルツマン分布**[*1]を使って考えてみる（図6.9）。ボルツマン分布では温度 T でエネルギー E をもつ分子の存在確率は $\exp(-E/RT)$ に比例する。そのため，活性化エネルギー E_a を得て遷移状態になる分子の数は $\exp(-E_a/RT)$ に比例する（R は気体定数）。実際に，速度定数 k を

$$k = A\exp(-E_a/RT) \tag{6.41}$$

と表した経験式は**アレニウスの式**[*2]（Arrhenius, S. A., 1859-1927）として知られ，この式は活性化エネルギーを獲得した分子数に比例して反応速度が大きくなると解釈できる。その比例定数 A は，反応を起こす分子同士の衝突の頻度に関係するため**衝突頻度**（あるいは**前指数因子**）とよばれる。アレニウスの式の両辺の対数をとり

$$\ln k = \ln A - E_a/RT \tag{6.42}$$

とすると，速度定数の対数を温度の逆数に対してプロットした直線の傾きから，活性化エネルギー E_a を実験的に得ることができる（図6.10）。

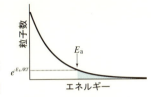

図6.9 ボルツマン分布

*1 ボルツマン分布は，1 mol あたりエネルギー E をもつ粒子数が $\exp(-E/RT)$ に比例することを予測する。

活性化エネルギー E_a をもつ粒子数は $\exp(-E_a/RT)$ に比例し，E_a 以上のエネルギーをもつ粒子数は

$$\int_{E_a}^{\infty} e^{-E/RT} dE = \frac{1}{RT}\exp(-E_a/RT)$$

に比例する。

*2 アレニウスプロットは，速度定数 k の対数を温度 T の逆数に対してプロットしたもの。直線的な相関がある場合，切片から衝突頻度 A，傾きから活性化エネルギー E_a が得られる。

6.4 触媒の働き

化学反応を加速させる**触媒**は，反応前後でそれ自身は変化しないが，反応速度を増大させる物質である。速度の増大は，一般には律速過程の活性化エネルギー E_a を下げることによる（図6.11）。

例えば，気体の水素分子 H_2 と窒素分子 N_2 からアンモニア NH_3 を直接に生成するハーバー法では，触媒なしでは $230 \sim 420$ kJ mol^{-1} ある活性化エネルギーが，酸化鉄を主とした触媒を使用することによって，100 kJ mol^{-1} 程度まで減

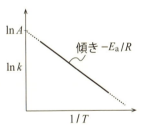

図6.10 アレニウスプロット

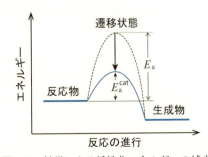

図6.11 触媒による活性化エネルギーの減少

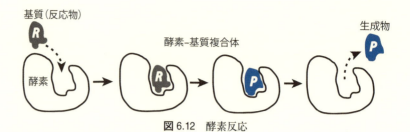

図 6.12 酵素反応

少する。アレニウスの式において，反応速度が活性化エネルギーに対して指数関数的に変化することを考えれば，この活性化エネルギーの違いが反応速度にいかに劇的な影響を与えるかを理解することができる。

また**酵素**は人工的には行うことが困難な様々な化学反応を生体内で迅速に行う触媒である。体内における脂肪やアルコールの分解は酵素の助けなしには起こりえない。酵素は**基質**といわれる特定の反応物と「鍵と鍵穴」に喩えられる複合体を形成する（図 6.12）。この特異的な反応物の認識によって，酵素は特定の反応物に対して単一の反応を実現することができる。

演習問題

6.1 ある古文書の紙片に含まれる $^{14}C/^{12}C$ 比は現在の植物がもつ $^{14}C/^{12}C$ 比の 0.795 倍であった。生きた植物の $^{14}C/^{12}C$ 比が現在も過去も常に一定であるとして，古文書が何年前に作成されたものかを推定せよ。ただし，^{14}C の半減期は 5730 年とする。

6.2 2 次反応 $A + B \longrightarrow P$ の反応速度式の解を導け。

6.3 シクロプロパンのプロペンへの異性化反応は 1 次反応で，800 K における速度定数は 3.0×10^{-3} s^{-1} である。
　(1) シクロプロパンの初期濃度が 0.25 mol L^{-1} のとき，4.5 分後のシクロプロパンの濃度を答えよ。
　(2) 5 分後には何パーセントの反応物がプロペンに変換されているか。

6.4 $H_2 + I_2 \longrightarrow 2 HI$ の反応は，反応速度が $[H_2]$ と $[I_2]$ の積に比例する 2 次反応である。H_2 の濃度を 2 倍，I_2 の濃度を 3 倍にすると反応速度は何倍になるか。

6.5 逐次反応について，$k_a \gg k_b$ および $k_a \ll k_b$ のとき，式 (6.38) はどのように近似されるか。また，近似された式をもとに律速過程について考察せよ。

6.6 温度 500 ℃ で水素分子 H_2 と窒素分子 N_2 からアンモニア NH_3 が生成する反応において，触媒によって活性化エネルギーが 400 kJ mol^{-1} から 100 kJ mol^{-1} まで減少したとする。このとき，アレニウスの式の指数関数部分の変化を調べよ。

7 有機分子の化学

7.1 有機分子とは

　18世紀,ベルセリウス (Berzelius, J. J., 1779-1848) は世の中の物質を "**有機物**" と "**無機物**" の2つに分類した。すなわち,"生物が持っているもの,あるいは作り出すもの" と,"鉱物から得られるもの" という分け方である。有機物に含まれている**有機分子**は生物のみが用いることのできる何らかの手法によってしか作り出せないと考えられていたのである。しかし,1828年にヴェーラー (Wöhler, F., 1800-1882) が無機物であるシアン酸アンモニウムから尿素を合成することに成功し,人の手によって無機分子から有機分子を合成するのが可能であることが示された。当時の興奮と混乱を想像してみてほしい。当時の考え方からすれば神の領域に足を踏み入れるようなこの業績のまわりには,称賛と疑念が渦巻いていたことだろう。これが有機合成化学の幕開けである。その後,有機合成化学は著しい発展を遂げ,現代では有機化学者は分子を切ったりつないだりして様々な有機分子を合成することが可能になっている。かくして有機分子の定義はあいまいとなり,今では "炭素原子を含む化合物" 程度の意味合いしかもっていないし,それも厳格な定義ではない。

　有機分子の性質や反応性を理解するためには,電子の振舞いを理解することが最も大切である。すなわち,分子内で電子の密度が高いところと低いところはどこなのかを理解することが重要である。1章 (1.3節) ですでに説明されているように,原子が電子をどれだけ引き寄せたがるか,という性質は電気陰性度とよばれ,電気陰性度をもとにして分子内の電子密度分布をある程度想像することができる。本章では,水素,炭素,窒素,酸素,ハロゲンおよびいくつかの金属原子が登場する。水素,炭素,窒素,酸素の4つの原子の電気陰性度は,原子番号の順に大きくなる。また,ハロゲンはどれもこれら4つよりも電気陰性度が大きく,金属原子の電気陰性度はどれよりも小さい。図7.1にこれらの原子を電気陰性度の小さい順に並べてまとめる。分子内の電子密度分布は他にもいくつかの要因によって決まるが,まずは電気陰性度をよく頭に入れて先に進んでほしい。

　ここでは,まず有機分子の種類ごとに構造とおおまかな性質,簡単な分子の命名法の例について示す。その後で,各有機分子の具体的な反応例について説明する。有機分子は非常に身近な存在であり,日々の生活のそこかしこに有機分子が

$$M < H < C < N < O < X$$

M = Li, Mg, Cu, etc.　　　　　　　　　　　　X = F, Cl, Br, I

図 7.1　電気陰性度

関係している。本章ではできるだけ身近な有機分子のことにふれながら話を進めたい。まずは有機分子を身近に感じてもらい，そこからもう一歩踏み込んで分子の姿を想像してみてほしい。

7.2 脂肪族炭化水素化合物（アルカン，アルケン，アルキン）

アルカンの構造と異性体

3章（3.3節）ですでにふれたように，アルカンは炭素と水素だけから成り立っており，原子をつなぐ結合はすべて単結合である。アルカンには**鎖状アルカン**，**分岐状アルカン**，**環状アルカン**がある。すでに学習したように，炭素原子は4本の"腕"をもっており，水素原子は1本の"腕"をもっている。このことから，炭素数がnの鎖状あるいは分岐状のアルカンは$2n+2$個の水素をもっており，環構造を1つもつアルカンは$2n$個の水素をもっていることが計算できる。炭素数が1から5までのアルカンの例を図7.2に示す。

ブタン以上に炭素数が大きい非環状アルカンでは，枝分かれを考慮して組成式は同じであるが構造が異なる**異性体**を考える必要が出てくる。ブタンC_4H_{10}には2つの異性体がある。1つは枝分かれのない直鎖状のn-ブタン（ノルマルブタン）$CH_3CH_2CH_2CH_3$であり，もう1つは枝分かれのあるイソブタン（または2-メチルプロパン）$CH_3CH(CH_3)CH_3$である。命名については後述する。ブタンは常温常圧では気体であるが，高圧で閉じ込めて液体にすることで使い捨てライターやカセットコンロ用ガスに使われている。この用途にブタンを使用するのは絶妙な選択で，もしプロパンを使おうとするとより高圧でしか液化せず，家庭用ボンベのような大げさな高圧容器を携帯することになってしまう。液化させなければいい？ 気体のままではかさばってしまって扱いにくい。では，炭素数5のペンタンではどうだろうか。ペンタンはより沸点が高いため気化しにくく，燃えにくい。ちなみに非環状のペンタンには3つの**構造異性体**がある（図7.2）。アルカン

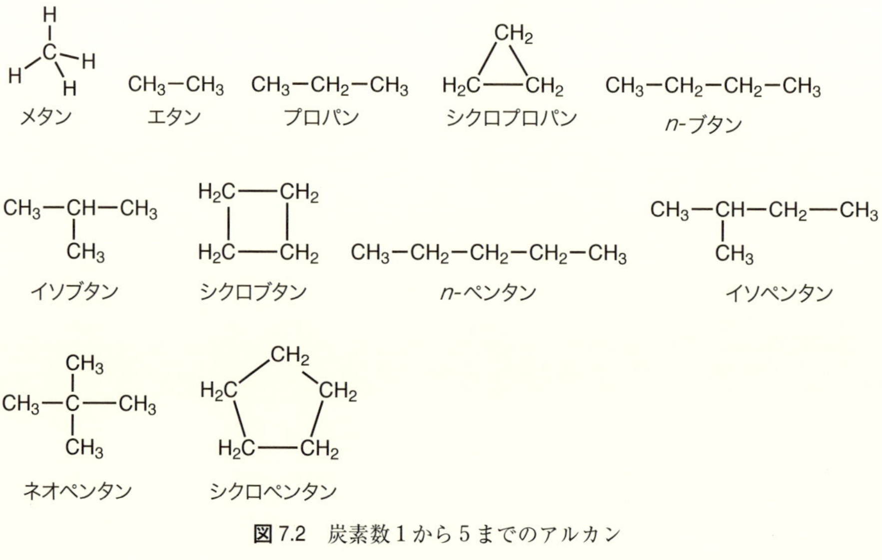

図7.2 炭素数1から5までのアルカン

7.2 脂肪族炭化水素化合物（アルカン，アルケン，アルキン）

は炭素と水素のみから成り立っており，炭素と水素の電気陰性度には大きな差がないために，分子内でほとんど電子密度に偏りがなく，電子は一様に分布している。そのため，反応性は著しく低い。

アルカンの命名

それでは，アルカンに名前をつけてみよう。有機分子はほぼ無限に存在しており，今も毎日たくさんの新規化合物が合成されている。その都度勝手に名前をつけていたのではキリがないし，それを覚えるのも一苦労である。化合物名をつけるルールを定め，そのルールを知っていれば化合物名をつけられる，あるいは化合物名から構造式を書くことができるようになっている。そうすることで，世界中の化学者は誤解なく会話することができるのである。もちろん，そのルールを覚えるのも簡単なことではないが，少しずつ学んでいこう。

アルカンに名前をつける際には，まず**最長の炭素鎖**を探し，その数を数えよう。炭素鎖の長さによって，母体となるアルカンの名称が決まる。炭素数 1 から 12 までのアルカンの名称を英語名とともに表 7.1 に示す。

表7.1 アルカンの名称

炭素数	名称	英語名	炭素数	名称	英語名
1	メタン	methane	7	ヘプタン	heptane
2	エタン	ethane	8	オクタン	octane
3	プロパン	propane	9	ノナン	nonane
4	ブタン	butane	10	デカン	decane
5	ペンタン	pentane	11	ウンデカン	undecane
6	ヘキサン	hexane	12	ドデカン	dodecane

ペンタン以降は，数を表す接頭語をもとにして覚えるとよい（表 7.2）。

表7.2 数を表す接頭語

数	接頭語	数	接頭語
1	モノ	7	ヘプタ
2	ジ	8	オクタ
3	トリ	9	ノナ
4	テトラ	10	デカ
5	ペンタ	11	ウンデカ
6	ヘキサ	12	ドデカ

数を表す接頭語は日常生活でも時々登場するので，身近なものを連想すれば覚えやすい。海に沈んでいる四脚ブロックはテトラポッドとよばれるし，米国防総省は五角形の建物であり，通称ペンタゴンとよばれている。六角形はヘキサゴンである。8 本の足をもつタコは英語ではオクトパスという。ところで，October は 10 月である。何かおかしいことに気がついただろうか？ 接頭語が 2 つずれているのである。October は昔は確かに 8 月だったのだが，暦の改訂を重ねるうちに 10 月になってしまった。この暦の歴史も面白いので，興味のある読者は調べてみてほしい。

さて，母体となるアルカンを決めたら，枝の部分を付け足していく。枝の部分はアルキル基とよばれ，その名前もアルカンの名前をもとにしてつける。英語名の –ane の部分を –yl に変えればよい。メチル，エチル，プロピルのような具合である。次に置換基が結合している位置を示さなければならない。最長の炭素鎖に沿って各炭素に番号を振り，アルキル基が結合している位置を示せばよい。その時，位置番号はできるだけ小さくなるようにつけるのがルールである。同じアルキル基が複数ある場合は，表7.2に示した数を表す接頭語を用いてその数を明示する。なお，環状アルカンの場合には頭にシクロをつければよい。図7.3に簡単なアルカンの命名例を示す。

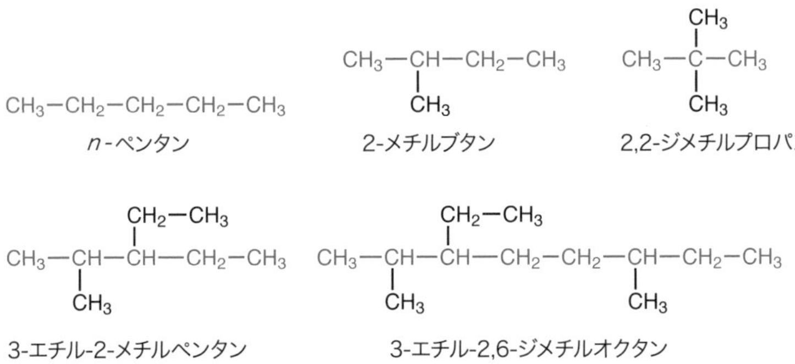

図7.3 簡単なアルカンの命名例

アルケンの構造と性質

アルケンは1つ以上の**炭素−炭素二重結合**をもつ炭化水素である。最も単純なアルケンであるエチレン $CH_2=CH_2$ はリンゴやバナナに含まれており，リンゴやバナナは収穫された後も徐々にエチレンをガスとして放出している。このエチレンガスは果実を成熟させる効果があり，少し硬いキウイなどを追熟させる際にはリンゴやバナナと一緒にビニール袋に入れておくとよい。二重結合の2本の結合は1本のσ結合と1本のπ結合からなっており，π結合は比較的弱く切断されやすい。そのため，二重結合は**付加反応**[*1]を受けやすい。この性質に由来して，二重結合や三重結合は**不飽和結合**とよばれることもある。またアルケンの二重結合は室温では自由に回転できない（3.3節参照）。そのため，それに基づく**立体異性体**が存在する。例として，2-ブテン $CH_3CH=CHCH_3$ の2つの立体異性体について考えてみよう（図7.4）。二重結合でつながったそれぞれの炭素原子には，1つの水素原子と1つのメチル基が結合している。ここで立体異性体を考えてみると，2つのメチル基と2つの水素原子がそれぞれ向かい合って反対側に配置され

*1 付加反応とは，二重結合や三重結合のπ結合が切れ，それぞれの原子が別の原子団との間に新たにσ結合を作る反応である。

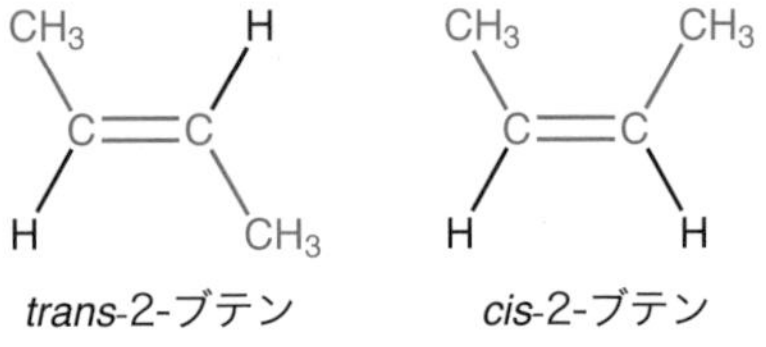

図7.4 2-ブテンの2つの立体異性体

7.2 脂肪族炭化水素化合物（アルカン，アルケン，アルキン）

ているものと，隣り合って同じ側に配置されているものとが考えられる。二重結合が回転できないためにこれら2つの分子は別の化合物となる。反対側に配置されているものは**トランス** (trans) 体，同じ側に配置されているものは**シス** (cis) 体とよばれる。

アルケンの命名

アルケンは対応するアルカンの名前をもとにして命名する。アルカンの語尾の –ane を –ene に変えるだけでよい。次に，二重結合の位置を炭素の番号で示す。最長の炭素鎖に沿って位置番号をつける際に，どちらの端を1番にするかによって2通りのつけ方があるが，二重結合の位置番号が小さくなるようにする。枝分かれがある場合にはアルカンと同様に位置番号を添えてアルキル基として命名する。最後に，立体異性体について考える。トランス体であれば *trans-* を，シス体であれば *cis-* を頭につけて完成である。なお，エテンはエチレンとよばれることの方が多い。図7.5に簡単なアルケンの命名例を示す。

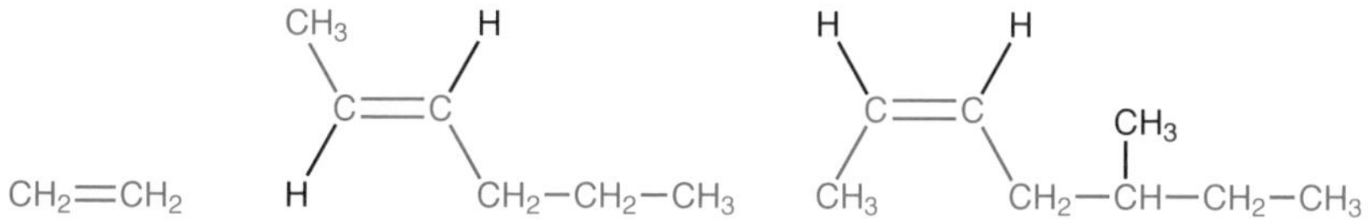

CH$_2$=CH$_2$　　　　エチレン

trans-2-ヘキセン

cis-5-メチル-2-ヘプテン

図7.5 簡単なアルケンの命名例

アルキンの構造と性質

アルキンは1つ以上の**炭素-炭素三重結合**をもつ化合物である。三重結合は1つの強固なσ結合と2つの弱いπ結合からできているため，二重結合と同様に付加反応を受けやすい。また，sp混成軌道はs性が高いことに由来して，アルキン炭素上に結合した水素原子は酸としての強さを表す酸性度が比較的高い。末端炭素が三重結合をもつアルキンを末端アルキンとよぶが，末端アルキンがNaHやNaNH$_2$などの強塩基と反応するとナトリウムアセチリド RC≡CNa が生成する[*1]。これは求核性をもつ炭素アニオン等価体として利用することができる。

[*1] Rはアルキル基などの置換基を表す。

アルキンの命名

アルキンの名前のつけ方はアルケンとよく似ている。母体となる最長の炭素鎖を特定し，アルカンの名前の語尾 –ane を –yne に変える。三重結合の位置を位置番号で示した後，枝分かれの部分を置換基として命名する。なお，エチンはアセチレンとよばれることの方が多い。図7.6に簡単なアルキンの命名例を示す。

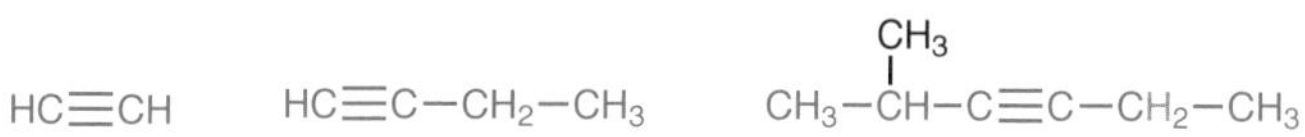

HC≡CH　　　　アセチレン

HC≡C–CH$_2$–CH$_3$　　　　1-ブチン

CH$_3$–CH–C≡C–CH$_2$–CH$_3$（CH$_3$枝分かれ）　　　2-メチル-3-ヘキシン

図7.6 簡単なアルキンの命名例

7.3 芳香族化合物

芳香族化合物の構造と性質

芳香族化合物の代表格であるベンゼンは6個の炭素原子からなる環状化合物であり，非局在化した6π電子系を形成している（3.4 節参照）。6π電子系，10π電子系，14π電子系の環状化合物は，通常の不飽和結合よりも安定であり，このような化合物を芳香族化合物とよぶ。芳香族というからにはいい香りがすると思うかもしれないが，実際には必ずしもいい香りがするわけではない。昔，芳香をもつ化合物に見られる共通の骨格ということで名づけられたようだが，実はこの骨格と匂いには特に関係がなかったのである。しかし，この芳香族というよび名は使われ続け，芳香族性という性質が匂いとは無関係に定義されるに至った。芳香族の定義については少し難解なため，より専門的な有機化学の教科書で勉強してほしい。さて，芳香族化合物は不飽和炭化水素の一種であるが，アルケンやアルキンとは大きく異なる性質を有している。アルケンやアルキンのπ結合は弱く付加反応を受けやすいが，芳香族化合物はその非局在化した6π電子系のおかげで安定化を受けているため，それを崩してしまうような付加反応は受けにくい。

芳香族化合物の命名

芳香族化合物の中心骨格である**芳香環**にはそれぞれ固有の名称がつけられているため，それらを母体名とすることが多い。置換芳香族化合物にも固有の名称をもつものが多い。環を構成する原子にはそれぞれ決まった位置番号がつけられているので，置換基の位置はこの位置番号で示す。また，位置を示す際にベンゼン環の場合にはオルト位（o-，1つ隣），メタ位（m-，2つ隣），パラ位（p-，向かい側）という言い方をしてもよい。これらは2つ目の置換基の位置を示す際に使われる。環に結合している置換基は位置番号を添えて母体名の前に置かれる。一方，芳香環を置換基として取り扱う場合には決められた名称を用いる。例えば，ベンゼン環を官能基とする場合にはフェニル基とよばれる。図 7.7 にいくつかの芳香族化合物の例とその名称を示す。

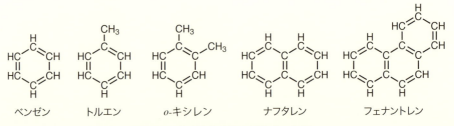

図 7.7 芳香族化合物の例とその名称

7.4 有機ハロゲン化物

有機ハロゲン化物の構造と性質

ハロゲンが結合した有機化合物を**有機ハロゲン化物**とよぶ。ハロゲンは1本の"腕"をもっており，炭素との間に単結合を作って結合することができる。ハロゲンは電気陰性度が大きいため，炭素との間に共有されている電子対は大きくハロゲンの方に偏っている。炭素–ハロゲン結合はこの偏り，すなわち分極のために弱くなっており，ハロゲンはアニオンとして脱離しやすい。したがって，有機ハロゲン化物においてハロゲンが結合している電子不足な炭素原子は，電子豊富な反応剤すなわち求核剤と反応することでハロゲンと求核剤とが置換する**置換反応**が容易に進行する。

有機ハロゲン化物の命名

有機ハロゲン化物を命名する際には，まず母体となる炭素骨格を命名し，位置番号を決める。ハロゲンは置換基として，位置番号を添えて母体名の前におく。フッ素はフルオロ基，塩素はクロロ基，臭素はブロモ基，ヨウ素はヨード基とよばれる（図7.8）。

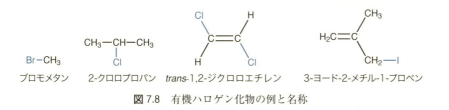

ブロモメタン　　2-クロロプロパン　　trans-1,2-ジクロロエチレン　　3-ヨード-2-メチル-1-プロペン

図7.8　有機ハロゲン化物の例と名称

7.5 アルコールとエーテル

アルコールの構造と性質

有機化合物には酸素原子が含まれることが多い。酸素原子は2本の"腕"をもっている。2本の"腕"が炭素原子と水素原子に結合している化合物，すなわち**ヒドロキシ基**（水酸基 –OH）をもつ有機分子を**アルコール**とよぶ。最も単純なアルコールは炭素を1つだけもつメタノール CH_3OH であり，炭素鎖が2つのアルコールがエタノール CH_3CH_2OH である。エタノールが水とよく混じり合うことは，世界中に様々なアルコール度数のお酒が存在することからも実感できるであろう。アルコールのヒドロキシ基は水との間に水素結合を形成するため水との親和性が高く，水によく溶けるのである。エタノールは体内で酵素によって酸化されるとアセトアルデヒド，酢酸へと代謝されていく。これらの**カルボニル化合物**については，7.6節で説明する。さて，ヒドロキシ基の酸素–水素結合は大きく分極しており切れやすい。酸素原子は電気陰性度が大きい一方で，水素原子は電気陰性度が小さいためである。その結果，アルコールのヒドロキシ基は酸性度が高く，プロトン（水素イオン H^+）として水素を放出しやすい（図7.9）。酸素の電

$$CH_3-CH_2-OH \rightleftharpoons CH_3-CH_2-O^- + H^+$$
エタノール

図7.9　エタノールの電離

気陰性度は炭素と比べても大きく，炭素−酸素結合は分極している。分極はしているが，炭素−酸素結合は炭素−ハロゲン結合や酸素−水素結合と比べると強く，中性条件下ではヒドロキシ基が水酸化物イオンとして脱離することはほとんどない。ヒドロキシ基がベンゼン環に結合した分子は**フェノール**とよばれる。フェノールのヒドロキシ基もアルコールと同様に酸性度が高い。

アルコールの命名

アルコールに命名をする際には，母体名の最後の −e を −ol または −yl alcohol に変える。その際，ヒドロキシ基が結合している位置番号を数字で示す（図 7.10）。例えば，エタンに由来するアルコールはエタノールあるいはエチルアルコールというように命名されている。プロパンに由来するアルコールは 2 種類あり，1-プロパノールと 2-プロパノールは構造異性体である。ところで，ポリフェノールという言葉を聞いたことがあるだろう。これは，芳香環に複数のヒドロキシ基が結合したものの総称として慣用的に使われているが，特定の化合物をさしているわけではない。

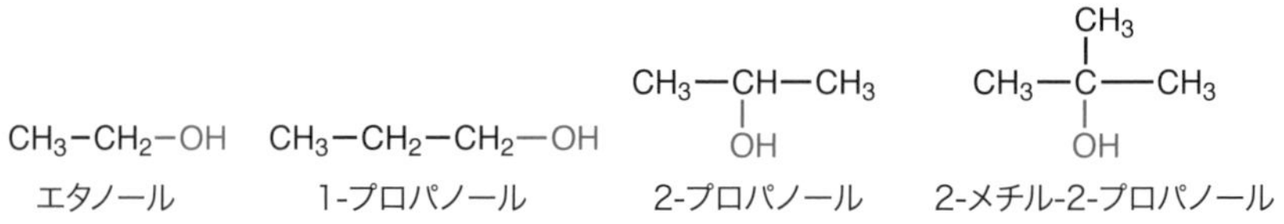

CH_3-CH_2-OH　　$CH_3-CH_2-CH_2-OH$　　$CH_3-CH(OH)-CH_3$　　$CH_3-C(CH_3)(OH)-CH_3$

エタノール　　1-プロパノール　　2-プロパノール　　2-メチル-2-プロパノール

図7.10　アルコールの命名例

エーテルの構造と性質

酸素原子の 2 本の "腕" が 2 つの異なる炭素原子に結合している化合物を**エーテル**とよぶ。エーテルはヒドロキシ基をもたないので，水と強く水素結合を形成することはできない。そのため，水にはほとんど溶解しない。最も単純なエーテルはジメチルエーテル CH_3OCH_3 であり，1 つの酸素に 2 つのメチル基が結合している。1 つの酸素に 2 つのエチル基が結合したものはジエチルエーテル $CH_3CH_2OCH_2CH_3$ であり，医療史上非常に重要な化合物である。ジエチルエーテルには麻酔作用があり，多くの患者を外科手術の痛みから救っている。極めて引火性が高いため，手術室に多数の電子機器が設置してある先進国ではほとんど使われなくなったものの，発展途上国においては現在でも使用されている。また一方では，禁酒法によってエタノールの飲用が禁止された時代・地域においては，エタノールの代わりに飲用されたこともあったという。しかし，毒性があるので飲用するのは危険である。

エーテルの命名

対称なエーテルはジアルキルエーテルとして命名し，非対称なエーテルは 2 種

類のアルキル基を並べてアルキルアルキルエーテルのように命名する。あるいは，アルコキシ基として位置番号を添えて母体名の前におく。いくつかのエーテルの構造と名称の例を図 7.11 に示す。

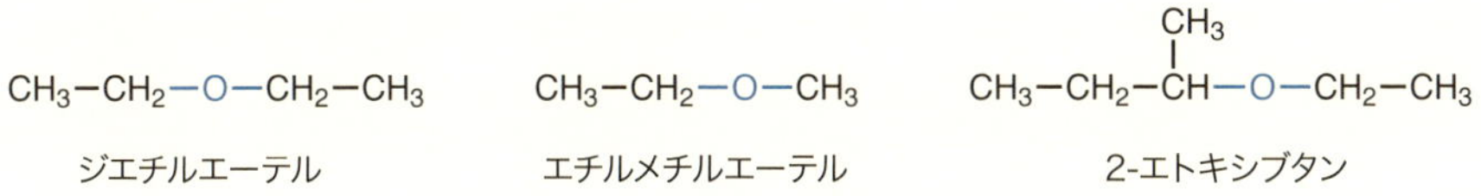

CH₃–CH₂–O–CH₂–CH₃　　　CH₃–CH₂–O–CH₃　　　CH₃–CH₂–CH(CH₃)–O–CH₂–CH₃
　　ジエチルエーテル　　　　　エチルメチルエーテル　　　　2-エトキシブタン

図 7.11　エーテルの構造と名称の例

7.6　カルボニル化合物

アルデヒドとケトンの構造と性質

　カルボニル化合物とは炭素と酸素が二重結合によって結合した**カルボニル基**を有する有機分子の総称である。炭素の"腕"は 4 本であるから，カルボニル基には 2 つの置換基が結合することになる。カルボニル化合物は，この 2 つの置換基の種類によってさらに細かく分類されている。まず，**アルデヒドとケトン**について説明する。カルボニル基に 1 つまたは 2 つの水素原子が結合しているものがアルデヒドであり，2 つのアルキル基が結合しているものがケトンである。2 つの水素原子が結合しているものは<u>ホルムアルデヒド HCHO</u> とよばれている。ホルムアルデヒドは水によく溶けるため，水溶液として"ホルマリン"の名で市販されている。理科室の奥で瓶詰めにされている組織標本を思い出す読者も多いだろうと思う。さて，カルボニル基の炭素−酸素二重結合も，アルケンの炭素−炭素二重結合の 2 本の結合と同様に σ 結合と π 結合からなっている。さらに，炭素と酸素の電気陰性度に差があるため，共有されている電子は酸素側に偏っている。すなわち，炭素原子は電子不足になっており，**求電子性**を帯びている。炭素−酸素間の二重結合も不飽和結合であるため，アルデヒドやケトンは付加反応を受けやすい。この付加反応は，電子不足なカルボニル炭素を電子豊富な化学種が**求核攻撃**することで進行する。

アルデヒドとケトンの命名

　いくつかのアルデヒドは慣用名をもっているが，それ以外のアルデヒドは母体名の最後の -e を -al に変えることで命名する。アルデヒドの -CHO は必ず末端に位置するので，位置番号は不要である。アルデヒドの -CHO は官能基としては**ホルミル基**とよばれる。複数の官能基をもつ複雑な化合物に命名するときには，ホルミル基として命名されることもある。上述したように，炭素数 1 の最も単純なアルデヒドはホルムアルデヒドとよばれ，ホルムアルデヒドの片方の水素がメチル基で置き換わったものはアセトアルデヒドとよばれる。これらは慣用名であるが，プロパンに由来し，ホルミル基を 1 つだけもつアルデヒドはプロパナールと命名される。ベンゼン環にホルミル基 -CHO が結合したアルデヒドにはベンズアルデヒドという慣用名がつけられている。ケトンに命名するには母体名の -e を -one に変えればよい。ケトンの場合はカルボニル基の位置によって

異性体が考えられるため，位置番号を明確にする必要がある。例えば，2-ペンタノンと3-ペンタノンは**位置異性体**という構造異性体である。ケトンの命名にはもう1つの方法がある。エーテルの場合と同様に，カルボニル基に結合している2つのアルキル基を並べて，アルキルアルキルケトンと名づける方法である。この方法で命名すると，2-ペンタノンはメチルプロピルケトンであり，3-ペンタノンはジエチルケトンとなる。いくつかの簡単なアルデヒドとケトンの構造と名称を図7.12に示す。

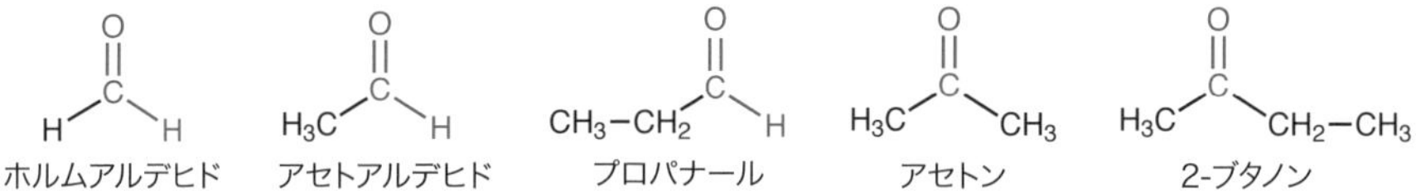

ホルムアルデヒド　アセトアルデヒド　プロパナール　アセトン　2-ブタノン

図7.12　アルデヒドおよびケトンの構造と名称の例

カルボン酸誘導体の構造と性質

　カルボニル基にヒドロキシ基が結合しているものは**カルボキシ基**（カルボキシル基とも）とよばれ，カルボキシ基を有する化合物は**カルボン酸**とよばれる。カルボキシ基のヒドロキシ基からは水素がプロトンとして脱離しやすく，酸性を示す。最も単純な，炭素数1のカルボン酸はギ酸 HCOOH である。漢字では"蟻酸"と書く。ある種のアリがもつ毒にはこのギ酸が含まれている。ギ酸はカルボキシ基 –COOH に加えてホルミル基 –CHO も有しているため，アルデヒドとしての性質も兼ね備えている。炭素数2のカルボン酸は酢酸 CH_3COOH とシュウ酸 HOOC–COOH の2つが考えられる。シュウ酸のようにカルボキシ基を2つもつカルボン酸を**ジカルボン酸**とよぶ。酢酸は食酢に含まれているが，食酢に含まれている酢酸はわずか3〜5％程度に過ぎない。実験室で酢酸の瓶を見つけても，"お酢"と思って匂いをかいだりしないように。もしその匂いを直接かごうとすれば，その刺激にしばらく苦しむことになるだろう。カルボン酸のヒドロキシ基が水素原子とアルキル基以外の様々な置換基によって置換されたものを**カルボン酸誘導体**とよぶ（アルキル基で置換されていればそれはケトンである）。塩素で置換されたもの RCOCl は**カルボン酸塩化物**とよばれる。この化合物においては，カルボニル炭素は酸素原子と二重結合によって結合している他，塩素原子とも単結合によって結合しており，2つの電気陰性度の高い原子と3本の結合によって結合していることになる。そのため，カルボン酸塩化物のカルボニル炭素は電子密度が大きく低下しており，非常に求電子性が高い。すなわち，弱い求核剤とも容易に反応する。2つのカルボン酸から1分子の水が脱離して結合したもの RCOOCOR′ は**酸無水物**とよばれる。酸無水物では，一方のカルボキシ基はもう一方のカルボキシ基に対して電子吸引性を示すため，互いに電子を引き合う形となり，カルボニル炭素の電子密度は大きく低下する。カルボン酸無水物も弱い求核剤と容易に反応するほど求電子性が高い。カルボン酸のヒドロキシ基をアルコキシ基で置き換えたもの RCOOR′ は**エステル**とよばれる。エステルはカルボン酸とは打って変わって穏やかないい香りがする。果物の香りには低分子量のエス

テルが含まれていることが多い。カルボン酸のヒドロキシ基をアミンで置換すると**アミド** RCONHR' になる (7.7 節参照)。エステルとアミドのカルボニル炭素には酸素と窒素がそれぞれ結合している。これらの分子の性質は単純な電気陰性度だけでは説明できない。酸素や窒素は炭素と比べて電気陰性度が高いので電子密度が低下し, 一見すると求電子性が増加すると思われるが, 実際には酸素と窒素の非共有電子対に由来する"**共鳴効果**"によって, 求電子性が弱められている (共鳴効果についての詳しい説明は専門書に任せることにするが, 興味が湧いた人は, ぜひより専門的な有機化学の教科書を紐解いてみてほしい。深い理解が得られるだろう)。したがって, これらはアルデヒドやケトンと比べると求核剤と反応しにくい。カルボン酸誘導体においても, アルデヒドやケトンと同様にカルボニル炭素は求電子性を帯びており, 求核剤と反応する。しかし, カルボン酸誘導体に対しては求核剤が付加反応するのではなく, 置換反応を起こす。カルボニル基に結合しているヒドロキシ基やハロゲンなどがアニオンとして脱離しやすいためである。アルデヒドやケトンにおいては, 水素原子やアルキル基が脱離して生成するアニオンが不安定なため, 置換反応は起こらずに付加反応となる。

カルボン酸誘導体の命名

カルボン酸誘導体の構造と名称の例を図 7.13 に示す。カルボン酸は, 母体名の -e を -oic acid (日本語名では"- 酸"をつけるだけになる) に変えて命名するが, ギ酸 formic acid や酢酸 acetic acid など慣用名が定着しているものに関しては慣用名を用いることの方が多い。ベンゼン環にカルボキシ基が結合したカルボン酸も慣用名が定着しており, 安息香酸 benzoic acid とよばれる。酸塩化物および酸無水物は母体名の -e を -oic chloride (日本語名は - 酸塩化物または - 酸クロリド) および -oic anhydride (日本語名は - 酸無水物) に変えて命名する。エステルの場合は, アルコキシ基の部分とカルボン酸に由来する部分を分けて考える必要がある。また, 英語名のつけ方と日本語名のつけ方で少しだけ違いがあるので多少複雑である。まずは世界中で通用する英語名から説明しよう。アルコキシ基に由来する部分のアルキル基名を名前の前におく。次に, カルボン酸由来の部分であるが, カルボン酸の -(o)ic acid を -(o)ate と変更し, アルキル基名の後におく。例えば, CH₃COOCH₂CH₃ は ethyl acetate と名づけられる。日本語

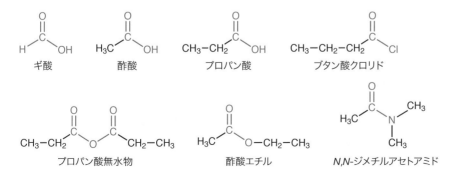

図 7.13 カルボン酸誘導体の構造と名称

名の場合には，アルコキシ基由来の名称とカルボン酸由来の部分の名称の順序が逆になる。まずカルボン酸の名称をおき，その後にアルキル基名をおく。$CH_3COOCH_2CH_3$ は酢酸エチルとなる。次にアミドの命名について説明する。窒素上の置換基を前におくが，置換基が1つであればそのアルキル基名を，2つであれば2つのアルキル基名を頭文字のアルファベット順に並べる。その際，アルキル基の結合している窒素原子を表す $N-$ を添える。アルキル基が2つの場合には $N,N-$ とする。その後にカルボン酸名の -(o)ic acid を -(o)amide に変えたものをおく。例えば，$HCON(CH_3)_2$ の名称は，N,N-dimethylformamide である。

7.7 アミン

アミンの構造と性質

アミンは窒素を含む有機化合物の一種である。窒素原子の3本の"腕"に3つの水素が結合した分子がアンモニア NH_3 であり，その3つの水素のうちいくつかがアルキル基で置換されたものがアミンである。アルキル基が1つ，2つ，3つ結合したものをそれぞれ1級アミン（第1アミン），2級アミン（第2アミン），3級アミン（第3アミン）とよぶ。では，アミンの性質をアルコールと比べてみよう。アルコールのヒドロキシ基は酸素の大きな電気陰性度のために水素原子をプロトンとして放出し，酸性を示す。窒素原子は酸素原子よりも電気陰性度が小さいため，アミンの N–H 結合は容易には切断されない。つまり，アミンは酸性を示さない。それどころか，逆にプロトンと結合する性質，すなわち塩基性を示す。それには，窒素原子の非共有電子対が鍵となっている。この非共有電子対をプロトンとの間に共有することで，新たに窒素–水素結合が生成する。その結果，窒素は4本の結合をもちカチオンとなる。これを**4級アンモニウムイオン**とよぶ。ところで，アミンには不快な臭いをもつものが多い。例えば，魚の臭いもある種のアミンが原因であり，魚をさばいた後の手やまな板などはなかなか臭いがとれずに困った経験もあるのではないだろうか。さて，この臭いを除去する方法はいくつかあるのだが，アミンが塩基性を有するという性質に着目してみよう。4級アンモニウム塩は無臭であることが多いため，酸で中和すればよいのである。キッチンには幸いにして様々な酸が置いてある。例えば，カルボン酸のところでふれたように食酢には酢酸が含まれているし，家庭によってはクエン酸もキッチンにあるだろう。これらのものを適度に薄めて手やまな板を洗えば，中和されて臭いが消える（試してみる場合はくれぐれも薄めるのを忘れずに）。アミンは非常に身近な有機分子であり，分子内にアミノ基を有するカルボン酸を**アミノ酸**とよぶ。言うまでもなく，アミノ酸は私たちの体を作っているが，詳しくは8章 (8.2 節) を参照してほしい。

アミンの命名

アミンに命名するときには，まず母体となるアミンを決定する。そのためには窒素原子が結合している**最長の炭素鎖**を見つける。この炭素鎖に名前をつけ，末

尾の -e を -amine とする。窒素原子の結合している位置を示す位置番号もつけておこう。次に窒素上のその他の置換基を，アルキル基として母体名の前につける。置換基が2つであれば2つのアルキル基名を頭文字のアルファベット順に並べる。アミドの命名と同様に，アルキル基が窒素に結合していることを示す N- を添える。アルキル基が2つの場合には N,N- とする（図 7.14）。

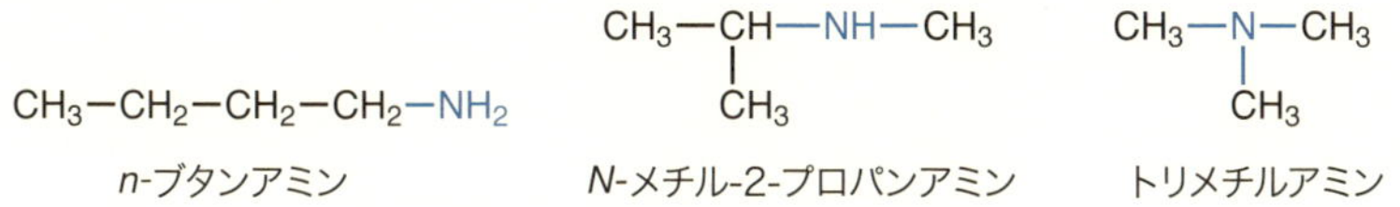

$$CH_3-CH_2-CH_2-CH_2-NH_2$$
n-ブタンアミン

$$CH_3-CH(CH_3)-NH-CH_3$$
N-メチル-2-プロパンアミン

$$CH_3-N(CH_3)-CH_3$$
トリメチルアミン

図 7.14 アミンの構造と名称の例

7.8 有機金属化合物

有機金属化合物の構造と性質

有機金属化合物とは，**炭素−金属結合**を有する化合物の総称である。炭素と安定な結合を作ることのできる金属は限られている。リチウム，マグネシウム，銅は比較的安定な有機金属化合物を形成し，有機合成化学において欠かすことのできない反応剤として使われている。金属はいずれも炭素よりも電気陰性度が小さいため，炭素との間に共有されている電子は炭素の側に偏っており，炭素が電子豊富な状態になる。このことが，有機金属化合物の重要度を高めている。通常の有機分子にあっては，炭素は窒素や酸素，およびハロゲンなどのより電気陰性度の大きな原子と結合しているために電子不足であることが多く，**求電子剤**として作用する。したがって，有機金属化合物のような電子豊富で**求核剤**として働く炭素種があれば，それを利用して**炭素−炭素結合**を形成することができる。炭素によって骨格が作られている有機分子を合成する際には，炭素−炭素結合を作ることが最も重要である。

7.9 有機分子の反応と合成

ここでは，これまでに見てきた有機分子の性質を思い出しながら，それらが実際にどのような反応性を示し，どのようなものへ変換されるのかみてみよう。

アルカンの燃焼（酸化）

最も基本的な有機分子とも言えるアルカンは，非常に安定で反応性に乏しい。反応させると言えば酸素と混合して燃やしてしまう（酸化させる）のが最もよく知られたアルカンの反応である。実際，アルカンは天然ガスや石油中に含まれており，燃料として使われている。アルカンの炭素と水素は完全燃焼させれば二酸化炭素と水にまで酸化される。例としてプロパンが燃焼するときの化学反応式を図 7.15 に示す。他の有機分子もすべて燃やせば同様の結果になるが，これ以降は燃焼以外の反応についてみていこう。

$$CH_3-CH_2-CH_3 + 5O_2 \longrightarrow 3CO_2 + 4H_2O$$
プロパン

図 7.15　プロパンの燃焼

アルケンの還元

還元と一口に言っても様々な定義があるのだが，その1つは水素を付加させることである。アルケンの炭素−炭素二重結合に水素分子を付加させると，アルカンになる。ただし，アルケンと水素ガスをただ混合してもこの還元反応は進行しない。活性化エネルギーが大きすぎるためである。そこで，通常は触媒とよばれる活性化エネルギーを下げる役割をするものを加えて還元を行う。アルケンの還元には**白金**(Pt)や**パラジウム−炭素**(Pd-C)などの触媒がよく用いられる。例として，1-ブテンをブタンへと還元する際の化学反応式を図 7.16 に示す。

$$H_2C=CH-CH_2-CH_3 \xrightarrow[\text{Pd-C}]{H_2} CH_3-CH_2-CH_2-CH_3$$
1-ブテン　　　　　　　　　　　　　　　ブタン

図 7.16　1-ブテンの還元

アルキンの還元

炭素−炭素三重結合をもつアルキンに水素を付加させると何ができるだろうか。水素を2分子付加させれば，三重結合は単結合にまで還元され，アルカンができる。一方，水素を1分子だけ付加させると，アルケンができる。アルケンにはトランス体とシス体の2つの立体異性体があるが，アルキンの還元に使う触媒を適切に選択することで，アルカンとトランス体のアルケン，シス体のアルケンをそれぞれ作り分けることができる。アルカンにまで還元する場合は，白金およびパラジウム−炭素を触媒とすればよい。アルケンにする場合には，還元が途中で止まるように触媒としての活性を低下させたものが用いられる。例えば，**リンドラー触媒**はパラジウム触媒の触媒作用を低下させたもので，アルキンを**シスア**

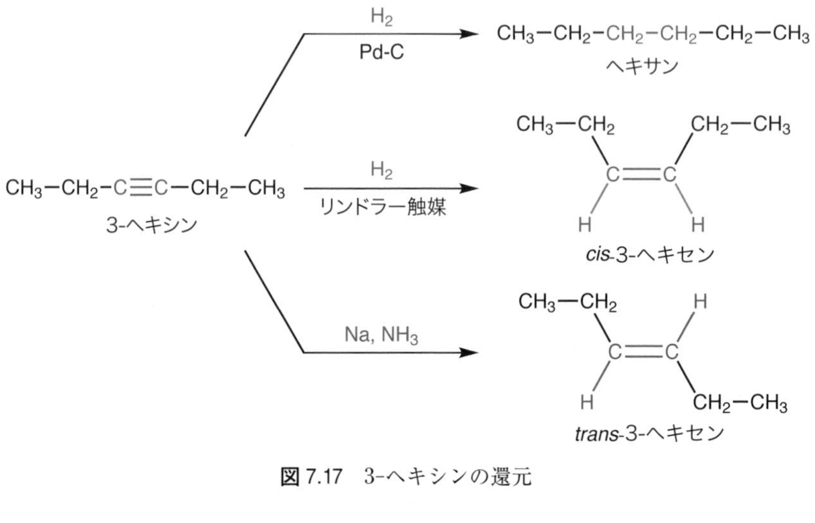

図 7.17　3-ヘキシンの還元

7.9 有機分子の反応と合成

ルケンへと還元することができる。一方，**トランスアルケン**がほしい場合には**液体アンモニア**中で**ナトリウム**を作用させるという方法がとられる。3-ヘキシンをヘキサン，cis-3-ヘキセン，trans-3-ヘキセンへとそれぞれ還元する化学反応式を図7.17にまとめる。

アルコールの酸化

アルコールはヒドロキシ基をもっているが，そのヒドロキシ基が結合している炭素の構造によってさらに細かく分類される。まず，炭素の4つの"腕"のうち，ヒドロキシ基以外の3つがすべて水素原子と結合したアルコールがメタノール（メチルアルコール）である。この3つの水素原子のうち1つの水素原子がアルキル基で置換されたものは**1級アルコール**とよばれる。2つおよび3つの水素がアルキル基で置換されたものはそれぞれ**2級アルコール**，**3級アルコール**とよばれる。酸化にもいくつかの定義があるのだが，アルコールの酸化においては水素が**脱離**することをさす。では順にみていこう。メタノールおよび1級アルコールから水素分子1つ分の水素が脱離すると，アルデヒドができる。メタノールからは特にホルムアルデヒドが生成する。アルコールから自動的に水素分子が脱離することはなく，酸化させるには酸化剤が必要である。この場合はクロロクロム酸ピリジニウム（PCC）などの穏やかな酸化剤が使われる。より強い酸化剤である二クロム酸カリウム $K_2Cr_2O_7$ や三酸化クロム CrO_3 を酸性条件下で用いると，生成したアルデヒドはさらに酸化され（酸素原子が挿入され），カルボン酸が得られる。このように，酸化剤を適切に選択することでアルデヒドとカルボン酸を選択的に得ることができる。余談だが，体内でエタノールを代謝する際にも，2段階の酸化が起こる。体内では各段階に応じて2種類の異なる酵素が触媒として働き，エタノールはアセトアルデヒドを経て酢酸へと酸化される。二日酔いの原因はアセトアルデヒドであり，2段階目の酸化を司る酵素が弱い人は二日酔いになりやすい。次は2級アルコールの酸化を考えてみよう。2級アルコールから2原子の水素が脱離するとケトンが得られる。酸化剤には PCC，$K_2Cr_2O_7$，CrO_3 のいずれを用いてもよい。3級アルコールおよびフェノールはヒドロキシ基が結合している炭素が水素をもたないため，水素原子2つが脱離するタイプの酸化反応

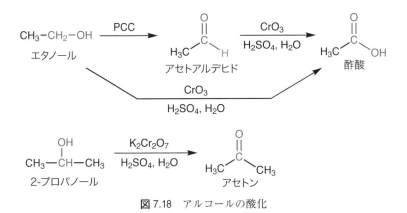

図 7.18 アルコールの酸化

は進行しない（もちろん燃焼させてしまうことはできる）。エタノールと2-プロパノールの酸化反応の例を図7.18に示す。

カルボニル化合物の還元

　カルボニル化合物の**還元**についてみてみよう（図7.19）。カルボニル化合物に水素を付加させると何が生成するかを考えればよい。アルデヒドやケトンの炭素–酸素二重結合に水素が付加すると何ができるだろうか。アルデヒドからは1級アルコールが，ケトンからは2級アルコールができることがわかるだろう。ただし，この場合にもアルデヒドやケトンをただ水素分子と混ぜても反応しない。還元剤には，水素化ホウ素ナトリウム $NaBH_4$ や水素化アルミニウムリチウム $LiAlH_4$ などの**金属ヒドリド還元剤**が使われる。これらの反応剤は，電子不足なカルボニル炭素を電子豊富な**ヒドリド**（H^-）が攻撃することで進行する。仕上げに水で処理することでプロトン（H^+）を与えて還元反応が完結する。カルボン酸誘導体の還元は少し複雑なので，カルボン酸とエステルに絞って説明する。カルボン酸を水素化アルミニウムリチウムで還元すると，1級アルコールが得られる。この還元では一旦アルデヒドが生成するが，アルデヒドも水素化アルミニウムリチウムによって還元されるため，1級アルコールにまで還元されるのである。エステルもカルボン酸と同様に水素化アルミニウムリチウムと反応するが，その場合にはやはり途中で生成するアルデヒドがさらに還元されるため，1級アルコールが得られる。では，カルボン酸やエステルを還元してアルデヒドを得るにはどうすればよいか。エステルを水素化ジイソブチルアルミニウム

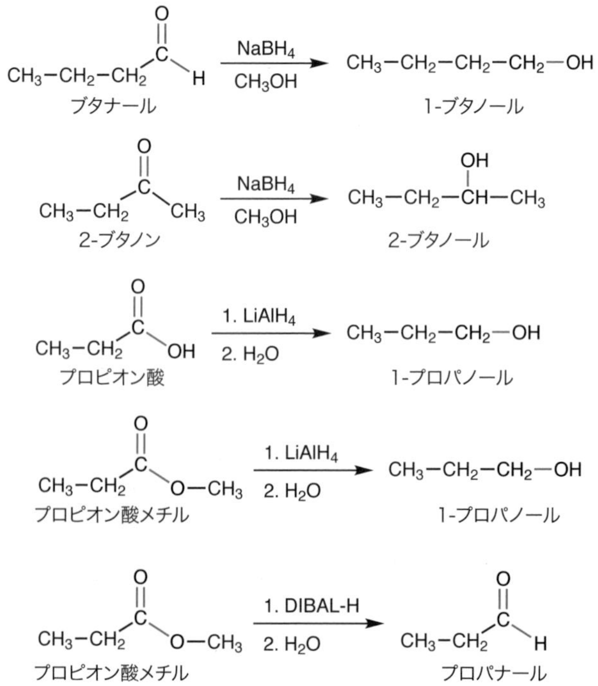

図7.19 カルボニル化合物の還元

(DIBAL-H)という穏やかな還元剤を用いて低温で還元するとアルデヒドを得ることができる。

カルボン酸誘導体の変換

カルボン酸誘導体は，必要に応じて相互に変換することが可能である。特に，より反応性の高いものからより反応性の低いものへの変換は容易である。カルボン酸誘導体を反応性の高い順に並べると図 7.20 のようになる。

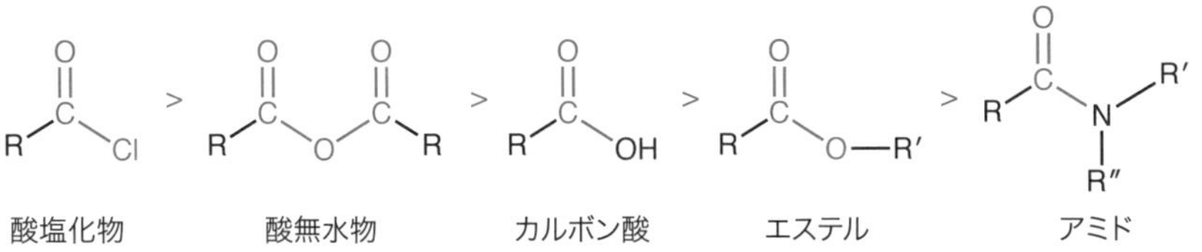

酸塩化物 > 酸無水物 > カルボン酸 > エステル > アミド

図 7.20 カルボン酸誘導体の反応性

カルボン酸塩化物が最も反応性が高く，様々なものと反応させることで他のカルボン酸誘導体が得られる。まず，カルボン酸の**共役塩基**である**カルボキシラートアニオン**と反応させるとカルボン酸無水物が得られる。水と反応させるとカルボン酸が得られ，アルコールやアミンと反応させればそれぞれエステルやアミドが得られる。カルボン酸無水物も似たような反応性を示し，水，アルコール，アミンとの反応によってそれぞれカルボン酸，エステル，アミドへと変換することができる。カルボン酸とアルコールからエステルを得る場合，逆反応の反応速度が無視できないほど大きいため，十分な量のエステルが生成せずに平衡状態に達する。平衡を生成系に偏らせて高い収率でエステルを合成したいときには，濃硫酸を加える方法がよく用いられる。カルボン酸とアミンとの反応はどうだろうか。これまでにみてきたように，カルボン酸は酸であり，アミンは塩基である。したがって，これらを常温でただ混合するだけでは酸と塩基の中和反応が起こるだけである。ジシクロヘキシルカルボジイミド（DCC）とよばれる**脱水縮合剤**を用いて反応させることで，アミドを効率よく得ることができるようになる。

有機金属化合物を求核剤とする反応

有機金属化合物は電子豊富な炭素原子をもつため，求核剤として利用されている（7.8 節参照）。いくつかの求電子剤との反応による，炭素－炭素結合形成反応をみてみよう。はじめに，有機ハロゲン化物との反応を説明する（図 7.21）。有機ハロゲン化物はハロゲンの高い電気陰性度のために，炭素－ハロゲン結合が大

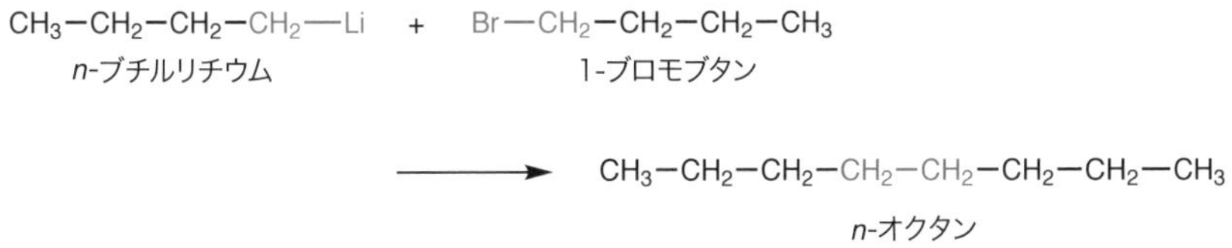

CH₃—CH₂—CH₂—CH₂—Li + Br—CH₂—CH₂—CH₂—CH₃
　　n-ブチルリチウム　　　　　　　1-ブロモブタン

⟶　CH₃—CH₂—CH₂—CH₂—CH₂—CH₂—CH₂—CH₃
　　　　　　　　　　　n-オクタン

図 7.21 有機リチウム試薬と有機ハロゲン化物との反応

きく分極している。この**電子不足な炭素原子**に対して有機金属化合物の**電子豊富な炭素原子**が求核攻撃すると，ハロゲンが脱離して**置換反応**が起こる。その結果，炭素−炭素結合が形成され，新たな**炭素骨格**を構築することができる。

次に，カルボニル化合物との反応をいくつか紹介する。アルデヒドやケトンとの反応では，有機金属化合物の炭素原子は電子不足なカルボニル炭素へと求核攻撃する。その結果π結合が切断され，**金属アルコキシド**が生成する。これを水または酸で処理することによって，新しい炭素−炭素結合をもつアルコールが得られる（図7.22）。

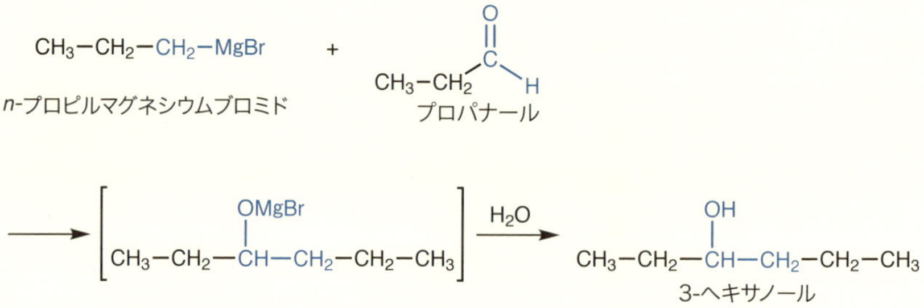

図7.22 アルデヒドと有機マグネシウム試薬との反応

一方，エステルと反応させた場合には，有機金属化合物のアルキル基がエステルのアルコキシ基と置換して一旦ケトンが生成するが，有機金属化合物はケトンとも容易に反応するため，ケトンはさらにもう1分子の有機金属化合物から求核攻撃を受け金属アルコキシドとなる。これもやはり水または酸で処理することでアルコールが得られる（図7.23）。

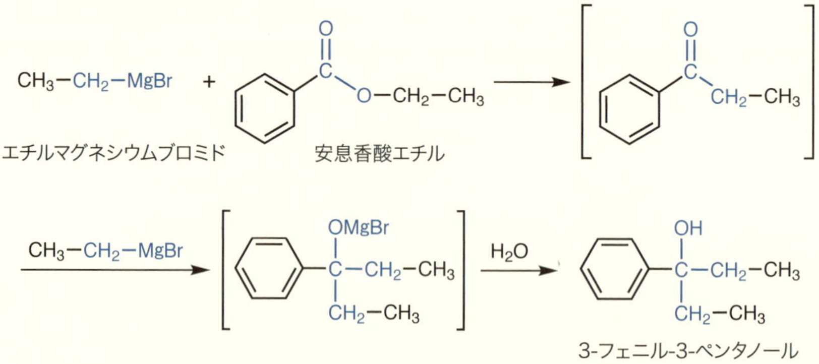

図7.23 エステルと有機マグネシウム試薬との反応

7.10 キラリティ

キラリティとはある化合物を鏡に写してみたとき，その**鏡像**と重ね合わせることができない性質のことである。この鏡像を**鏡像異性体**あるいは**エナンチオマー**とよぶ。例えば，炭素の4つの"腕"に4つの異なる置換基が結合した場合にその有機分子はキラリティをもち，このような炭素原子を**不斉炭素**とよぶ（図

7.10 キラリティ

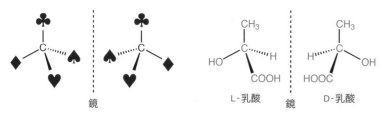

図7.24 不斉炭素とキラリティをもつ化合物の例

7.24)。多くの**アミノ酸**は不斉炭素をもつためキラリティを有しているが，生体内にはそれぞれのアミノ酸のうち片方の鏡像異性体のみが存在し，**タンパク質**などの原料として使われている。鏡像異性体は単体の物理的・化学的な性質は同じであるが，キラリティをもつ別の化合物との反応性は大きく異なる場合がある。アミノ酸の鏡像異性体のうち片方しか存在していない生体内で起こる反応の多くにはキラリティが関与している。そのため医薬品にもキラリティをもつものが多く，もしそれらの医薬品の鏡像異性体を服用したならば全く薬効がないばかりか，毒として作用する場合もある。医薬品製造の際にはキラリティが厳密に制御された**不斉合成**や鏡像異性体を**分割**する操作が行われている。

不斉炭素の空間的な絶対立体配置を表記する方法には，官能基の順位則による **R/S 表記**とグリセルアルデヒドを基準とした **D/L 表記**がある。前者は官能基に順位則に従って優先順位をつけ，最下位の優先順位の官能基を炭素の後においた場合の他の官能基の優先順位順の回転方向で時計回りを (R)-体，反時計回りを (S)-体と定義する（図7.25）。後者はグリセルアルデヒド（$HOCH_2C^*H(OH)CHO$, C^* は不斉炭素）の2つのエナンチオマーのうち，(R)-体を D 体，(S)-体を L 体とし，それらと比較した官能基の立体配置の類似性により決定するものであり，類似構造をもつアミノ酸などの天然物で伝統的に用いられる。図7.25 に示すように，図7.24 で例としてあげた D-乳酸は，R/S 表記では (R)-乳酸となる。不斉炭素を複数もつ化合物では D/L 表記は混乱を招きやすいため，各不斉炭素それぞれについて R/S 表記をする必要がある。

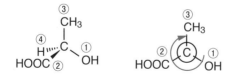

図7.25 D-乳酸の R/S 表記による絶対立体配置

また，不斉炭素についての絶対立体配置を表現するために使われる構造式の描き方に**フィッシャー投影式**がある（Fischer, H. E., 1852-1919）。図7.26 に示すよ

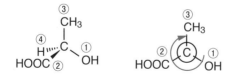

図7.26 D-乳酸の構造式（左）とフィッシャー投影式（右）

うに，この方法では縦の結合が紙面の奥に，横の結合が手前になるようにし，炭素を略して十字表記する．立体的な官能基配置は D-グリセルアルデヒド（8.1 節参照）に類似している．

演習問題

7.1 以下の有機化合物に名前をつけよ．

(1) CH₃–CH–CH–CH₂–CH–CH₃
          | | |
         CH₃ CH₃   CH₂–CH₃

(2) (CH₃)(CH₃)C=C(CH₃)(H)

(3) CH₃–CH–C≡C–CH₃
        |
        CH₂–CH₃

(4) CH₃–CH–CH–OH
        | |
       CH₃ CH₃

(5) CH₃–CH–CHO
        |
        CH₃

(6) CH₃–CH₂–C(=O)–O–CH₃

7.2 以下の名前をもつ有機化合物の構造式を書け．
 (1) 2,4-ジメチルヘキサン　(2) cis-2-ペンテン
 (3) 3-メチル-1-ブチン　(4) 2-メチル-2-ペンタノール
 (5) 3-ヘキサノン　(6) ギ酸クロリド

7.3 次の 2 つの還元反応に関する化学反応式について，空欄を埋めよ．

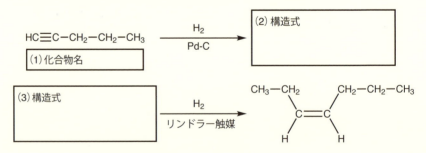

7.4 以下の酸化反応の生成物 A～C の構造式を書き，命名せよ．

CH₃–CH₂–CH₂–CH₂–OH —PCC→ 生成物 A
1-ブタノール

CH₃–CH₂–CH₂–CH₂–OH —CrO₃ / H₂SO₄, H₂O→ 生成物 B
1-ブタノール

CH₃–CH₂–CH(OH)–CH₃ —K₂Cr₂O₇ / H₂SO₄, H₂O→ 生成物 C
2-ブタノール

7.5 以下の化学反応式における生成物 A～C の構造式を書け。

$(CH_3)_2CH-CHO \xrightarrow[CH_3OH]{NaBH_4}$ 生成物 A

$Br-CH_2-CH(CH_3)-CH_3 \xrightarrow{CH_3-CH_2-CH_2-Li}$ 生成物 B

$CH_3-CO-CH_3 \xrightarrow[2.\ H_2O]{1.\ CH_3-CH_2-CH_2-CH_2-MgBr}$ 生成物 C

コラム2：フロンティア軌道と化学反応

原子同士が化学結合でつながった分子において，その電子雲（分子軌道）は分子を構成する1個1個の原子の原子軌道を足し合わせとして近似的に表現されることを1章で学んだ（LCAO近似）。こうして表される分子軌道の中で，電子が入った最もエネルギーの高い軌道は最高被占軌道（highest occupied molecular orbital, HOMO），電子がない最もエネルギーの低い軌道は最低空軌道（lowest unoccupied molecular orbital, LUMO）とよばれる。HOMOにいる電子は分子の最も外側の電子であり，原子で言えば最外殻軌道の価電子が原子の特徴を決めるように，HOMOの電子が分子の物性や反応性に関与する。LUMOはエネルギー的に電子が最もアクセスしやすい軌道であるから，電子をLUMOに励起して始まる光反応や分子間で電子をやり取りする反応において重要な軌道になる。これらHOMOとLUMOは合わせて**フロンティア軌道**とよばれ，フロンティア軌道によって分子の安定性，構造，反応性など広範な化学的性質が説明できる。1952年，フロンティア軌道によって化学反応を説明する新しい概念を提案したのが福井謙一（1918-1998）である。その後，ウッドワード（Woodward, R. B., 1917-1979）とホフマン（Hoffmann, R., 1937- ）は電子環状反応など一連の化学反応における立体選択性が軌道の対称性の保存で説明できることを見いだした（ウッドワード・ホフマン則）。これはフロンティア軌道の重なりが種々の化学反応において本質的な役割を果たすことが背景にある。福井の理論が発表された当時は，フロンティア軌道が反応を決めるという理論は斬新であり，批判も多かったという。しかし，フロンティア軌道理論の有用性はウッドワード・ホフマン則とともに認められるに至り，福井とホフマンは化学反応過程の理論的研究に関する功績により1981年にノーベル化学賞を受賞した。付加環化反応はフロンティア軌道によってエレガントに説明される化学反応の例である。

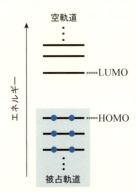

最高被占軌道（HOMO）と最低空軌道（LUMO）

例えば，ブタジエン（a）と無水マレイン酸（b）は容易に反応①を起こすのに対して，エチレン（c）と無水マレイン酸は通常の条件ではほとんど反応②を起こさない。反応分子のフロンティア軌道を描けば，前者ではブタジエンと無水マレイン酸のLUMOとHOMOが同符号で重なって電子共有による結合形成ができるのに対して，後者ではエチレンと無水マレイン酸のLUMOとHOMOの一部が異符号で重なって打ち消し合うことがわかる。フロンティア軌道理論では分子表面の軌道だけで化学現象の本質を直感的に理解することができるのである。

8 生物・生命の化学

有機化学は当初は生命体（有機体）から産生する物質の化学として位置づけられていたが，有機物を人類の手で化学合成できるようになって炭素化合物の化学としての位置づけになった。有機化学の分野における小分子の化学構造と性質の理解や化学反応機構の理解，そして天然有機化学物質の分離手法や分析法の科学的進展に伴い，生命現象を化学現象として理解することが可能になってきた。

遺伝現象にDNAが関与していることは，現代では周知の事実であるが，遺伝子の化学的本体として特定されたのは第二次世界大戦中の1944年のことである。生物化学，分子生物学の進展はめざましく，それから100年も経たぬうちに，DNAの役割を見定めて生命の設計図としてのヒトゲノムを解読しただけでなく，人類は，遺伝子組換え・遺伝子編集の技術までも手に入れ，生命の設計図を書き換えるという倫理的な領域まで踏み込むようになってきた。

本章では，生命と種の維持のための化学物質との観点から，五大栄養素（**糖・タンパク質・脂質・ミネラル・ビタミン**），遺伝物質としての**核酸**について取り扱う。

8.1 糖類の構造と機能

栄養学的に糖類は，**炭水化物**とよばれる組成（炭素と水の化合物の意）を示す一群の化合物をさし，消化されて栄養素となる糖質と消化されにくい食物繊維に大別されるが，化学的にはともに糖類として位置づけることができる。糖類の分子としては最小のユニットである**単糖**が化合して，**二糖**，**オリゴ糖**（少糖），**多糖**が形成される。生体内では食品を分解してエネルギーを取り出す過程（**異化**）と逆に一度分解して小分子化した物質をつなげて高分子にする過程（**同化**）の過程が存在し，これらを総称して**代謝**とよぶ。糖類は代謝過程を経てエネルギーを産生することや貯蔵することに関係する他に，その分子構造の特徴を活かして細胞間の認識などにも関係している。

単糖類

単糖は最小の単位となる炭水化物である。化学式で表すと概して $(CH_2O)_n$ で表すことができ，これを化学的性質がわかるように書くと (H-C-OH) の連続体にあたり，炭化水素に半分だけヒドロキシ基（-OH）が入った形とも見なすことができる。天然に存在する糖において n の数は4から7の間であり，末端の炭素にカルボニル基が存在するが，その官能基がアルデヒドであるかケトンであるかによっておおまかに分類される。

分子内にアルデヒドをもつものは**アルドース**とよばれる。最小の炭素数3からなるアルドースが**グリセルアルデヒド**であり，不斉炭素を1つもつ化合物である。不斉炭素をもつため，グリセルアルデヒドには鏡像異性体が存在する。自然界に存在するのは(D)-グリセルアルデヒドである。有機化合物の不斉炭素の絶対立体配置は，通常R/S表記を使うが，糖やアミノ酸では歴史的な背景からD/L表記を用いることが常である。自然界に存在するグリセルアルデヒドはD体であり，このD-グリセルアルデヒドをもとに**カルビンサイクル**[*1]とよばれる光合成での酵素反応によって炭素数の多い糖が作られるため，自然界に存在する糖はほとんどがD体である。炭素数3の三炭糖(トリオース)から，順次炭素数が増えていき四炭糖(テトロース)，五炭糖(ペントース)，六炭糖(ヘキソース)と増えていくに従って，新たに H-C-OH のユニットが差し込まれた化合物ができる (生合成上は H-C-OH のユニットが順次差し込まれていくわけではない)。新たに H-C-OH のユニットが増えるたびに不斉炭素が増えることになり，その度に異性体数は2倍になっていく。ヘキソースにはD体の糖の異性体が**D-グルコース**を含め8つ存在する(図8.1)。L体の糖はそれぞれの鏡像異性体として8つあるので，アルドースのヘキソース(アルドヘキソース)には合計16個の異性体が存在する。

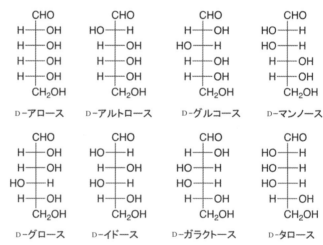

図8.1 D体のヘキソースの8つの立体異性体。すべて一番下側の不斉炭素が D-グリセルアルデヒドと同じ立体配置をもつ。

分子内にケトンをもつものは**ケトース**とよばれる。最小の炭素数3からなるケトースのジヒドロキシアセトンには不斉炭素は存在しない。したがって，同じ炭素数のアルドースに比べて異性体数は半数となる。**フルクトース**(果糖)はケトースに属するヘキソースであり，果実に多く存在する。

鎖状構造でも異性体数が多い単糖であるが，アルデヒドとヒドロキシ基間の分子内の反応によって環構造を形成することによりさらに異性体を増やす。環構造が五員環の**フラノース型**[*2]，六員環の**ピラノース型**の異性体となり，さらには環構造を形成する際に新たに生じる不斉炭素でのアルコールの向きによってα型

*1 カルビンサイクルは，光合成における代表的な炭酸固定反応で，ほぼすべての緑色植物と光合成細菌はこの機構を所持している。光が必要な反応(明反応)と対比して暗反応ともよばれる。1950年にカルビン(Calvin, M., 1911-1997)らによって報告された。カルビンは1961年ノーベル化学賞を受賞している。

*2 フラノースは，五員環構造をもつフランの誘導体，ピラノースは六員環構造をもつピランの誘導体とみなしている。

フラン　　ピラン

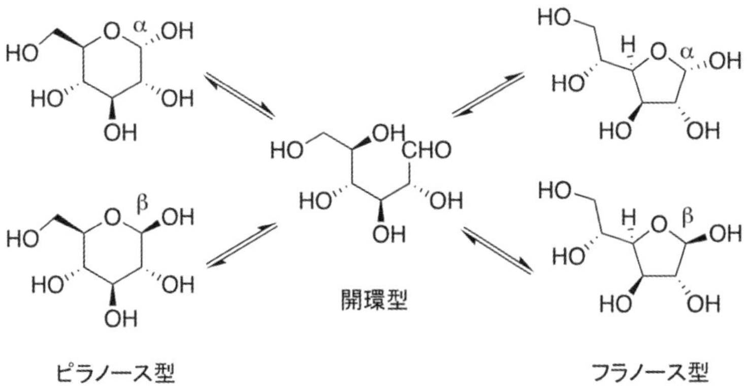

図8.2 D-グルコースの異性体。中央の開環型は図8.1のD-グルコースを線結合表記に描きなおしている。

とβ型が生じる。環構造をとることによりD-グルコースには新たに4つの異性体が可能となるが、水中において平衡状態での存在比はα-グルコピラノース（38%）とβ-グルコピラノース（62%）の形で存在しており、他の異性体（α-グルコフラノース，β-グルコフラノース，開環型）としてはほとんど存在しない（図8.2）。他のそれぞれの糖においても熱力学的に優先して安定な形がある。

D-グルコースは生体内のエネルギー源として重要な糖であり、**解糖系**[*1]，**クエン酸回路**[*2]，**電子伝達系**[*3]とよばれる主要な代謝過程を経てエネルギーを産生するとともに二酸化炭素と水に分解される。これによりグルコースを燃焼することで得られる熱量の約40%にあたるエネルギーを代謝過程から得ている。ガソリンエンジンなどの燃焼機関のエネルギー変換効率は20%程度なので、生命が進化の歴史の中でいかに効率よいエネルギー変換機構を獲得してきたかがわかる。細胞内に入ったグルコースは解糖系により代謝されるが、過剰な糖は多糖の形で蓄積されることになる。

インスリンは血糖値を制御するホルモンであるが、血糖値が制御できず糖濃度が上がりすぎると、反応性の高いアルデヒド基が、タンパク質などと非酵素的に反応するメイラード反応を引き起こすことになり、糖尿病合併症の原因となる。

オリゴ糖と多糖

1つの糖分子のα型とβ型を決める炭素（**アノマー炭素**）と、もう1つの糖のヒドロキシ基との間で脱水縮合すると結合が生じる。これを**グリコシド結合**といい（図8.3）、アノマー炭素の立体配置によりα-グリコシド結合とβ-グリコシド結合がある。一旦グリコシド結合が生じると単糖の状態とは異なり、α型とβ型が入れ替わることはない。

2分子の単糖がグリコシド結合してできるのが二糖であり、天然には多く存在する。**スクロース**（蔗糖）は砂糖の主成分でグルコースとフルクトースがα-グリコシド結合を結合したものである。**ラクトース**（乳糖）はグルコースとガラクトースがβ-グリコシド結合、**マルトース**（麦芽糖）はグルコース2分子がα-グリコシド結合をしたものであり、いずれも生体内では酵素の作用により単糖に分解

[*1] 解糖系は、グルコースをピルビン酸などの有機酸に分解（異化）しつつ、生体内のエネルギー物質であるアデノシン三リン酸（ATP）に変換していくための代謝過程である。嫌気的代謝として行われるが、好気的代謝の準備段階でもある。

[*2] クエン酸回路は、好気的代謝に関する最も重要な生化学反応回路であり、解糖系などで生じた有機酸を利用してATPを産生するとともに電子伝達系で用いられる還元性物質ニコチンアミドアデニンジヌクレオチド（NADH）や還元型フラビンアデニンジヌクレオチド（FADH$_2$）も産生する。発見者クレブス（Krebs, H. A., 1900-1981）は1953年ノーベル生理学・医学賞を受賞している。

[*3] 電子伝達系は、好気的代謝系の最終段階の反応にあたり、クエン酸回路で生じたNADHやFADH$_2$を利用してATP合成酵素を駆動する。ミトコンドリア内膜のタンパク質や補酵素間で酸化還元反応による電子移動プロセスがあるため電子伝達系とよばれる。

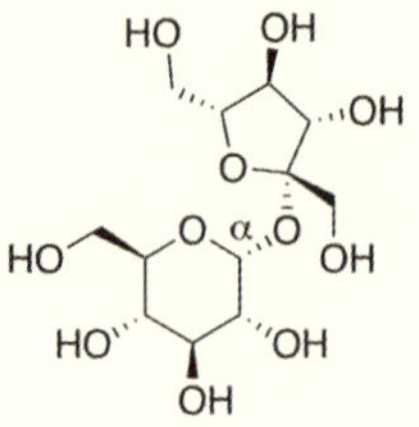

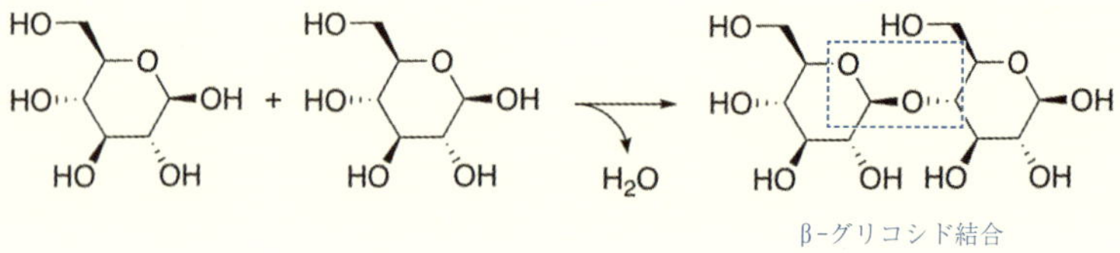

図8.3 グリコシド結合の形成

スクロース

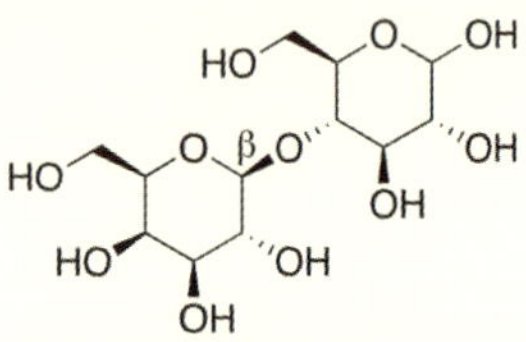

ラクトース

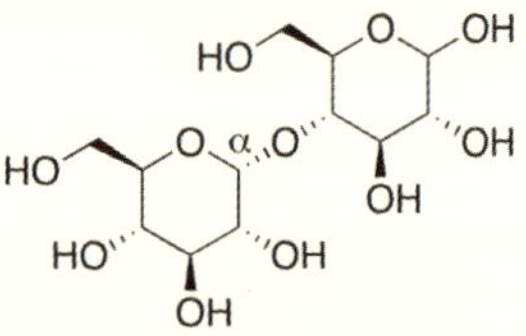

マルトース

されエネルギー源として利用される。

少数の単糖が脱水縮合したものを**オリゴ糖**とよぶが，天然には植物以外に糖成分のみとしての三糖以上のオリゴ糖は稀である。オリゴ糖鎖はタンパク質（8.2節参照）と複合した糖タンパクにみられ，軟骨組織の保水力に寄与する役割や，ABO式血液型抗原決定基となるなど細胞表面における分子認識に重要な役割を果たしている。

多糖は多数の単糖がグリコシド結合している高分子である。主な多糖類の機能としては植物や動物が糖を貯蔵するための役割，植物の構造維持の役割，動物組織における衝撃吸収剤や潤滑剤としての役割がある。

デンプンは植物が貯蔵する多糖であり，D-グルコースからなる多糖である。デンプンには，ほぼ直鎖状の高分子である**アミロース**と枝分かれのある高分子である**アミロペクチン**があり，ともにα-グリコシド結合によりつながったらせん状構造をもつ多糖である（図8.4）。

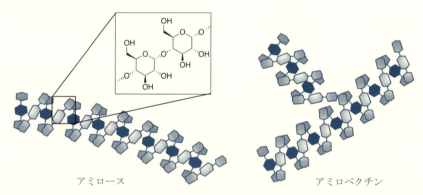

図8.4 デンプンを構成する多糖のらせん状構造モデル

ヒトは植物の産生するこれらの多糖を消化し，栄養素として利用している。唾液に含まれる**アミラーゼ**によりデンプンのαグリコシド結合をランダムに切断し，続いて膵臓アミラーゼがオリゴ糖の状態にし，α-グルコシダーゼによってD-グルコース1分子ずつに逐次分解される。生じたD-グルコースは小腸で吸収され，生体内のエネルギー源として消費される。

動物はエネルギー源となるD-グルコースを多糖として，必要な時に速やかにD-グルコースを動員できるような形態である**グリコーゲン**にして蓄えている。D-グルコースのまま保持しないのは細胞の浸透圧を高めずに蓄えるためである。食事により余剰分のD-グルコースがあれば，主に肝臓においてグリコーゲ

8.1 糖類の構造と機能

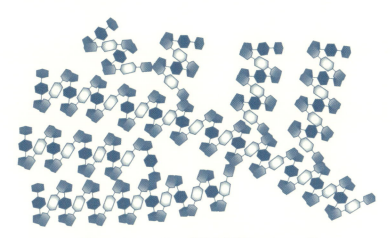

図 8.5　グリコーゲンの樹状分枝構造モデルの一部

ン合成が促進される。グリコーゲンの構造はアミロペクチンに似ているが，枝分かれの頻度がより高い（図 8.5）。細胞の狭い空間で効率よくグルコース単位を収納し，なおかつ枝分かれの多さで D-グルコースを動員するための酵素が作用できるポイントを増やしている。動物は植物に比べて即座に必要とするエネルギー量が多いためである。飢餓状態となり，生体のグルコース要求度に満たない場合は，アミノ酸，乳酸などから新規に D-グルコースを作り出す**糖新生**[*1]が行われる。脳はエネルギー源をほとんど D-グルコースに依存しているため，脂質（8.3 節参照）で補えない。

D-グルコースが直鎖状に β-グリコシド結合で結合したものが食物繊維の大半に含まれる**セルロース**である。植物細胞壁の主な構造維持成分であり，生物圏で最も多い物質と言われている。セルロースはアルコール官能基をもつにもかかわらず水に溶けない。セルロース分子同士が水素結合により繊維状の堅固な構造を形成しているためである（図 8.6）。外骨格をもつ昆虫や甲殻類はセルロースに似たキチンを構造多糖としてもつ。**キチン**は **D-アセチルグルコサミン**の β-グリコ

*1　糖新生は，解糖系と概ね逆反応であるが，一部に不可逆反応があるので，別経路で達成している。乳酸から 1 分子のグルコースを新生するのに ATP を 6 分子と NADH を 2 分子必要とするが，グルコース 1 分子の分解で計算上 38 分子の ATP を作ることができるので，結果的にエネルギー上有利となる。

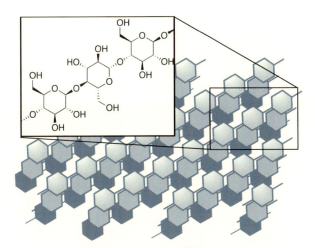

図 8.6　セルロースの構造モデル

*1 腸内細菌叢は，動物の腸内に存在する細菌類の一種の生態系で，腸内フローラともいう。腸内細菌叢の菌バランスは共生細菌として健康的な生活を送るのに重要であるとの指摘もあり，乳糖は乳児の栄養素となるだけでなく，初期に腸内細菌叢を形成するための役割もある。

*2 グルコサミノグリカンの中でもヒアルロン酸は1gで6Lの水を保水する力をもつので，化粧品などに保湿成分として添加されている。人工的に作られた吸水性高分子が保冷剤やオムツに利用されているが，保水機能はムコ多糖と原理的には同じである。

*3 アミノ酸の側鎖はその官能基の性質によって，疎水性側鎖，極性無電荷側鎖，極性荷電側鎖に大別できる。また，標準アミノ酸以外に側鎖が酵素により化学修飾されたアミノ酸も存在する。

シド結合による重合体である。

ヒトの消化管はセルロースのβ-グリコシド結合を切断する酵素（セルラーゼ）をもたないため消化できないが，**腸内細菌叢**[*1]の嫌気発酵により一部がエネルギー源として吸収されるため，効率は低いが遅効性のエネルギー源となる。草食動物やシロアリはセルラーゼを産生する微生物を消化管に生息させており，植物繊維の消化をより可能にしている。

多糖は柔らかい構造要素を作ることもできる。**ムコ多糖**ともよばれ，動物の粘液などに含まれる成分である。なかでも**グルコサミノグリカン**[*2]とよばれる多糖類にはヒアルロン酸，コンドロイチン硫酸，ヘパラン硫酸，ケラタン硫酸といった成分があり，結合組織や粘膜などに存在する。これらは高分子に負電荷を数多くもち，水和と負電荷の反発により柔らかいゲル状の物質となり，保水力も高い。

8.2 タンパク質の構造と機能

栄養学的にはタンパク質は窒素源として重要な位置にある。ヒトは窒素を空気から直接利用することはできない。土壌内の窒素固定能力をもった微生物により窒素は硝酸塩に変化され，植物と菌類はこれを吸収して**アミノ酸**などの窒素含有化合物を合成する（ただし，現在の最大の窒素固定源はハーバー・ボッシュ法による化学的窒素固定である）。動物はそれを異化と同化により利用することができる。タンパク質は最小のユニットであるアミノ酸が縮合した高分子として形成されている。タンパク質は代謝過程を経てエネルギーを産生することもできるが，同化により生体内で作られたタンパク質が体を形成し，反応触媒としての**酵素**や情報伝達にかかわる**受容体**などの細胞機能のほとんどを担っているという意味で，その機能性が生体において最も重要な役割を果たしている。

アミノ酸

アミノ酸[*3]はカルボキシ基（-COOH）とアミノ基（-NH$_2$）を同じ分子内にもつ化合物である。特に，タンパク質を構成しているアミノ酸は**α-アミノ酸**といい，同じ炭素（α位）上にこれらの官能基が位置している。タンパク質由来のアミノ酸はすべて20種の**標準アミノ酸**（図8.7）からなり，α位が不斉炭素となっている場合はD-グリセルアルデヒドと比較した置換基の相対関係から見ると原則L体である。遊離アミノ酸は分子内に酸性官能基と塩基性官能基を有していることから分子内中和反応で両性電解質としての挙動を示し，水溶液中の遊離アミノ酸は通常両性イオンの形で存在している。しかし，イオン性の挙動が特に重要でない場合は，便宜上非イオン型で記載する。

アミノ酸からは脱炭酸反応によって生理活性アミンが生合成される。アドレナリン，ノルアドレナリン，ドパミン，セロトニン，GABA，ヒスタミンはアミノ酸由来のホルモンならびに神経伝達物質であり，細胞間の情報伝達などに関与している。アミノ酸自身が神経伝達物質として働く場合もある。

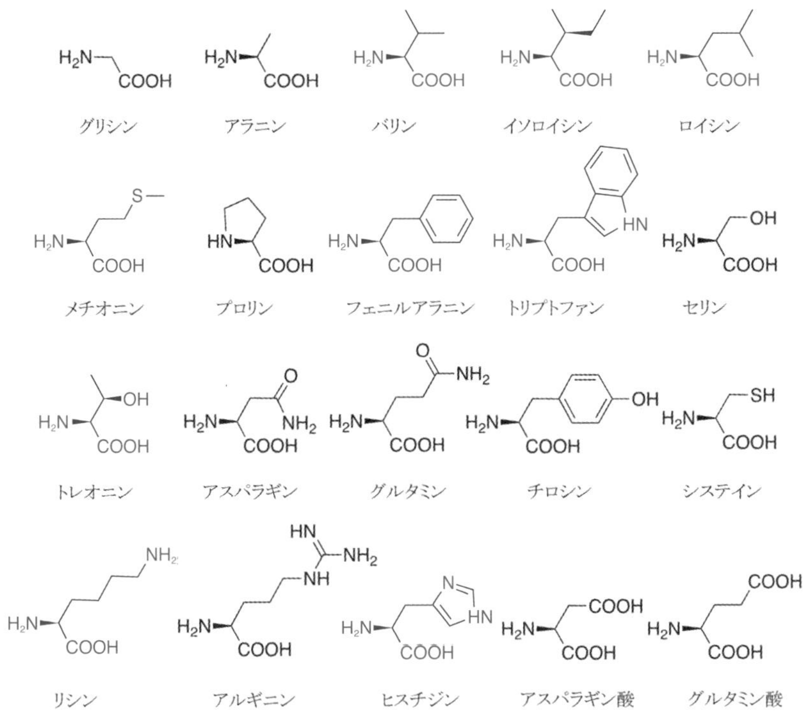

8.2 タンパク質の構造と機能

図 8.7 タンパク質由来の標準アミノ酸（青色は必須アミノ酸）

　哺乳類はタンパク由来のアミノ酸のうちのおよそ半数を生合成することができない。進化の過程でこれらのアミノ酸を食餌から得ることの方が生合成系を確保しておくより容易であったためと推測されている。この類のアミノ酸は**必須アミノ酸**[*1]とよばれ，9種類のアミノ酸が相当する。生体内でアミノ酸はペプチドやタンパク質に取り込まれるのが通常であるが，過剰分のアミノ酸は代謝燃料としてエネルギー源に使われ分解される。分解の際にはアミノ基の窒素を切り離した α-ケト酸として代謝サイクルに入るが，切り離した窒素分はアンモニアとして生じ，**尿素回路**[*2]を経て体外に排出される。

　生体においてはタンパク質から得る窒素分と尿素として排出する窒素分のバランスが大事であり，成長期には窒素分の同化作用が上回り，飢餓状態では窒素分の異化作用が上回る状態となる。この窒素サイクルにアミノ酸がかかわる代謝が重要な役割を担っている。

ペプチドとタンパク質

　アミノ酸のアミノ基とカルボキシ基が分子間で脱水縮合によりアミド結合ができる場合，このアミノ酸由来の結合を特に**ペプチド結合**[*3]とよぶ（図8.8）。最も短い**ペプチド**はアミノ酸2つからなるジペプチドであり，3残基ではトリペプチド，数個のものをオリゴペプチドという。ポリペプチドとタンパク質の名称の使い分けを決める明確なアミノ酸の個数が定まっているわけではないが，タンパク質として機能するにはポリペプチドが複数必要な場合が多い。ペプチド結合を形

[*1] 必須アミノ酸は，幼児期に尿素合成のために合成能以上に使われるアルギニンを加えて10種類とする文献もある。生体における必要量を考える場合，一番含有量の少ない必須アミノ酸がバランスの基準となってしまう。ただタンパク質を成分として摂取すればよいというものではない。

[*2] 水棲生物は単にアンモニアとして排泄できるが，陸生生物は毒性の低い尿素や尿酸として排泄するためのシステムを備えている。クレブスらによって解明された。

[*3] ペプチド結合の由来は人工的にアミノ酸重合体を合成したフィッシャー（Fischer, H. E., 1852-1919）が，タンパク質を酵素ペプシンで分解した生成物であるペプトンと同様の性質のものという意味でポリペプチドと名づけたことに由来する。

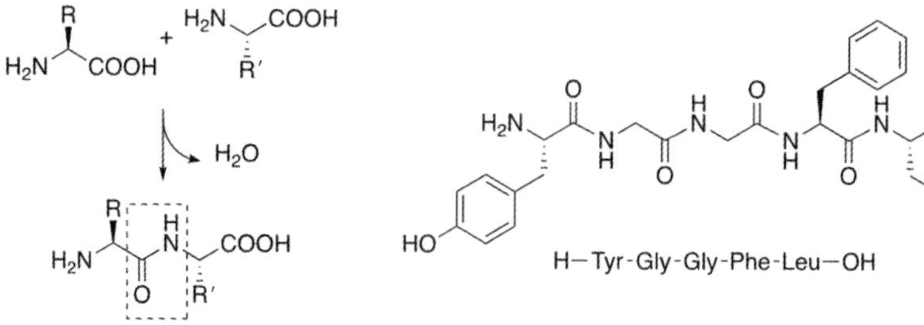

図 8.8 ペプチド結合の形成(左)とペンタペプチドのエンケファリン(右)。エンケファリンのアミノ酸残基による略記も示してある(見返し参照)。

成したアミノ酸ユニットはアミノ酸残基とよび,便宜上3文字か1文字で略記する(見返し参照)。このため略記表記そのものを遊離アミノ酸に使うことは好ましくない。

ペプチドの中には,アミノ酸と同様にホルモン,神経伝達物質などの機能をもつものがある。脳にあって鎮痛作用をもつエンケファリン,分娩時の子宮収縮に働くオキシトシン,血圧上昇作用をもつアンジオテンシン,血糖値制御に働くインスリンなどその生理作用は様々である。

ペプチドやタンパク質の性質をみるときに,そのアミノ酸の組成と並びは構造上の重要な情報である。1本のポリペプチドを見たときに,遊離アミノ基がある側を**アミノ末端(N末端)**,カルボキシル基がある側を**カルボキシ末端(C末端)**とし,N末端を左側としたアミノ酸の配列順序を**1次構造**[*1]という。この配列順序の設計図は遺伝子に記録されており,タンパク質は遺伝子情報に従って作られる(8.5節参照)。

タンパク質の構造を3次元的に見るにあたっては,階層的な理解がなされてきた。タンパク質はそれぞれにおいて固有の3次元的な構造をとるというよりは,

[*1] 最初に1次構造が明らかになったのはインスリンである。10年以上かけてサンガー(Sanger, F., 1918-2013)が明らかにし,この配列解析手法開発の業績で1958年にノーベル化学賞を受賞した。現在では質量分析の手法で,数日もあれば配列を明らかにできる。

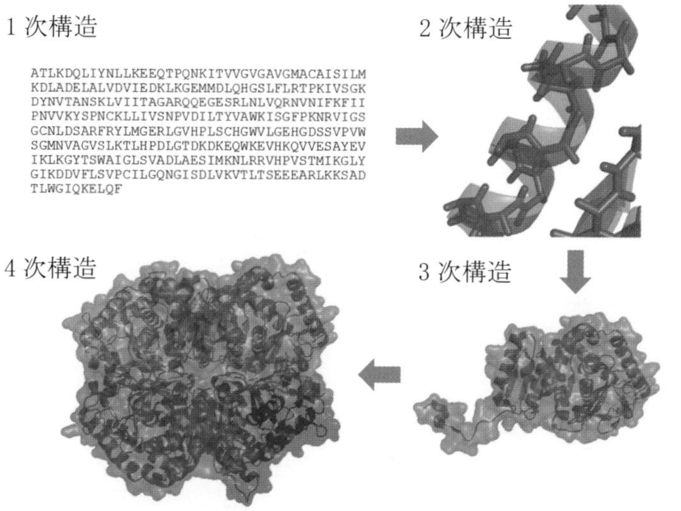

[*2] PDB(protein data bank)はX線結晶解析法や核磁気共鳴法などによって決定されたタンパク質と核酸の立体配座を蓄積している国際的なデータベースであり,それぞれの構造データにはそれぞれ PDBid という4文字のアルファベットと数字からなるコードがついている。

図 8.9 タンパク質(乳酸脱水素酵素)の高次構造(PDBid[*2] 1I10 より作成)

空間的な特徴をもつ折りたたみユニット(**2次構造***1)がさらに分子全体として空間的に配置された3次元構造(**3次構造**)となっている。ポリペプチド複数からなる場合は，それぞれの鎖の3次元的構造がどのように組み合わさって機能性分子を構築しているかが構造要件として重要になり，これを**4次構造**という(図8.9)。2次構造から4次構造までを総じて**高次構造***2 というが，ペプチド結合の平面的な性質とその立体障害を伴う配座制限で2次構造が組み上がり，その2次構造におけるアミノ酸側鎖間の相互作用や共有結合でさらなる高次構造を組み上げている。アミノ酸側鎖間の非共有結合性相互作用には，疎水性相互作用，静電相互作用，水素結合などが含まれているが，特に水溶液中での高次構造形成としては疎水性相互作用の寄与が大きい。これらの高次構造を形成する非共有結合性相互作用はエネルギー的に弱く，熱やpH変化，界面活性剤などによって容易に変性する。

また，実際に生体内で機能しているタンパク質はアミノ酸の組合せのみの構造体ではなく，リン酸基などの小分子，糖鎖分子(8.1節参照)，あるいは脂質分子(8.3節参照)などが酵素反応による化学修飾で複合的に組み込まれている。酵素反応による化学修飾には可逆的なものもあり，タンパク質の機能の動的な側面にかかわっている。

タンパク質の機能は多岐にわたっている。歴史的にタンパク質の形状から**繊維状タンパク質**と**球状タンパク質**に分類される。概して繊維状タンパクは生物体の運動や構造形成に主たる役目を果たしており，主なものとしては，筋肉に存在するミオシン，爪や毛などの角質にあるケラチン，軟骨などの結合組織に存在するコラーゲンなどがある。一方，球状タンパクは水溶性のものが多く，化学反応を触媒する**酵素**，化学物質運搬にかかわる輸送タンパク，細胞機能を調節する調節タンパク，免疫機能に関与する防御タンパクなど多様である。細胞膜に位置するように適度な疎水性をもつものは膜タンパクとして，細胞内外へ信号伝達(**受容体**)や物質輸送にかかわる機能をもつ。

8.3 脂　質

脂質*3 は貯蔵エネルギー源として，また生体膜を構成する成分としての役割を担っている。脂質は，水に溶けず，有機溶媒で抽出される生体分子の総称であるので，脂溶性ビタミンや脂溶性ホルモンといった化合物群も脂質に属する。脂質は大まかに**単純脂質**，**複合脂質**，**誘導脂質**に分類できる。他の主要な生体分子(糖質，タンパク質，核酸)と異なり，高分子としてではなく，主として疎水性という性質による水中における分子集合体としての挙動が機能発現に重要といえる。特に，細胞の外界と内部を区分けする細胞膜，細胞内機能分担のための**細胞内小器官***4 (オルガネラ)の膜における仕切りとしての役割は大きい。また脂溶性ビタミンや脂溶性ホルモンは細胞膜に存在する脂質成分を原料に作られているものがあり，これらの原料供給の場としての意味ももつ。

*1　代表的な2次構造として，らせん状構造のα-ヘリックス，波板シート状のβ-ヘリックスなどがあり，これらはタンパク質のペプチド結合からなる主鎖の形状として，それぞれリボンや平板矢印として模式図化される(図8.9)。

*2　多くの新しいタンパク質の存在や機能を遺伝子の配列情報から予測することは容易になってきている。まだ1次構造からだけでは予測できない「機能未知タンパク質」では，高次構造の解明が機能解明につながる重要な情報となる。

*3　単純脂質は中性脂肪や蝋などの構成原子がC, H, Oのみからなる。複合脂質はP, Nなどが加わったものであり，誘導脂質はこれらの構成成分のうち，脂質としての性質を示すものである。

*4　細胞内小器官とは細胞の内部で特に分化した形態や機能をもつ構造の総称である。小胞体，ゴルジ体，リソソーム，ミトコンドリアなどの膜で囲まれた構造体で区画化することにより，細胞内での役割分担を可能にしている。

中性脂肪と脂肪酸

単純脂質である油脂[*1]（**中性脂肪**）の主成分は，長鎖カルボン酸（**脂肪酸**）と**グリセロール**とのトリエステル誘導体（**トリアシルグリセロール**）として存在している（図8.10）。構成成分の1つとなる脂肪酸は加水分解によって得られるので誘導脂質に区分できる。脂肪酸は単純脂質や複合脂質の構成成分ともなるので，遊離脂肪酸の性質を知ることは脂質の性質を理解するうえで有用となる。

脂肪酸の炭素鎖長は16から18あたりが多く，生合成上の理由から偶数炭素数がほとんどである。また炭化水素鎖に二重結合をもたないものを**飽和脂肪酸**，二重結合を1つ以上もつものを**不飽和脂肪酸**という。

*1 油は液状の，脂は固体状の物性を表すものであり，油脂は総称となる。原料の違いから植物油脂と動物油脂に分ける。

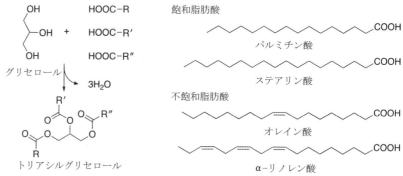

図8.10 トリアシルグリセロール（左）と脂肪酸の例（右）。不飽和脂肪酸はシス型の二重結合をもつ。

生体に見られる脂肪酸の二重結合は熱力学的に安定なトランス型ではなく，シス型である[*2]。シス型の二重結合は炭化水素鎖に屈曲をもたらすことになり，飽和脂肪酸に比べて疎水性相互作用で密に詰まることが難しくなる。このため同じ炭素鎖数で比較すると，飽和脂肪酸より不飽和脂肪酸は融点が低くなる。生体内の脂肪酸の種類と比率は生物種の生育環境と関連しており，生体内における流動性を維持できる温度であるか否かで異なる[*3]。

脂肪は糖質と比べて貯蔵用のエネルギー源として優れている。糖質はアルコール官能基をもつため部分的に酸化された状態であるが，脂肪酸は炭化水素の鎖がより還元された状態であるため，酸化反応によって取り出すことのできるエネルギーが大きい。また，糖質は水和されるのに対し，脂肪分子は水和されず疎水性相互作用で自己集合するため，よりコンパクトに貯蔵できる。これらの理由で同じ重量の水和グリコーゲンに比べて約6倍のエネルギーを供給できる。生体でのエネルギー利用においてはグリコーゲンが優先して消費された後に，脂質の燃焼が始まる。脂肪酸はβ**酸化**とよばれる酸化反応で2炭素ずつ減炭され，クエン酸回路，電子伝達系に入る代謝過程を経てエネルギーを産生するとともに二酸化炭素と水に分解される。

アミノ酸と同様に，脂肪酸にも体内で他の脂肪酸から合成できず，食餌から摂取する必要がある**必須脂肪酸**が存在する。ヒトにとってはリノール酸，**ω-3脂肪酸**[*4]のα-リノレン酸，アラキドン酸（生合成はできるが必要量ないと欠乏症

*2 天然の油脂ではシス型二重結合である一方，水素を添加し水素化させるマーガリンなどの製造過程で還元されなかった一部の二重結合がトランス型に変化して飽和炭化水素同様の直線状の構造をもつようになる。誘導脂質として，これらをトランス脂肪酸という。トランス脂肪酸の過剰摂取は心臓疾患との関連が指摘されている。

*3 不飽和脂肪酸を多く含む植物性の油は動物性の脂と比較して流動性が高い。ヒトより体温の高いウシやブタの脂がエネルギーとして消費されないと，流動性の低い物質として蓄積していくこととなり，循環器系の疾患につながることになる。

*4 ω-3脂肪酸は，カルボキシル基の反対側の末端の炭素をω位として，そこから数えて3番目の炭素に二重結合がある不飽和脂肪酸である。摂取が望ましいとされているドコサヘキサエン酸（DHA）もω-3脂肪酸の一種である。

を生じる)が必須脂肪酸である。これらは代謝によって生理作用をもつプロスタグランジン類に変換される。

リン脂質と脂質膜

細胞膜を構成するのは脂肪酸と極性物質から構成される複合脂質である。疎水性の部分と親水性の部分を合わせもつ分子は**両親媒性**があり，その分子形状によって水中における分子集合の様式が変化する。生体膜を形成する主要な脂質は，脂肪酸とグリセロールとのジエステル誘導体の残りのアルコール官能基にリン酸がエステル結合し，そのリン酸に様々な化合物がエステル結合している**グリセロリン脂質**である。単純にリン脂質とも称されるこの分子は，極性をもつリン酸誘導体の頭部と疎水性の炭化水素鎖2本からなる尾部をもつ模式図で表され，その分子容積は円筒状のモデルとして表すことができる(図8.11)。

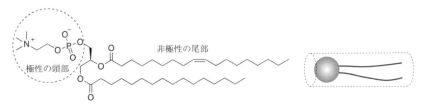

図8.11　グリセロリン脂質の一例(左)と模式図(右)

水中でこのような形状の分子が集合する場合，疎水部に比較的厚みがあるため，ミセルのような球状の集合体とはなりにくく，親水基と疎水基同士を揃えた単層膜が疎水基側を水から隠すように内側に合わさった2層の膜(**脂質二分子膜**)を形成する(図8.12)。この膜は外側に親水基が揃っているが，内部は疎水性のため，イオンや親水性分子は簡単には通過することができない。

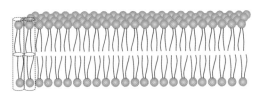

図8.12　脂質二分子膜

グリセロリン脂質と同様な分子形状と性質をもつ分子は他にもある。**セラミド**(**スフィンゴシン**[*1]という化合物に長鎖カルボン酸がアミド結合したもの)のアルコール官能基に極性化合物が結合したものがスフィンゴ脂質であり，スフィンゴ脂質はリン脂質と同様に脂質二分子膜を形成できるが，細胞においては主に外側に面した膜に存在している。

ステロイド類

コレステロールに代表される**ステロイド類**は堅固な四環性の骨格を有する(図8.13)。コレステロールは動物細胞に多く存在し，分子数で細胞膜の約30～40％

*1　スフィンゴシンは，謎の物性を呈したという理由でスフィンクスにちなんで名づけられた。

スフィンゴシン

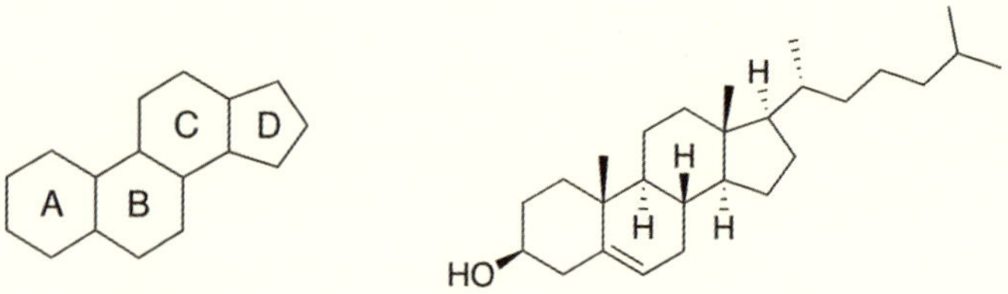

図 8.13　ステロイド骨格（左）とコレステロール（右）

を占める成分の1つであり，この堅固な分子骨格が膜の流動性を調節する役割をもつ．生体内のコレステロール値（HDL, LDL）*1 は健康診断における生活習慣病の指標としてよく用いられる．恒常的にはコレステロールの生合成，生体内利用，輸送のバランスがとられているが，供給過剰になると動脈硬化などの疾患の一因となる．

コレステロールは**ステロイドホルモン**や胆汁酸の前駆物質となる．代表的なステロイドホルモンとしては，副腎皮質ホルモンであるアルドステロンやコルチゾール，性ホルモンであるテストステロン，エストラジオール，プロゲステロンなどがある（図 8.14）．

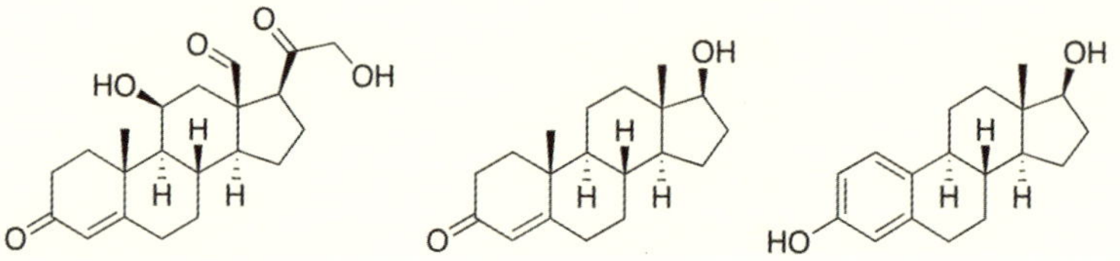

*1　HDL（高密度リポタンパク）と LDL（低密度リポタンパク）はコレステロールを体内輸送するタンパク質である．HDL が末梢組織からの回収の役割に対して，LDL は末梢組織に供給する役割をもつ．このため，LDL/HDL 比が高いと疾患リスクが上がる．

図 8.14　ステロイドホルモンの例

8.4　その他の栄養素

三大栄養素（糖質・タンパク質・脂質）に加えて，生命にとって不可欠な物質を**微量栄養素**といい，ビタミン類*2 とミネラルがこれに含まれる．ある種の食品の摂取が欠けると体調不良となることが経験的に理解され，近代になって摂取不足と疾患の因果関係が系統的に研究された結果，これらの微量栄養素が認識されるようになった．日常の食生活で欠落しがちな成分は，今日ではサプリメントとして入手できるようになっている．ビタミン類やミネラルは生体内の酵素反応の補助，細胞内あるいは細胞間の伝達物質，生体の構成要素としての役割を担っている．

*2　ビタミン (vitamin) はもともと，生命 (vital) に必要なアミン (amine) という意味の造語 (vitamine) であったが，ビタミンにあたる有機化合物が必ずしもアミンではないことから，最後の e が削られた．ビタミン類は A, B_1, B_2, B_3, B_5, B_6, B_7, B_9, B_{12}, C, D, E, K までの13種類あり，アルファベットや番号に欠落があるのは見いだされた過程において，その候補化合物が誤りであったために削除，または再分類されたためである．

ビタミン類

ビタミン類は，様々な生理機能をもつ生命活動の維持に必要な有機化合物である（図 8.15）．これらは有機溶媒に可溶な**脂溶性ビタミン**と水に可溶な**水溶性ビタミン**とに大別できる．脂溶性ビタミンは脂質の多い細胞に蓄積され，必要に応じて使われる．しかし，蓄積量が過剰となると生体毒性が現れるため，サプリメ

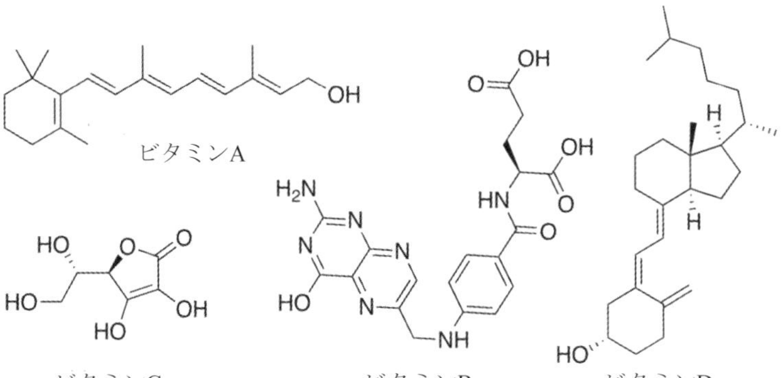

図 8.15 ビタミン類の例

ントによる過剰摂取は要注意である。一方，水溶性ビタミンは体内に蓄積されることはなく，過剰分は尿によって排泄されるため，副作用が問題となることは稀である。ビタミンDはやや特殊なビタミンであり，ステロイド型の前駆物質から皮膚内で紫外線照射を受けて生合成される。

酵素のタンパク質成分（**アポ酵素**）のみでは機能を発揮できず，アポ酵素が**補因子**と結合した状態（**ホロ酵素**）で機能を発揮できるようになる酵素がある。生体内の酵素の機能を補助する補因子の中でも，有機化合物を特に**補酵素**とよび，これらはビタミン類から作られるものが多い。また，ビタミンAやビタミンDは受容体の信号伝達にかかわる物質となる。

ミネラル

ミネラル（無機質）は生理機能に関与するイオン類やイオン化合物である。生体内で必要とされる量により，**マクロミネラル**と**ミクロミネラル**に分類される。

マクロミネラルには，カルシウム，リン，カリウム，イオウ，ナトリウム，塩素，マグネシウムの7つが含まれる。特にカルシウムは人体で最も多いミネラルであり，リン酸とともにヒドロキシアパタイトとよばれる骨や歯の主成分となる物質を構成している。また，カルシウムイオン[*1]は血液凝固，筋肉の収縮，**細胞内伝達物質**としての役割も担う。血中カルシウム濃度は骨からの供給と骨への貯蔵でバランスが保たれており，骨は構造体のみならずミネラルの貯蔵庫としての役割ももっている。ナトリウムとカリウムはイオンとして，神経細胞の興奮にかかわる重要な成分であるが，ナトリウムは現代の食生活においては供給過多であるとされる。

ミクロミネラルには，鉄，銅，亜鉛，ヨウ素，セレン，クロム，マンガン，コバルト，モリブデンなどが含まれ，酵素の補因子としての寄与をするものが多い。ミクロミネラルの中で比較的存在量の多い鉄は，酸素の運搬タンパクであるヘモグロビンや貯蔵タンパクであるミオグロビンの成分の1つとなっており，鉄不足は貧血の一因となる。ヨウ素[*2]は生体内で甲状腺に取り込まれ，甲状腺ホルモンの一種であるチロキシンに導入される。チロキシンは代謝量の制御にかかわり，成長に影響を与えている。

[*1] 細胞内のカルシウムイオン濃度は細胞外より極端に低く，濃度差は3桁に及ぶ。細胞外からの信号（ファーストメッセンジャー）を通じて引き起こされる細胞内のカルシウムイオン濃度の変化は，セカンドメッセンジャーとして，次の細胞応答を引き起こす駆動力となる。

[*2] 原子力災害時で放射性物質が漏れた際の放射線障害予防薬としてヨウ素剤がある。甲状腺ホルモンを合成する際に原料としてヨウ素を甲状腺に蓄積するため，体内に吸収された放射性ヨウ素がチロキシンとして甲状腺に蓄積して障害を起こすことのないよう，先に安定ヨウ素を吸収させるためである。過剰なヨウ素は体外に排出されるため，放射性ヨウ素が体内に残り続けないことになる。

8.5　遺伝物質の化学

生体における極めて重要な分子として核酸がある。核酸は遺伝子の本体であり，生命の設計図としての機能を担うと確実視されたのは1950年代である。およそ50年という短期間でヒトゲノムが解読され，遺伝子改変技術や遺伝子編集技術により生命の設計図の書き換えまで可能となった。核酸分子の極めて特徴的な性質は，自己複製が可能であることであり，遺伝という生物の特質を内包した分子である。また核酸分子に蓄積された情報は，転写と翻訳という巧みな分子機構によりタンパク質という別の分子形態にアウトプットされる。単細胞生物から多細胞生物までこの基本的なメカニズムは同じであり，生体分子の機能美ともいえる。

ヌクレオチド

核酸分子の代表格である**デオキシリボ核酸（DNA）**や**リボ核酸（RNA）**は糖やタンパク質と同様に高分子である。この高分子を作る構成単位は**ヌクレオチド**といい，基本的にリン酸，糖および5種の核酸塩基からなる化合物である（図8.16）。

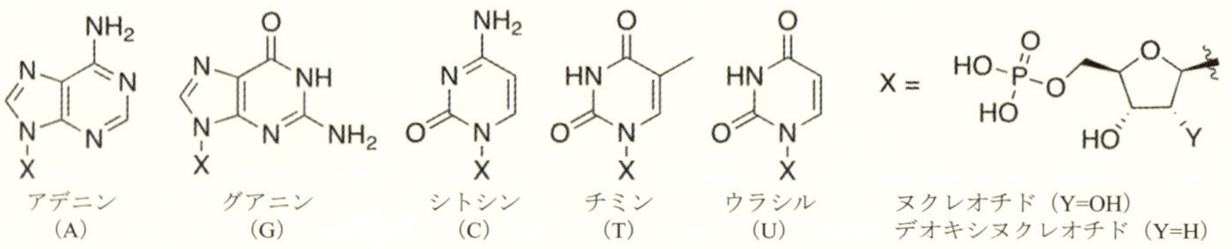

図 8.16　塩基とヌクレオチド

*1　プリン，ピリミジンはそれぞれの基本骨格となる構造である。プリンは，尿酸となる前の構造と仮定され，ラテン語のpurum（純粋な）uricum（尿酸）の組合せの造語で命名された。尿酸は痛風の原因物質であり，過剰蓄積により低体温箇所で結晶化することで症状を引き起こす。

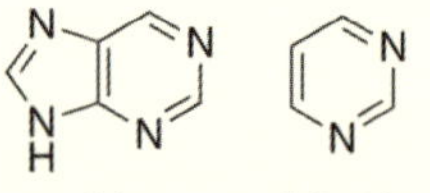

プリン　　ピリミジン

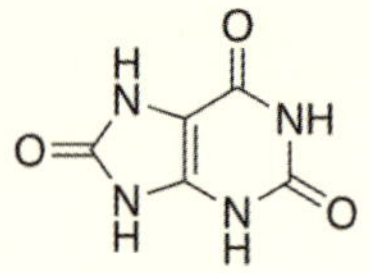

尿酸

DNAは基本的に4種の**デオキシヌクレオチド**から作られており，糖部分のデオキシリボースは共通だが，4種の核酸塩基部分が異なる。核酸塩基は含窒素複素環化合物であり**プリン**[*1]塩基の**アデニン（A）**と**グアニン（G）**，**ピリミジン**塩基の**シトシン（C）**と**チミン（T）**である。デオキシアデノシン一リン酸（dAMP）はアデニンを含むデオキシヌクレオチドであり，それぞれの塩基に対応するデオキシグアノシン一リン酸（dGMP），デオキシシチジン一リン酸（dCMP），デオキシチミジン一リン酸（dTMP）を構成単位として**ホスホジエステル結合**により重合して多量体を形成し，**ポリヌクレオチド鎖**を構成している（図8.17）。同じ核酸分子であるRNAはヌクレオチドの重合多量体であるが，糖部分がデオキシリボースではなくリボースとなっている。塩基部分はアデニン（A），グアニン（G），シトシン（C）はDNAと共通であるが，チミン（T）の代わりに**ウラシル（U）**が使われる。

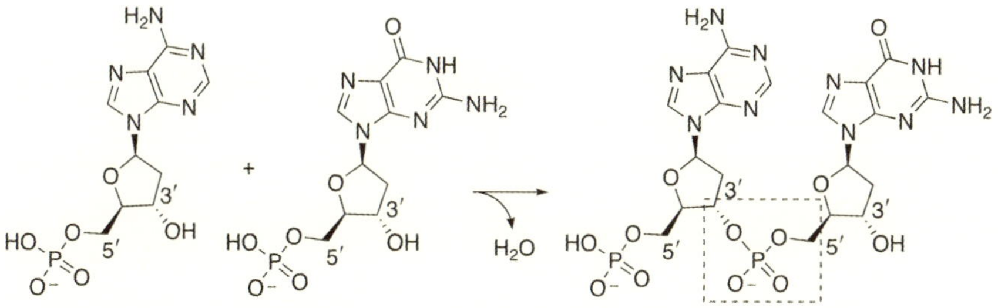

8.5 遺伝物質の化学

図8.17 ヌクレオチド間（dAMPとdGMP）のホスホジエステル結合[*1]

*1 ポリヌクレオチド鎖の端はホスホジエステル結合を作るヒドロキシ基の位置番号から5'末端と3'末端とよぶ。DNA配列をアルファベットで略記するときは5'末端を左側に塩基部分の略号を書く。図8.17の場合は5'-AG-3'と略す。

DNAの二重らせん構造

　DNAの塩基組成は生物によって異なり4種の塩基の含有量は等しくないが、どの生物種においてもAとTの分子数は等しく、GとCの分子数も等しいことがシャルガフ（Chargaff, E., 1905-2002）によって明らかにされた。このシャルガフの経験則はDNAの構造を明らかにするうえで重要な情報となった。後にDNAのX線結晶回折像がフランクリン（Franklin, R. E., 1920-1958）によって撮影され、らせん性の規則ある構造をもつことが考えられた。ワトソン（Watson, J. D., 1928-）とクリック（Crick, F. H. C., 1916-2004）はこの情報とシャルガフの経験則から、次のようなDNAの**二重らせん構造**[*2]を1953年に提唱した。2本のポリヌクレオチド鎖が逆平行で二重らせんを形成しており、塩基はらせんの内部を向いている。向かい合った塩基はAとTが2本の水素結合、GとCは3本の水素結合で対を形成している。らせんはらせん軸に沿って3.4 nmで1回転し、1回転あたり10組の塩基対が含まれる。二重らせんには2つの異なる大きさの溝（主溝と副溝）が存在している（図8.18）。

　これらは実験的結果を見事に説明しており、DNAの構造として幅広く受け入れられるようになった。提案された構造は現在のコンピュータ支援による単結晶X線解析から明らかにされた構造的特徴ともほぼ一致しており、最近では周波数

*2 DNAの二重らせんには複数のタイプがあり、ワトソン・クリックモデルはB-DNAという生体内では最も一般的な構造である。生体内ではグアニン四重鎖という特殊な構造も存在している。

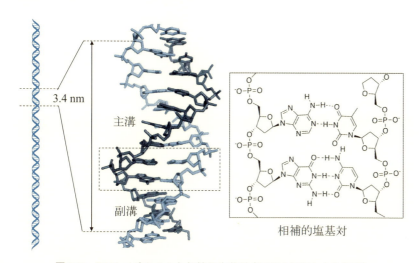

図8.18 DNA二重らせんと相補的塩基対（PDBid 1BNAより作成）

＊1 プラスミドはバクテリアのもつ環状のDNAで核様態のDNAとは独立して複製を行う。遺伝子組換えの際に遺伝子導入用の核酸分子として用いられる。

変調原子間力顕微鏡によって水溶液中で大腸菌の**プラスミド**[*1]DNAの主溝と副溝の様子が直接観察されている。

この二重らせんという構造は，細胞分裂の際に遺伝情報を確実に複製するという観点で極めて重要である。2本のポリヌクレオチド鎖の向かい合った塩基は，らせん内部で塩基対を形成している。この塩基対は片方がもう片方の鋳型となる関係であり**相補的塩基対**とよぶ（図8.18）。2本のポリヌクレオチド鎖が解離して，1本鎖になった際に，その1本鎖を鋳型として相補的塩基対に相当するヌクレオチドが重合すれば，二重らせんが再生される。この機構はもとのDNA鎖の半分を残したまま，半分を再生させることで複製を作ることから**半保存的複製**[*2]とよばれる（図8.19）。

＊2 半保存的複製の証明は，メセルソン（Meselson, M., 1930- ）とスタール（Stahl, F. W., 1929- ）により窒素同位体を使った大腸菌の培養実験によって成し遂げられた。

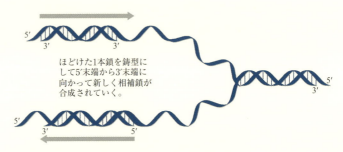

図8.19 DNAの半保存的複製

DNAに対して，RNAは通常1本鎖で存在するが，分子内で塩基対を形成することで部分的に分子内2本鎖を作る。またRNAはDNAと塩基対を作ることもできる。塩基対の形成はいずれの場合においてもDNA 2本鎖と同様に逆平行である。

DNAからタンパク質合成へ

DNAにはタンパク質の設計図が記録されており，個々の細胞において必要なタンパク質がDNA情報をもとに**発現**される。ただし，タンパク質となる情報（コード領域）はDNAのわずか2％以下程度といわれており，98％以上の非コード領域はその役割が未解明な部分がほとんどである。コード領域のDNA情報から直接読み取られてタンパク質が作られるのではなく，まず情報として必要な部分をRNAに写しとる過程がある。

＊3 センス鎖とアンチセンス鎖はDNAの二重鎖の片方として決まっているのではなく，mRNAに読み出される側か否かである。

DNAの二重鎖のうち情報をもつ鎖を**センス鎖**[*3]といい，センス鎖に相補的な鎖を**アンチセンス鎖**という。RNAに写しとられるセンス鎖の情報はアンチセンス鎖を鋳型として，RNAが合成される。この過程を**転写**とよび，転写によって**メッセンジャーRNA（mRNA）**が作り出される。バクテリアなどの核膜をもたない原核生物ではmRNAはそのまま次の過程に入るが，オルガネラをもつ真核生物では核内で**スプライシング**などの修飾過程を経て，完成された翻訳領域をもつ成熟mRNAとなり，細胞質に送り出される（図8.20）。

RNAは4種の塩基のみで構成されているので，20種のアミノ酸から構成されるタンパク質に情報を変換（**翻訳**）するためには組合せが必要となる。2つの塩基

8.5 遺伝物質の化学

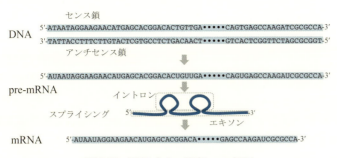

図 8.20 DNA から mRNA への転写

の組合せでは $4^2 = 16$ で 20 種のアミノ酸に対応できないが，3 つの塩基の組合せでは $4^3 = 64$ で 20 種のアミノ酸を十分まかなえるため，この 3 連塩基の遺伝暗号(**コドン**[*1])がアミノ酸の種類を規定する．コドンはアミノ酸と 1:1 の対応ではなく，64 種すべてに対応する意味合いをもち，1 つのアミノ酸に対して複数のコドンが対応するものが多い(見返し参照)．

コドンの情報は，コドンに対する相補塩基対である**アンチコドン**[*2]をもち，対応するアミノ酸をもった**トランスファー RNA**(tRNA)を介してアミノ酸へと置き換えられる．このプロセスは**リボソーム**上で行われ，mRNA の情報に従って対応する tRNA が配列し，隣接した tRNA にあるアミノ酸同士がペプチド結合を形成していくことでタンパク質が合成される(図 8.21)．AUG のコドンはメチオニンを規定するが，翻訳開始の開始コドンの意味合いとしても働く．また，3 種類のコドンはアミノ酸にも対応せず，翻訳終結の終止コドンとして働く．このためすべてのタンパク質は N 末端にメチオニンをもつタンパク質として合成されるが，成熟タンパク質になる過程で酵素反応によりメチオニンは切除されることが多い．タンパク質は適切な細胞内小器官へ移行する必要があるため，合成されるタンパク質にはシグナル配列とよばれる配送情報が組み込まれている．

多細胞生物では，個々の細胞が構造機能的に変化(**分化**)している．分化した種々の細胞においては，分化の過程において，特定の遺伝子を抑制あるいは活性化する DNA 塩基配列の変化を伴わない後天的な遺伝子関連分子の変化機構(**エピジェネティクス**)が起こることによって，その細胞に適切なタンパク質を発現するようになっている．この後天的変化は DNA 自身や DNA を巻き取っている

[*1] コドン(codon)は，ニーレンバーグ(Nirenberg, M. W., 1927-2010)らにより放射性同位体を使った合成 RNA による試験管内のタンパク質合成実験で解読された．1968 年ノーベル生理学・医学賞を受賞した．

[*2] tRNA 側のアンチコドンにはコドン塩基以外に特殊な修飾塩基が含まれ，大抵コドンの 3 番目の塩基に相補する部分に位置している．この塩基は複数のコドン塩基と対応可能であり，1 つの tRNA が同一アミノ酸を規定する複数のコドンに対応することができる．

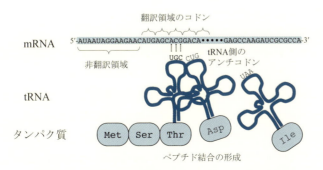

図 8.21 mRNA から tRNA を介したタンパク質の合成

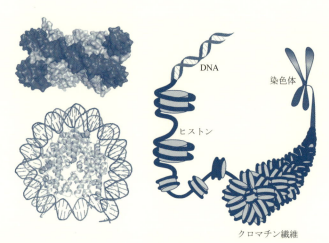

図 8.22 染色体中の DNA-ヒストン複合体[*1]（PDBid 3XIU より作成）

*1 ヒストンは DNA とともに染色体を構成する主要タンパク質である。塩基性のリシンやアルギニンを多く含む正電荷に富んだタンパク質であり、負電荷に富む酸性のDNA と静電的相互作用することで DNA 自身による負電荷反発を中和し、DNA を核内にコンパクトに収納する。ヒストンの化学修飾は複数の修飾の組合せがそれぞれ特異的な機能を引き出すという仮説がヒストンコード仮説として提唱され、遺伝子発現などの機能の制御に関係していることが証明されつつある。

ヒストンというタンパク質に対して酵素による化学修飾によってなされる（図8.22）。エピジェネティクスはガン疾患や遺伝子疾患とも関係が深い。

通常、エピジェネティックな変化で分化した細胞はさらに別の細胞に分化する能力を失っている。それまでに獲得してきたエピジェネティックな標識を消去、再構成して**分化能**を取り戻すことを細胞の**リプログラミング**とよぶ。2006 年に山中伸弥（1962- , 2012 年ノーベル生理学・医学賞受賞）が作成した人工多能性幹細胞（**iPS 細胞**）は分化した体細胞へ数種類の遺伝子を導入することでリプログラミングした細胞である。

化学により生物・生命を理解するという観点で未解明な部分が多い一方で、理解が進んだ結果として登場した新しい技術には、生物・生命を扱うという観点で倫理的な課題を孕んでいることに留意すべきである。

演習問題

8.1 炭素数 n のケトースの異性体数を答えよ。ただし、環構造の異性体は考慮しなくてよい。

8.2 フルクトースのフラノース型の化学構造を書け。

8.3 植物と動物の貯蔵多糖の名称をあげ、それぞれの特徴を説明せよ。

8.4 糖質でありながら食物繊維が摂取カロリーとして低い理由を説明せよ。

8.5 図 8.7 にある 9 種類の必須アミノ酸のうち疎水性側鎖をもつアミノ酸を選べ。

8.6 4 次構造形成で機能する球状タンパク質においては、3 次構造で疎水性側鎖を多くもつ領域で会合する傾向がある。その理由を説明せよ。

演習問題

8.7 同じ炭素数で考えると脂質は糖質に比べて2倍のエネルギーを供給できる。グリコーゲンはその重量に対して何倍の重量の水を保水する水和能力があるか考えよ。

8.8 魚類由来の脂肪酸がブタやウシなどの脂質由来のものと比べ融点が低い理由を考えよ。

8.9 図8.15にあるビタミンを疎水性ビタミンと水溶性ビタミンに区分せよ。興味があれば，過剰蓄積疾患を調べてみなさい。

8.10 マクロミネラルであるカルシウムの生体内での機能を3つあげよ。

8.11 下記の文章の空欄を埋めよ。
DNAを構成する核酸塩基として (1) 塩基に属するグアニンと (2)，(3) 塩基に属する (4) とチミンがある。RNAにのみ含まれる核酸塩基は (5) であり，DNAに含まれるチミンの代わりにRNAに組み込まれる。DNAの塩基対は2通りであり，塩基としてグアニンと (4) の対，(2) とチミンの対である。この塩基対を (6) という。

8.12 以下の塩基配列がコードしている1次構造を，アミノ酸の3文字表記と1文字表記を使って示せ。
　　　5′— ATGGAAGATATATGCATTAATGCTCTC —3′

コラム3：ポリメラーゼ連鎖反応 (PCR)

　実験室における多段階有機化学合成で少量のサンプルしか得られなかった物質をなんとか増やすことはできないかと嘆息することがあるが，DNA は少量のサンプルからも複製増幅できるなんとも羨ましい分子である。マリス (Mullis, K. B., 1944-2019) によって開発された増幅の方法が**ポリメラーゼ連鎖反応 (PCR)** 法である。分子生物学の研究に必要不可欠となり，一般では DNA 型鑑定や臨床診断にも使われるようになった根幹技術は，デート中の車の中でマリスが思いつき，彼女もそっちのけで書き留めたアイデアノートから始まった。

　DNA 2本鎖は水溶液中で高温になると変性して1本鎖 DNA となり，冷却すると相補的な DNA が互いに結合し再び2本鎖に戻る。変性の際，1本鎖 DNA に結合できるような短い2種の DNA 断片（プライマー）を大量に混ぜておき，冷却するとそれぞれのプライマーがもとの DNA に優先して結合する。この状態で DNA 合成酵素 (DNA ポリメラーゼ) が働くと，短いプライマーを起点としてもとの DNA と相補的な鎖ができる。できあがった2本鎖を熱変性させ，再び冷却後にそれぞれにプライマーが結合した後に DNA ポリメラーゼが働けばさらに増幅でき，これを n 回繰り返すことによって，理論上2種のプライマーを起点とする配列が $2^n - 2n$ 倍に増幅できるというものである。

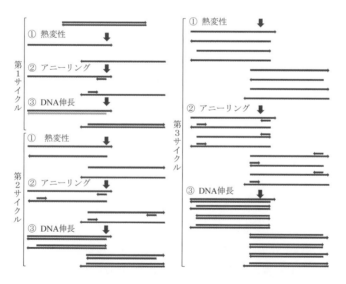

　当初の DNA ポリメラーゼは大腸菌から得られたものを使っており，熱変性の際に DNA ポリメラーゼの方も変性して失活するため，熱サイクルを繰り返すたびに酵素を加え直す作業が必要であった。イエローストーン国立公園の間欠泉の高温な環境で生息する好熱菌から得られた耐熱性 DNA ポリメラーゼが探し出され，1988年に現在の単純な熱サイクルによる DNA 増幅の基礎ができあがった。マリスはこの業績により1993年ノーベル化学賞を受賞した。受賞の知らせを聞いたのは趣味のサーフィン中だったという。

9 光と色の化学

9.1 光と分子のエネルギー

分子やイオンは光の吸収や放出，散乱などを起こすことが知られている。このような物質と光の相互作用から分子構造の解明，物質の同定や量の計測などが可能である。本章では光に関係する化学について考える。

電磁波のエネルギー

人間の目に見える光（可視光）は電場と磁場が周期的に変化しながら空間を伝わっていく**電磁波**の一種である。電磁波は真空中において一定の速度 c (3×10^8 m s^{-1}) で伝搬し，**振動数**を ν（単位 Hz または s^{-1}），**波長**を λ（単位 m）とすると次の関係が成り立つ[*1]。

$$\nu\lambda = c$$

人間の目は波長が 400〜750 nm の電磁波を感知することができる。これは目の網膜に存在する<u>ロドプシン</u>とよばれるタンパク質がこの波長領域の電磁波に応答して化学変化を起こすからである（9.3 節参照）。このため人間は 400〜750 nm の電磁波を見ることができ，この波長領域の電磁波を**可視光**という（図 9.1）。

波長の範囲は幅広く，<u>X 線</u>や<u>γ（ガンマ）線</u>のように短いものから<u>電波（ラジオ波）</u>までに渡っている。特に，400 nm より短波長のものを<u>紫外線（紫外光）</u>，750 nm より長波長のものを<u>赤外線（赤外光）</u>とよぶ。

光は波としての性質とともに，あるエネルギーをもった粒子としても振る舞うことが知られている。光を粒子とみたとき，その粒子を**光子（フォトン）**といい，そのエネルギー E は振動数 ν と次の関係にある。

[*1] 光の波長と振動数

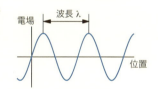

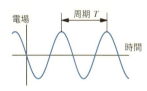

電場を縦軸，横軸を位置としたとき，波の山と山（または谷と谷）の距離が波長である。横軸を時間にしたときの間隔は周期 T で，その逆数が振動数 ν である。

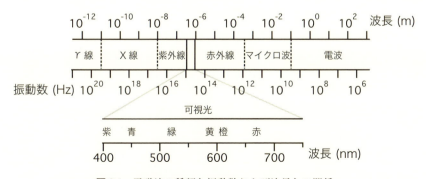

図 9.1 電磁波の種類と振動数および波長との関係

$$E = h\nu$$

ここで，h はプランク定数で，6.63×10^{-34} J s である[*1]。

*1 光子のエネルギーを波長で表すと
$$E = \frac{hc}{\lambda}$$
となる。レーザー・ポインターなどで使われる緑色光の波長は532 nm であり，そのエネルギーを計算すると3.74×10^{-19} J となる。1 mol あたりに換算すると 225 kJ mol^{-1} であり，共有結合のエネルギー（約 400 kJ mol^{-1}）の半分程度である。

分子のエネルギー

分子の状態とエネルギーは分子中の電子分布と分子自身の運動によって決まる。分子の中での電子分布は電子状態とよばれ，光の吸収や物質の色（9.2節参照）と密接な関係にある。電子はパウリの排他律に従いつつ，エネルギーの低い分子軌道から順次収容される（1.3節参照）。分子軌道への電子の入り方は電子配置といい，電子配置が異なる状態は異なる電子状態である。分子には多くの電子配置が考えられるが，エネルギーが最も低い電子状態のことを電子基底状態という（しばしば，単に基底状態ともいう）。一方，最安定でない電子配置をもつ電子状態を電子励起状態とよぶ（1.2節参照）。

分子自身の運動によるエネルギーは主に原子核の運動が寄与し，分子振動，回転運動，並進運動に分けられる。これらの中で分子の構造に関する知見や物質の同定などに最も使われるのは分子振動である。ここまでの議論では，分子やイオンは静止したある特定の構造をもつと考えてきたが，実際には最安定構造の原子核配置から微小に位置が変化する振動運動をしている。この分子振動の例として水 H_2O 分子の場合を示す（図9.2）。H_2O の分子振動は3種類あり（振動モード），それぞれ固有の振動数で振動運動する。分子振動は多くの場合に**波数**[*2]（単位 cm^{-1}）で表す。

*2 波数は単位長さあたりの波の個数を表し，波長の逆数である。
$$\tilde{\nu} = \frac{1}{\lambda}$$

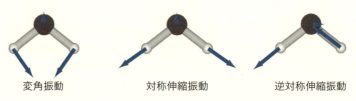

図9.2 水分子の振動モード（左から 1595, 3657, 3756 cm^{-1}）
変角振動　　対称伸縮振動　　逆対称伸縮振動

9.2 光の吸収

分子による光の吸収

分子やイオンの電子状態や分子振動などのエネルギーは連続でなく，離散的な値をもつ。エネルギーが E_1 と E_2 の2つの準位があり，分子が E_1 の準位にいる場合を考える（図9.3）。この状態の分子は準位間のエネルギー差 $\Delta E = E_2 - E_1$ に等しいエネルギーをもつ振動数 ν の電磁波を吸収し，

$$\Delta E = E_2 - E_1 = h\nu$$

の関係が成り立つ。しかし，上式の関係を満たさない振動数の光は吸収されず，特定の振動数の光のみが吸収されることになる。一方，分子が高エネルギーの

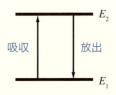

図9.3 2つの準位間のエネルギー差（E_2-E_1）に等しい光が吸収または放出される。

9.2 光の吸収

E_2 の準位にいる場合には上式を満たす振動数の電磁波を放出して低エネルギーの E_1 の準位に遷移することがある。この電磁波の放出は発光ということもあり，詳細は 9.3 節で考えることにする。

上記のように，分子によって吸収される光の吸収強度は振動数（波長）により異なり，吸収強度を波長に対して図示した吸収スペクトルは分子に固有のものとなる。また分子が吸収する光の量は光路長と試料の濃度にも依存する。図 9.4 に示すように，強度 I_0 の光が試料を透過して強度 I になったとき，吸収の度合いは**透過率** T で表すことができる。

$$T = \frac{I}{I_0}$$

透過率はどの波長の光が吸収されたのかが容易にわかり便利であるが，溶液試料などでは次の**吸光度** A がよく使われる。

$$A = -\log T$$

吸光度は試料の濃度 C と光路長 l と次の関係があり，**ランベルト・ベールの法則**として知られている。

$$A = \varepsilon C l$$

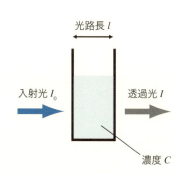

図 9.4 光の吸収と透過

一般に C の単位はモル濃度（M または mol L^{-1}），l の単位は cm で，比例定数の ε は**モル吸光係数**（M^{-1} cm^{-1}）とよばれる。この式から，ε と l がわかっているとき，濃度未知の溶液の吸光度 A の測定から濃度 C を求めることができる。

電子状態間の変化による光吸収

すでに見たように，分子中の電子はエネルギーの低い分子軌道から満たされ，図 9.5（左）には基底状態の電子配置を示す。電子が入っている最もエネルギーの高い軌道は最高被占軌道 (HOMO)，電子が入っていない最も低いエネルギーの準位は最低空軌道 (LUMO) とよばれる。HOMO と LUMO のエネルギー差 ΔE に等しいエネルギーをもつ光を照射すると HOMO の電子が LUMO に移動して励起状態になる（図 9.5（右））。この電子の移動のことを**電子遷移**とよび，ΔE は可視光から紫外光のエネルギーに対応する。分子軌道のエネルギーは分子の種類や構造，周辺環境などに依存するため，ΔE も分子に固有の値となる。また光の吸収強度も分子に固有のため，光吸収を調べることで分子種の同定や試料の濃度決定などをすることができる。

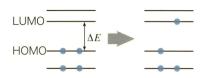

図 9.5 基底状態（左）と励起状態（右）の電子配置

色と補色

波長が約 400〜750 nm の電磁波は可視光とよばれたが，これら可視光すべてを適度に含む光を見た場合に人間はそれを白色光として認識する。白色光の中からある特定の波長の光が物質によって吸収されると，残りの光が目に届いて人間は有色であると感じる。つまり人間が見ている色は吸収されなかった残りの色で

表 9.1 色と波長の関係

波長 (nm)	色	補色
400〜435	紫	緑黄
435〜480	青	黄
480〜490	緑青	橙
490〜500	青緑	赤
500〜560	緑	赤紫
560〜580	黄緑	紫
580〜595	黄	青
595〜610	橙	緑青
610〜750	赤	青緑

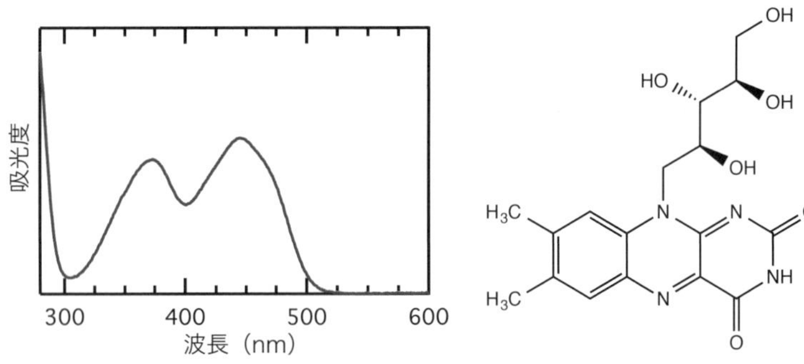

図 9.6 ビタミン B_2（リボフラビン）の吸収スペクトルと構造式

ある。この色を吸収された光の色に対して**補色**といい，光の波長，色，補色の関係を表 9.1 に示す。

図 9.6 には様々な食品に含まれるビタミン B_2（リボフラビン）の吸収スペクトルと分子構造を示す。ビタミン B_2 は 450 nm 付近の青色光を吸収するが，その補色は黄色であり，表 9.1 に示す色と補色の関係と一致することがわかる。なおビタミン B_2 は波長が 400 nm 以下の光も吸収するが，これらは紫外領域のため色には影響しない。

分子構造と色

分子が着色して見えるのは電子遷移に必要なエネルギー差 ΔE が可視光のもつエネルギーに相当する場合であった。ここでは，どのような分子が可視光を吸収するのか考えることにする。例えば，最も基本的な有機化合物であるアルカンの場合，分子内の結合は C-C または C-H の σ 結合である。σ 結合を形成する分子軌道はエネルギーが低く，HOMO-LUMO のエネルギー差 ΔE が大きくなるため短波長の光しか吸収しない。実際，エタンやプロパンは 133〜145 nm の紫外領域の光を吸収する。π 結合をもつアルケンや芳香族化合物では ΔE の値が小さくなることが知られているが，エチレンは 162 nm の光を吸収し，ベンゼンで 262 nm となり可視光の領域ではない。しかし，二重結合と単結合が交互につながった共役二重結合をもつポリエン（図 9.7）とよばれる分子では，電子遷移に必要な ΔE が小さくなり，$n = 1$ の 1,3-ブタジエンで 217 nm である吸収波長は $n = 7$ で 390 nm と可視光の領域に近づいてくる。実際に可視光領域の光を吸収するポリエンとしてはニンジンの橙色の原因である β-カロテン（図 9.8）などがある。β-カロテンは共役した二重結合を 11 個もち，480 nm の淡青色を吸収してその

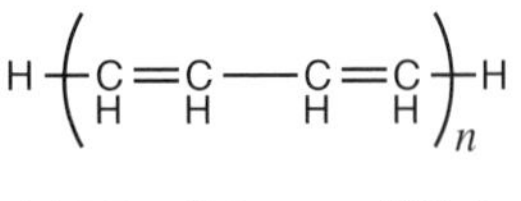

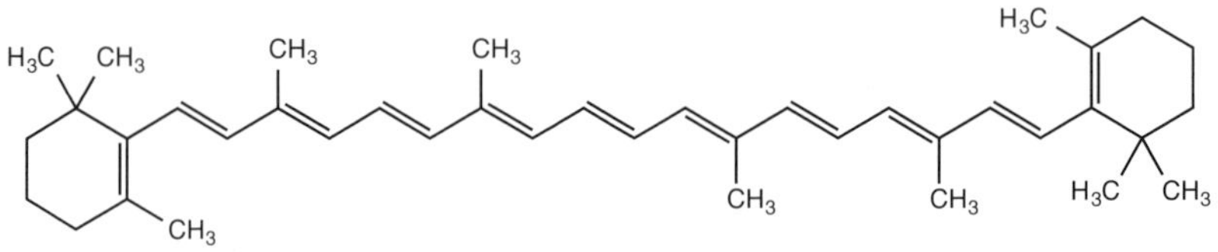

図 9.7 ポリエンの構造式

図 9.8 β-カロテンの構造式

補色である橙色を呈する。

共役二重結合をもつ色素はβ-カロテンのような天然物だけでなく，人工的に合成されたものも数多くある。例えば，pH指示薬のフェノールフタレインの構造を図9.9に示すが，酸性から中性の領域では3つのベンゼン環は独立しており無色である。しかし，塩基性では2個のプロトンが解離したキノン型という構造になる。このとき，2つのベンゼン環は共役二重結合でつながった構造となり，可視光領域の光を吸収するようになって赤紫色に着色する。

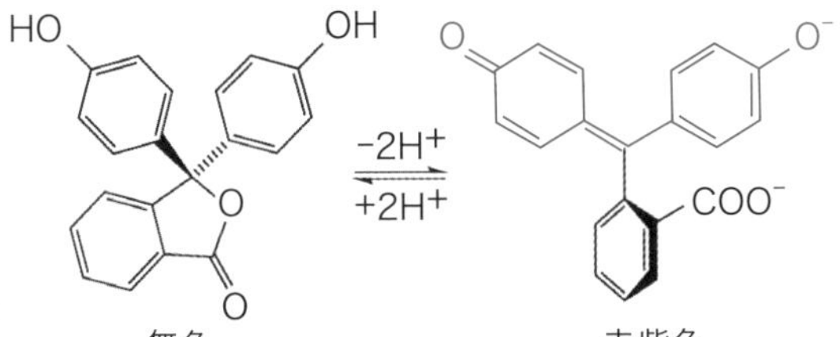

図9.9 pHに依存したフェノールフタレインの構造

可視光を吸収して着色した物質にはポリエンを代表とした有機化合物だけでなく，金属錯体にも数多く知られている。これは中心金属や配位子の種類によってd軌道が分裂し，その分裂幅ΔEが可視光領域の電磁波のエネルギーに相当するからである。金属錯体の色に関しては3章(3.7節)で述べたが，11章(11.1節)で再び考えることにする。

分子振動の変化による光吸収

電子状態の遷移と同じように，分子振動についても電磁波の吸収を観測することができる。通常，電子遷移のエネルギーは可視光から紫外光の領域であり，約400〜750 nmの領域である。一方，分子振動の励起に必要なエネルギーは赤外光(infrared, IR)の領域であり(図9.1参照)，波数の単位(cm^{-1})で表される。赤外吸収スペクトルを測定する方法は大きく分けて2通りあるが，現在はフーリエ変換型(Fourier transform, FT)とよばれる方法が主流で，FTIRと略されることが多い。波数領域にもよるが，振動スペクトルは分子中の特定部分(官能基とよばれる)の振動モードに由来し，分子構造に関する様々な知見を与える。図9.10には，水H_2OとエタノールCH_3CH_2OHの赤外吸収スペクトルを示す。どちらも透明な液体であり，可視光の吸収スペクトルでは区別できないが，赤外吸収スペクトルには大きな違いがあることがわかる。$2500\ cm^{-1}$より高波数の領域は主にC-HやO-Hなどの水素原子の運動を含む伸縮振動モードが観測されるが，$2000\ cm^{-1}$より低波数にはC-OやC-Cの伸縮振動，CHやOHなどの変角振動モードが観測される。これらの分子の部分構造に特有の振動は分子が異なってもほぼ同じ波数に現れるため，分子中に特定の官能基が存在するかどうかを調べる分析手段として使われることがある。特に，カルボニ

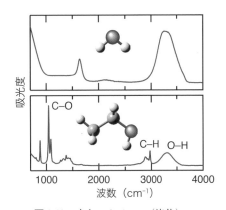

図9.10 水とエタノール(液体)の赤外吸収スペクトル

C=O 基は 1700 cm^{-1} 付近に大きな信号として現れるため，赤外吸収スペクトルを用いた分析などでよく使われる。

エタノールの赤外吸収スペクトルでは 1500 cm^{-1} 以下が特に混み合った複雑なスペクトルになっていることがわかる（図 9.10）。この領域には分子の骨格部分の振動（C-C や C-O 伸縮振動など）が混ざり合った振動モードが現れるが，"混ざり方" は分子の構造を鋭敏に反映するため，分子ごとに固有のスペクトル形状を示す。このため既知化合物のスペクトルと比較することで化合物の同定などができ，しばしば 1500 cm^{-1} 以下の領域は**指紋領域**とよばれている。物質を同定することができる強みを活かし，赤外吸収スペクトルをはじめとする振動分光は産業分野において原料や生産品の品質チェックなどで使われている。また芸術の分野では絵画で使われる顔料の成分分析などに使われ，本物と贋物の識別などでも使われている。

9.3 光の放出と光反応

発光のメカニズムと例

前節において，電子遷移には分子が光のエネルギーを得る吸収とエネルギーを放出する発光の過程があることを述べた。ここでは発光について考える。通常，分子は最も安定な電子配置をもった電子基底状態（エネルギー E_1，図 9.5 参照）であるが，何らかの方法で外部からエネルギーを得ると高いエネルギーをもった電子励起状態（エネルギー E_2）となる。この状態は極めて不安定なため $\Delta E = E_2 - E_1$ に相当するエネルギーを放出して安定な基底状態に戻ろうとするが，光としてエネルギーを放出すると発光することになる。

電子励起状態を作り出すために供給されるエネルギーには様々な形があり，例えば太陽では水素の核融合により発生した熱によって高エネルギー状態が作り出されている。また化学実験で馴染みのある炎色反応では，遷移金属などを含む試料を炎にかざして加熱することで高エネルギー状態を生み出し，そこからの発光を観測する。分子軌道と同様に原子軌道のエネルギーも原子の種類によって異なるため，元素によって異なる色の発光を示す。一方，初夏の風物であるホタルによる発光「蛍の光」は化学物質のエネルギーが高エネルギー状態に変換され，可視光が放出される。実際の反応は少し複雑であるが，共役二重結合をもつルシフェリンが酵素ルシフェラーゼに結合することで反応が開始される（図 9.11）。ルシフェリンは酵素中で酸化反応などを経て励起状態のオキシルシフェリンへと変換され，これが基底状態へと遷移する際に 562 nm の黄緑色（表 9.1 参照）の可視光として放出される。

光の放出で身近なものに蛍光灯がある。これは「蛍」の文字が入っていることからホタルによる発光と似ているように思えるが，そのメカニズムは大きく異なる。この蛍光灯による発光を説明するため，まず**蛍光**[*1]とよばれる現象について考える（図 9.12）。蛍光では光吸収によりエネルギーの高い励起状態が形成される。この高エネルギー状態は熱として少しエネルギーを失い，吸収した光より

*1 蛍光と類似した発光に**りん光**（燐光）がある。りん光は励起三重項状態とよばれる寿命が比較的長い電子励起状態から基底状態への遷移に伴う発光である。金属錯体における蛍光とりん光については 11.1 節参照。

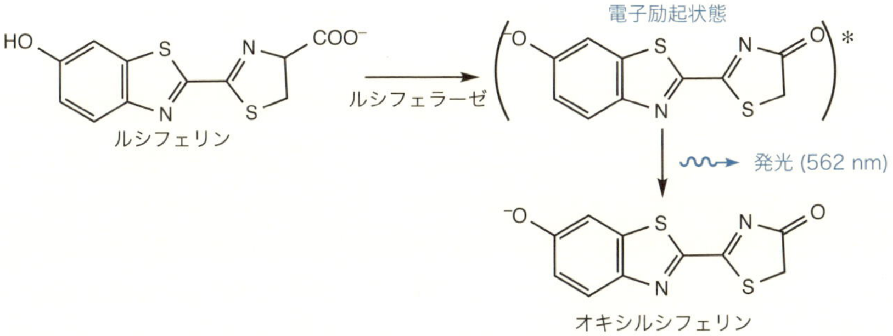

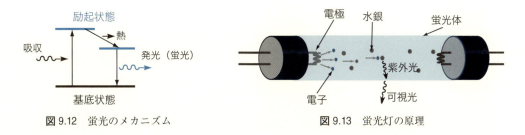

図 9.11 ルシフェリンによる発光のメカニズム。酵素であるルシフェラーゼが反応を触媒する。

図 9.12 蛍光のメカニズム

図 9.13 蛍光灯の原理

もややエネルギーの低い光を放出する。光のエネルギーは波長と逆数の関係にあるので（$\lambda = hc/E$），入射光よりも長波長の蛍光が観察されることになる。

　蛍光灯では蛍光管中に封入された水銀原子が電気エネルギーによって高エネルギー状態になり，低エネルギー状態に遷移するときに主に 254 nm の紫外光を放出する（図 9.13）。しかし，紫外光は人間の目には見えないため蛍光管の内側には蛍光体とよばれる物質が塗られており，この蛍光体が紫外光を吸収してエネルギーの低くなった可視光を蛍光として放出している。水銀からの発光は紫外光だけではなく可視光も含まれており，水銀からの発光（輝線という）と蛍光体からの様々な波長の発光の両方が蛍光灯のスペクトルでは観測される。図 9.14（上）に蛍光灯のスペクトルの例を示す。

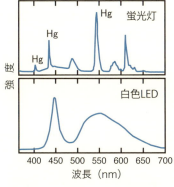

図 9.14 蛍光灯（上）と白色 LED（下）のスペクトル。Hg は水銀の主な輝線。

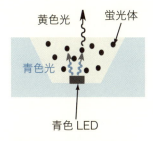

図 9.15 白色 LED の原理

近年では，照明器具として **LED**(light emitting diode) を用いたものが主流となってきた。LED の発光原理は半導体の中を流れる電子と正孔（ホール）とよばれる電子が抜けた穴が結合するときにエネルギーが安定化し，この時に生じた余分なエネルギーが可視光として放出される。また照明などの用途で広く使われるようになってきた白色 LED では，青色 LED と蛍光体を併用したものが主流となってきている（図 9.15）。この方式の白色 LED では青色 LED が発光した 450 nm 付近の光で蛍光体を励起し，蛍光体からの黄色光と合わせて可視光領域の全体にわたる白色発光を実現しており，ここでも蛍光が使われている。図 9.14 （下）には青色 LED ＋ 蛍光体方式の白色 LED の発光スペクトル例を示す。

光反応

上記において，光を吸収して励起状態となった分子のたどる過程の 1 つとして蛍光について説明し，身近な照明などでこの現象が活用されていることをみた。しかし，光吸収によって引き起こされる現象は蛍光だけではなく，光によって引き起こされる化学反応，すなわち**光化学反応**（**光反応**）も重要な過程である。一般に，化学反応が起こるためには活性化エネルギーの障壁を越える必要があり，他の分子との衝突などにより大きいエネルギーを得た分子が遷移状態を経て反応物へと変化できる（5 章参照）。一方，光反応では，分子が光を吸収して活性化エネルギーよりも大きいエネルギーをもつ励起状態となり，反応が進行する。通常，励起状態の電子分布は熱エネルギーにより生成した高エネルギー状態の電子分布と異なる。このため熱反応とは異なった反応経路をたどり，光化学反応に特有の生成物が得られることがある。このように特徴的な性質をもった光反応は身近なところにも数多くあり，そのいくつかを紹介する。

代表的な光反応の 1 つは**光異性化反応**であり，これは視覚の原理でもある。すでにアルケンの C=C 二重結合は結合軸まわりで自由に回転できないことを学んだ。これは結合軸まわりでの回転が π 結合の切断を伴うためであり，一般に熱反応によってシス／トランスなどの幾何異性化反応を起こすことはできない。しかし，光吸収によって π 軌道の電子が励起されてエネルギーの高い分子軌道に遷移すると形成されていた π 結合が切れ，結合軸まわりで自由に回転できるようになる。このため光反応によってシス→トランスやトランス→シスなどの異性化反応を起こすことが可能となる。

自然界における多くの光反応が光異性化反応に基づいていることが知られている。脊椎動物の眼には桿体と錐体とよばれる 2 種類の視細胞が含まれ，それぞれ暗い場所と明るい場所での視覚に関与している。桿体にはロドプシン（図 9.16）とよばれる光受容タンパク質が含まれており，古くから研究されてきた。ロドプシンは約 350 個のアミノ酸残基からなるタンパク質で，ビタミン A のアルデヒド型であるレチナールが光を吸収する部位として含まれている。ロドプシン中のレチナールは 11-シス型であるが，光吸収によってシス-トランス異性化が起こり，全トランス型になる（図 9.17）。その結果，タンパク質部分の構造変化が起こり，他のタンパク質を活性化することで視覚へとつながる。このように，動物

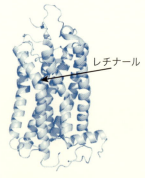

図 9.16 ロドプシン
（PDBid 1 f88 より作成）

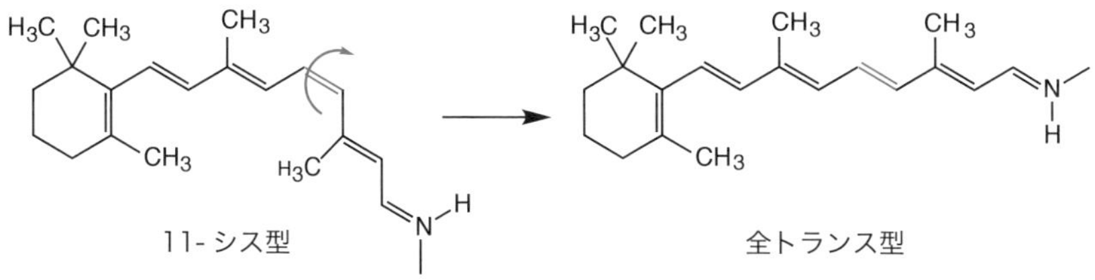

9.3 光の放出と光反応

11-シス型 → **全トランス型**

図 9.17 ロドプシンにおけるレチナールの光異性化

にとって必要な視覚は，二重結合のもつ分子の堅さと光吸収に伴う特異的な反応によって実現されている。

光反応は工業的にも重要であり，その例として光硬化樹脂があるが，まずはカルボニル化合物における光開裂反応について考える（図9.18）。アルケンと同じようにカルボニル化合物はπ電子系をもつが，酸素原子上に非共有電子対をもつことが特徴である。この非共有電子対は結合に関与していないためπ軌道よりも高エネルギーの分子軌道に存在しており，励起状態への電子遷移に必要なエネルギーが比較的小さい。このカルボニル基に由来する電子遷移は300〜350 nmに見られることが多く，この波長の光を照射することでカルボニル基の炭素と隣の炭素間の結合が開裂して，**ラジカル**とよばれる極めて反応性の高い化学種が生成する。

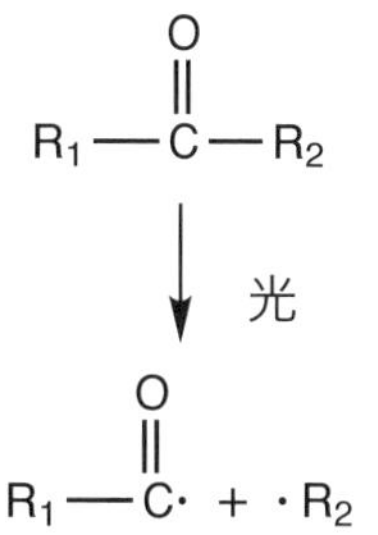

図 9.18 カルボニル化合物の光開裂反応

光吸収によるラジカルの形成は光硬化樹脂などに使われている。図9.19はメタクリル酸メチルの重合による高分子（樹脂）の生成メカニズムであるが，原料のメタクリル酸メチルにカルボニル化合物であるベンゾインメチルエーテルを微量添加して300〜350 nm付近の光を照射すると，重合反応とよばれる反応が開始され，多くのメタクリル酸メチルが結合した高分子（ポリマー）が形成される。光硬化樹脂は原料を塗布した後に光を照射するだけで樹脂を形成することができ簡便である。例えば，携帯電話の表示パネルの製造など幅広い用途がある。

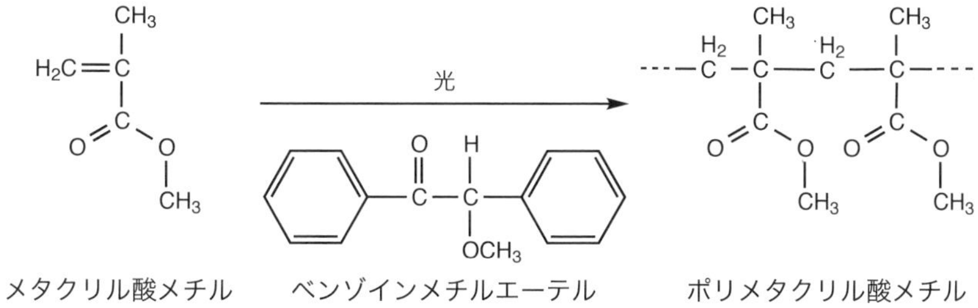

メタクリル酸メチル　ベンゾインメチルエーテル　ポリメタクリル酸メチル

図 9.19 光硬化樹脂（ポリメタクリル酸メチルの合成反応）

演習問題

9.1 波長が 532 nm の緑色光について，その振動数 (Hz) と波数 (cm^{-1}) を答えよ。

9.2 ある物質の水溶液について，その吸収スペクトルを光路長 1.0 cm のセルを用いて測定したところ，500 nm における吸光度が 0.20 であった。この物質の 500 nm におけるモル吸光係数を 4000 M^{-1} cm^{-1} として，濃度 (M) を答えよ。

9.3 O_2 分子の結合エネルギーは約 500 kJ mol^{-1} である。この結合エネルギーに相当する光の波長を答えよ。また，この光は X 線，γ 線，紫外線，可視光，赤外線，マイクロ波，ラジオ波のどれに相当するか。

9.4 植物の葉は緑色を示すが，これは葉緑体の中に存在するクロロフィルなどの光吸収に由来する。クロロフィルが吸収する光の波長域を答えよ。

コラム4：緑色蛍光タンパク質(GFP)：下村脩博士の業績

　今日，生体内のタンパク質の動態や信号伝達に関与するイオンの分布などを映像化する生体イメージングにおいて，蛍光タンパク質が必須のツールとなっている。蛍光タンパク質は蛍光性化合物を内包したタンパク質で，特定のタンパク質のマーカーとして発現させれば，そのタンパク質の行動を蛍光で観測できる。また特定のイオンの存在下で光るものを利用すれば，そのイオンの分布を可視化できる。このような生体イメージングに欠かすことができない蛍光タンパク質の原点が，1962年に下村脩(1928-2018)らによってオワンクラゲの発光器官から初めて単離・精製された**緑色蛍光タンパク質(GFP)** である。

　GFPの優れた特徴はタンパク質の中の3つのアミノ酸残基が自発的に縮合酸化反応を起こして蛍光性化合物(**発色団**)を作る点にある。しかも，この発色団はGFPの中でだけ明るく光る。GFPをコードしたDNA配列があれば，そのDNAを異なる生物の中で見たいタンパク質と一緒に発現させて，目的のタンパク質の存在と動きを(蛍光化合物を別途用意することなく)ライトアップできるのである。1990年代に，チャルフィー(Chalfie, M., 1947-)がGFPの異種細胞への導入に成功し，チェン(Tsien, R. Y., 1952-2016)らがGFPを改良して利便性の高い様々な蛍光タンパク質を開発した。2000年代には，生物学や医学などの広い分野で蛍光タンパク質の利用が爆発的に広がり，これらGFPの発見と開発に対する研究業績により，下村，チャルフィー，チェンの3名が2008年にノーベル化学賞を受賞した。

　生物発光の研究を生涯のテーマとした下村はオワンクラゲの発光機構の研究に半生を捧げた。1961年に北米西海岸のフライデーハーバーで約1万匹ものオワンクラゲを採集して手作業で発光物質を抽出し，試行錯誤の末に抽出物からCa^{2+}イオンの存在下で青く光るイクオリンを発見した。そのイクオリンの精製過程で混在した不純物の中から見つかったのがGFPである。その後，イクオリンとGFPは複合体を作り，イクオリンからの青色蛍光をGFPが緑色蛍光に変えて光る発光機構を突き止めた。イクオリンとGFPの中の発色団の化学構造を同定したのは発見から20年近くの研究を重ねた1970年代の後半であった。下村はイクオリンの研究が生涯で一番大事な仕事と位置づけて，2000年に結晶構造を明らかにするまでイクオリンの発光機構の解明に取り組んだ。その間の驚異的な応用研究の進展によって，奇しくもイクオリンの不純物から見いだされたGFPは生物の活動を分子レベルで見る道具にまで発展を遂げたのである。

　1990年以降，フライデーハーバーでは数匹のオワンクラゲを見つけるのも容易ではなくなったらしい。下村は「もしオワンクラゲの研究が20年遅れて始まっていたら，現在GFPは知られていないであろう」と述べた。GFPは下村が好奇心と追究心で拾い上げた自然の恵みである。

オワンクラゲ(写真提供：鶴岡市立加茂水族館)

オワンクラゲ由来GFPの結晶構造(PDBid 1gflより作成)

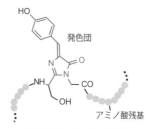

GFP発色団の化学構造

コラム 5：銀塩写真

銀塩写真（デジカメが一般化する以前のフィルムによる写真）の基本原理は以下のようである。

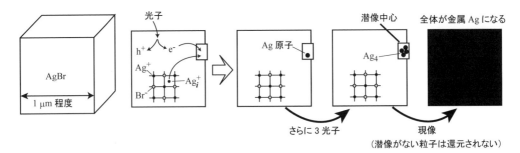

ゼラチン（熱変性したコラーゲンを水とともにゼリー状にしたもの）シートの中に1辺が約1 μmの臭化銀（AgBr）の板状粒子を分散させる。その表面には，硫黄 (S) + 金 (Au) が極微量ずつ，多数の箇所に付着させてある。これをトラップとよぶ。AgBrは結晶性であるが，格子の定位置から抜けたAg^+が，格子間に多数存在し，動き回っている。この臭化銀が青領域の光を吸収すると，1光子で，粒子内に電子e^-と正孔h^+が1つずつ生じる。e^-は粒子内を動き回って，やがてトラップに捕獲され，そこに格子間Ag^+がやって来ると，これを還元し，原子状のAgが生じる。さらに光が吸収されると，あちこちのトラップにAgが生じるが，Agが既存のトラップにe^-が補足され，次いでAg^+が来ると還元されてAg_2が生じる。さらに光が吸収されると同様の過程で，Ag_3が生じる。このようにしてAgのクラスターがAg_nできていくが，$n \geq 3$のものを潜像という。$n = 1$では不安定であり，$n = 2$ではいくらその数があっても潜像ではない。なお，生じたh^+はAgBr板状粒子内を緩慢に移動し，Ag_2と出会うと，

$$Ag_2 + h^+ \longrightarrow 2Ag^+ + e^-$$

となるので，Ag_2が1つ消える代わりに，他の箇所にあるAg_2が電子を受け取れる機会を同じだけ作っていることになる。

以上が写真撮影の露光中に起こることである。露光したゼラチンシートを還元作用のある溶液に暗室内で浸す。すると，1つでも潜像をもつAgBr板状粒子は，その中のすべてのAg^+が還元されてすっかり金属銀 (Ag) に化学変化する。この時，潜像は触媒としての役割をする。1つの潜像から，最大約50億倍のAg原子が生じるのである。一方，潜像が1つもないAgBr板状粒子のAg^+はそれ以上還元されることはない。そのような粒子は，現像の次の段階で除去される。このようにして，光が当たったところにAg粒子ができることによって画像が記録されネガを得るのが現像である。これをもとに印画すれば白黒写真が得られる。なお，赤・緑・青の光に応答する色素集合体で光吸収を起こさせる仕組みを加えるとカラー写真も得られる。

第 3 部

高度エンジニアの基礎化学

10 産業や社会を支える物質と化学反応

10.1 超臨界流体の応用

物質の相図[*1]を描くと，気相と液相の境界である蒸気圧曲線には**臨界点**とよばれる終点がある（図10.1）。なぜ，この気体と液体の平衡を意味する曲線が途中でなくなってしまうのか不思議に思う人もいるだろう。いま，その理由をつかむために，体積一定の容器内に水を封入した場合を想定して，水（液体）と水蒸気（気体の水）の共存状態について考えてみよう。まず常温の容器に十分量の水を閉じ込めると，容器内の水は少しだけ蒸発して，水蒸気の圧力が飽和蒸気圧に達したところで液体の水と気体の水蒸気が共存する平衡状態になる。ここから，蒸気圧曲線に沿って温度を段階的に上げていくことにする。そうすると，温度の上昇に伴って液相の水は蒸発と熱膨張を起こして，その密度は下がっていく。しかし一方で，気相では水蒸気が温度上昇に伴って濃縮されるため密度が上がっていく。このように容器に閉じ込められた水を加熱した場合，液相と気相の密度がいずれ一致する状況に至ると想像できるだろう。これが臨界点である。臨界点を超えると，液体と気体は区別がなくなって均一の**流体**[*2]になる。水の場合，臨界点の温度（臨界温度）は374℃，臨界点の圧力（臨界圧力）は22.1MPa（大気圧の約218倍）である（表10.1）。一般に，臨界温度・臨界圧力以上の流体を**超臨界流体**とよぶ。

超臨界流体[*3]は温度と圧力を変えることで液体と気体の間を行き来できる流体である。分子レベルでみれば，分子が密に詰まった液体の状態とスカスカな気体の状態との間を超臨界流体は連続的につなぐことができる。つまり，超臨界条件下では液体と気体の間の中間的な状態を実現でき，温度・圧力の関数として流体の密度を連続的に変えられる。そして，密度の関数として誘電率のような溶媒

＊1 相図とは温度，圧力，体積などの各種条件が様々な値をとるときに，どのような物質の状態（あるいは相）が安定に存在するかを図にしたものである。最も簡単なものは，温度と圧力に対する物質の状態（気体，液体，固体）を示した相図である。

＊2 気相と液相は分子（あるいは原子）が規則正しく並んだ固相とは異なり，分子がランダムに運動する相である。気体と液体はともに流動性をもつことから，流体とよばれる。

＊3 臨界温度以上であれば，圧力の変化によって流体の密度を気体的な領域から液体的な領域まで連続的に変えることができる。密度可変流体という超臨界流体の特徴を考えれば，臨界圧力以上という制限は不要になるため，単に臨界温度以上の流体を超臨界流体と定義することもある。

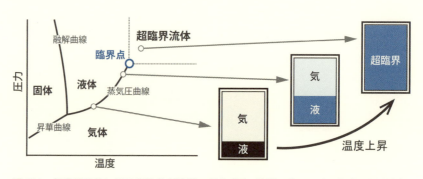

図10.1 超臨界流体に至る気液共存状態の変化（例：体積一定における温度上昇過程）

10.1 超臨界流体の応用

表 10.1 物質の臨界温度と臨界圧力の例

物質		臨界温度 (K)	臨界圧力 (MPa)
水	H_2O	647	22.1
エタノール	C_2H_5OH	514	6.14
アンモニア	NH_3	406	11.4
二酸化炭素	CO_2	304	7.38
フルオロホルム	CF_3H	299	4.83
キセノン	Xe	290	5.84
アルゴン	Ar	151	4.87

特性や拡散係数のような輸送物性を制御できる点に他の液体とは違う超臨界流体の特徴がある。ここでは超臨界流体の特徴を活かした応用例のいくつかを紹介したい。

超臨界流体抽出

超臨界流体を溶媒として利用した化学物質の抽出を**超臨界流体抽出**という。抽出用溶媒として主に用いられてきたのが超臨界二酸化炭素である。二酸化炭素の臨界温度は31℃であり、室温より少し高い温度で容易に超臨界状態となるため使いやすい。また二酸化炭素は無毒で反応性が低いため、特に食品分野では安全性の高い抽出溶媒として利用されている (表10.2)。例えば、超臨界二酸化炭素中でコーヒー豆からカフェインを取り除いて、カフェインレスコーヒーを製造する方法はよく知られた実用化例の1つである。また、超臨界二酸化炭素でコレステロールを取り除いたコレステロールフリーの商品も販売がされている他に、ビールの製造に使われるホップエキスの抽出や植物からエッセンシャルオイル (精油) を抽出する方法としても超臨界二酸化炭素抽出が広く利用されてきた。

図 10.2 の超臨界二酸化炭素抽出では液化した二酸化炭素をポンプによって抽出容器に送り込む。容器内は気液の分離が起きない超臨界条件に置かれて、超臨界二酸化炭素に目的とする化学物質を溶出した後、目的物質が溶けた超臨界二酸化炭素を回収する。回収した容器の圧力を下げれば二酸化炭素は気体となるため、抽出した物質を溶媒の二酸化炭素と分離できる。温度圧力の制御によって抽

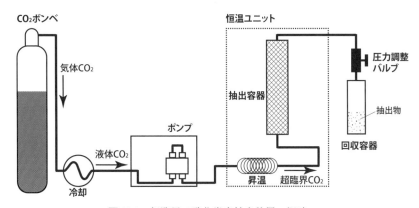

図 10.2　超臨界二酸化炭素抽出装置の概略

表 10.2 超臨界二酸化炭素抽出の例

原料		抽出物
コーヒー豆 紅茶葉		カフェイン
ホップ		α酸（ホップエキス，苦味化学物質フムロンを含む化合物群）
タバコ葉		ニコチン
藻類		アスタキサンチンなど（カロテノイド類）
卵		コレステロール（動物由来のステロイドアルコールの一群）
魚油		エイコサペンタエン酸（EPA，必須脂肪酸） ドコサヘキサエン酸（DHA，必須脂肪酸）
香料	バニラビーンズ	バニリン（バニラの香りの主要成分）
	ハーブ（ハッカ，ペパーミント，ジャスミンなど）	エッセンシャルオイル（椿油）
	柑橘類果皮	シトラスオイル
香辛料	しょうが	ジンゲロール（辛味成分）
	唐辛子，パプリカ	カプサイシン（辛味成分）

出の効率や選択性を調整でき，また溶媒を容易に気化して抽出物を分離できる点に超臨界二酸化炭素の有用性がある。このような抽出プロセスをもとにして，実際には抽出物に応じた種々の工夫がなされる。

環境に優しい熱媒体としての超臨界二酸化炭素

エコキュートとして知られる給湯器は超臨界二酸化炭素を冷媒として利用した家電製品である。冷媒とは冷蔵庫などで用いられる熱媒体のことである。冷媒の圧縮と膨張に伴う温度変化を利用して温度の低いところから高いところへ熱を移動させることができる(**ヒートポンプ**とよばれる)。まず，①冷媒を断熱的に膨張させて温度を下げる。②温度の下がった冷媒は大気から熱を奪い，その後に冷媒を圧縮して温度を上げる。③温度の上がった冷媒を水と接触させることで水を温水に変える。これを繰り返すことで給湯器ができる(図10.3)。過去には，冷媒としてフロン類が多く使われたが，フロンガスはオゾン層破壊や地球温暖化の原因となることから環境調和型の冷媒へと移行してきた。現在では，不燃性で地球温暖化への影響が低い二酸化炭素の利用が普及するに至っている。

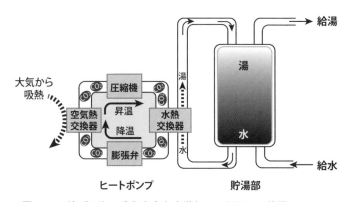

図 10.3 （超臨界）二酸化炭素を冷媒として利用した給湯システム

通常は空気中に存在するただの気体と思われがちな二酸化炭素も，温度と圧力の制御によって有効な抽出溶媒や熱媒体として実用化されてきた。その基礎には身近にありふれた安価で環境に優しい素材を利用する人の姿勢がある。最後に，二酸化炭素と並んで最も人とかかわりの深い媒体である水を超臨界条件下で利用した例をみよう。

超臨界水の応用

水の臨界温度は374℃，臨界圧力は22.1MPaであるため，**超臨界水**は高温高圧の媒体である。臨界温度を超えた水は常温の水とは随分と性質が違う。例えば，常温の水は分子レベルでみれば，隣り合う分子同士は水素結合で結ばれたネットワークを形成している(図10.4(左)，図4.5も参照)。しかし，密度が下がった超臨界水中では分子間距離が長く水素結合は弱くなる。また分子運動が激しい高温では水素結合ネットワークを形成しにくい。このような分子レベルの超

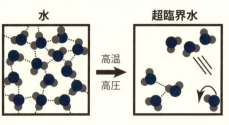

図 10.4 超臨界水の微視的な描像と応用例

臨界水の状況は通常の水とは全く異なっており，例えば通常は水に溶けにくい有機物も超臨界条件では溶けるようになり，油が水と混ざり合うようになる。また水に溶け込みにくい酸素のような気体分子も超臨界条件下でよく溶けるようになるため，超臨界水中での有機化合物の酸化・分解反応を容易に行うことができる。超臨界水を反応場とした酸化反応は超臨界水酸化とよばれて，急激な温度上昇による爆発の危険性が少なく，また大気汚染の原因となる NOx や SOx の生成[*1]がほとんどないといった利点がある。これまで，超臨界水酸化反応を利用したダイオキシンの分解，工場排水の処理，プラスチック原料のリサイクルなどが実用化に至っている (図 10.4)。

*1 NO や NO_2 のような窒素酸化物を NOx といい，SO_2 や SO_3 のような硫黄酸化物を SOx という。これらは石油や石炭など化石燃料の燃焼の際に発生する。水に溶け込んで硫酸や硝酸となるため，酸性雨などを引き起こす大気汚染の原因物質として知られている。

10.2 金属の腐食・防食と電気化学

水で濡れたクギを放置すると赤錆が生じるように，金属が錆びるなどして劣化することを**腐食**とよぶ。鉄に代表される金属は現代社会において必須の材料であるが，その腐食は建物や橋梁，船舶，車両など様々なもので見られ，社会的に多大な損害を引き起こしている。ここでは，腐食を扱う化学の一分野である**電気化学**の基礎について説明した後に，腐食のメカニズムとそれを防ぐ技術である**防食**について考えることにする。

錆の生成メカニズム

最も身近な腐食である鉄における錆の生成は複雑な反応であるが，次のようなメカニズムが考えられている。まず反応には水と酸素が必要であり，金属表面で次の酸化反応が起こる (図 10.5)。

$$Fe(s) \longrightarrow Fe^{2+}(aq) + 2\,e^-$$

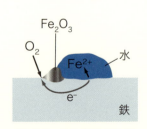

図 10.5 鉄の赤錆が生成するメカニズム

ここで，e^- は電子を表し，上式は Fe が 2 個の電子を他の化学種に渡して Fe^{2+} イオンになることを意味する**半反応式**である。また，同じ金属の別の領域では鉄からの電子によって酸素が水に還元される。

$$O_2(g) + 4\,H^+(aq) + 4\,e^- \longrightarrow 2\,H_2O(l)$$

一方，生成した Fe^{2+} は酸素によって，さらに酸化されて酸化鉄(III) となる。

$$4\,Fe^{2+}(aq) + O_2(g) + 4\,H_2O(l) \longrightarrow 2\,Fe_2O_3(s) + 8\,H^+(aq)$$

なお，実際には酸化鉄(III)は水和して$Fe_2O_3 \cdot xH_2O$（水和水の数は一定でないため，xを使って表されている）となっており，これが鉄の赤錆である。このように金属の腐食は酸化還元反応であり，この過程で電子が鉄の内部を流れている（図10.5）。この状態を**局部電池**（または部分電池）といい，化学エネルギーを電気エネルギーに変換する**電池**と原理としては同じことが起こっている。次に，化学電池の基礎について考えることにする。

化学電池

金属の亜鉛 Zn を硫酸銅 ($CuSO_4$) 水溶液中に入れると，Zn は Zn^{2+} に酸化され，水溶液中の Cu^{2+} イオンは金属の銅に還元されて次の反応が起こる。

$$Zn(s) + Cu^{2+}(aq) \longrightarrow Zn^{2+}(aq) + Cu(s) \tag{10.1}$$

この反応では直接，還元剤である Zn から酸化剤の Cu^{2+} へ電子が移動する。しかし，図10.6のように亜鉛と銅を別々の容器に入れて，それぞれ硫酸亜鉛溶液と硫酸銅溶液に浸し金属線などでつなぐと電子の流れを引き出して，電気的な仕事をすることができる。このように，化学反応を用いて電位差を生じ電気を発生させる装置が電池であり，酸化反応が起こる電極を**負極**（アノード），還元反応が起こる電極を**正極**（カソード）と定義する。図10.6の電池は**ダニエル電池**とよばれ，負極と正極での半反応は次のように表される。

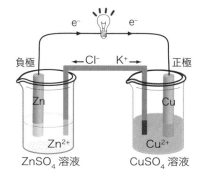

図 10.6　ダニエル電池の概略図

Zn 極（負極）： $Zn(s) \longrightarrow Zn^{2+}(aq) + 2e^-$

Cu 極（正極）： $Cu^{2+}(aq) + 2e^- \longrightarrow Cu(s)$

この2つの式を足し合わせると全体としての反応式 (10.1) が得られる。なお，電気回路を作るにはカチオンとアニオンが移動できるように，2つの溶液を導電性の媒体でつなぐ必要がある。ダニエル電池では KCl 溶液の入った**塩橋**が用いられる。

ダニエル電池の Cu^{2+} と Zn^{2+} の活量がともに1.0（近似的には濃度がともに 1.0 mol L^{-1}）であるとき，2つの電極間の電位差を外部回路に電流が流れない条件（開回路条件）で測定すると，25°C のとき 1.10 V となる。この値はそれぞれの電極の平衡電位の差として表すことができ，**起電力**という。**平衡電極電位**は還元半反応の形で書いた電極反応が示す電位で，**標準水素電極** (standard hydrogen electrode, SHE) とよばれる H^+ の還元反応の平衡電極電位を基準として決定する。電極を浸している溶液中の溶質の活量が1.0 の条件を標準状態といい，このときの値を**標準電位** $E°$ とよぶ。$E°$ の代表的な値を表10.3に示す。

電池の正極と負極間の標準電位の差は**標準起電力**とよばれ

$$E°_{cell} = E°(正極) - E°(負極)$$

で表される。ここで，"cell" は電池を意味する。電池が自発的な化学反応により電流を流すときには $E°_{cell} > 0$ となる。ダニエル電池の場合，Cu^{2+} と Zn^{2+} の還

表 10.3　25℃における標準電位

半反応	$E°$(V)
$Li^+(aq) + e^- \rightarrow Li(s)$	−3.05
$Na^+(aq) + e^- \rightarrow Na(s)$	−2.71
$Mg^{2+}(aq) + 2e^- \rightarrow Mg(s)$	−2.37
$Al^{3+}(aq) + 3e^- \rightarrow Al(s)$	−1.66
$2H_2O(l) + 2e^- \rightarrow H_2(g) + 2OH^-(aq)$	−0.83
$Zn^{2+}(aq) + 2e^- \rightarrow Zn(s)$	−0.76
$Fe^{2+}(aq) + 2e^- \rightarrow Fe(s)$	−0.44
$Ni^{2+}(aq) + 2e^- \rightarrow Ni(s)$	−0.25
$Sn^{2+}(aq) + 2e^- \rightarrow Sn(s)$	−0.14
$2H^+(aq) + 2e^- \rightarrow H_2(g)$	0.00
$Ag^+(aq) + e^- \rightarrow Ag(s)$	+0.80
$Cu^{2+}(aq) + 2e^- \rightarrow Cu(s)$	+0.34

元反応の $E°$ の値はそれぞれ +0.34 V と −0.76 V であり，標準起電力は

$$E°_{cell} = E°(正極) - E°(負極) = 0.34 - (-0.76) = 1.10 \text{ V}$$

となる．標準起電力の値が正であることからダニエル電池は自発的に反応が進行し，銅電極において還元反応が進み，亜鉛電極で酸化反応が進むことがわかる．このことから，標準電位 $E°$ が低いほど電子を放出しやすく（すなわち酸化されやすく，カチオンになりやすい）強い還元剤であるといえる．

5章において，ギブスエネルギーの変化 ΔG は反応が定温定圧下において自発的に進むかどうかを判断する物差しであり，ΔG が負の値のとき，その化学反応は自発的に進行することを学んだ．このため，ΔG と電池の起電力 E の間には関係があり，次式を導くことができる．

$$\Delta G = -nFE_{cell}$$

ここで，n は半反応式に現れる電子の数であり，式 (10.1) の電池では $n = 2$ である．F は**ファラデー定数**とよばれ，1 mol の電子がもつ電荷 (9.647×10^4 C mol^{-1}) である．n と F はともに正の値であり，自発的過程に対して ΔG は負なので，E_{cell} は正となる．反応物と生成物がいずれも標準状態である反応の場合は

$$\Delta G° = -nFE°_{cell}$$

となる．

腐食と防食

ダニエル電池の負極（亜鉛）での反応では，金属 Zn が外部に電子を渡してカチオンとなって溶け出す（図 10.7）．これは金属の腐食反応そのものであることがわかる．このように腐食反応が電池反応であることがわかると，腐食を防ぐ方法や腐食が促進される状況について理解することができる．図 10.8 に示す地中に埋められた鉄の板を考える．外部電源などと接続されずに埋められた鉄板は地中の酸素と水によって腐食し，これを自然腐食とよぶ．

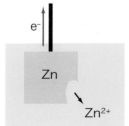

図 10.7　ダニエル電池の負極反応と金属の腐食

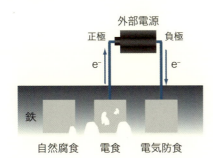

図 10.8 自然腐食，電食，電気防食の比較

　一方，鉄板を外部電源に接続すると，正極側に接続された鉄板と負極側に接続された鉄板では異なった様子が観測され，正極側では腐食が著しく進むのに対して，負極側では腐食が起こらない。この現象は以下のように説明できる。腐食の1段階目は金属が外部回路に電子を渡す過程である (図 10.7)。したがって，外部電源の負極側に接続された鉄板はこの最初の過程が阻害されて金属の腐食が抑制される (図 10.8)。この腐食抑制のことを**電気防食**という。これに対して，外部電源の正極側に接続された鉄板は最初の外部回路に電子を渡す過程が促進されるためイオン化が進むことになる。これは**電食**とよばれる現象である。

　上記の防食には外部電源を接続しない方法もある。鉄が錆びるのを防ぐため，しばしば鉄の表面をスズや亜鉛のような他の金属やペンキなどで覆う（コーティングする）方法が用いられる。ペンキやスズなどで鉄の表面を覆う方法は鉄の表面が腐食に必須の酸素や水と接するのを防ぐためであり，コーティングが傷ついて鉄が酸素や水と接すると腐食反応が開始される。しかし，亜鉛によるコーティングは異なり，電池の原理を活用した防食である (図 10.9)。鉄と亜鉛の標準電位を比較すると，表 10.3 より

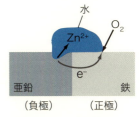

図 10.9 鉄−亜鉛系におけるカソード防食の原理

$$Fe^{2+}(aq) + 2\,e^- \longrightarrow Fe(s) \qquad E° = -0.44\ \text{V}$$
$$Zn^{2+}(aq) + 2\,e^- \longrightarrow Zn(s) \qquad E° = -0.76\ \text{V}$$

である。Fe^{2+} 還元反応の標準電位は相対的に高いため，Zn^{2+} よりも容易に還元される。逆に Zn^{2+} は Fe^{2+} よりも容易に酸化される。このため，亜鉛によるコーティングが傷ついて鉄が酸素や水と接しても，最も酸化されやすい亜鉛が電池の負極として働いて鉄の代わりにイオン化されることになる。この時，鉄は電池の正極（カソード）として働いている。このように保護したい金属を正極とすることで腐食を防止する方法を**カソード防食**という。亜鉛によるカソード防食を応用した例としては建築資材などとして使われるトタン波板がある。また他の例として，ガソリン貯蔵などのための鉄製タンクの防食にマグネシウム ($E° = -2.37$ V) が負極として使われることがある (図 10.10)。この場合，鉄の腐食を防ぐためマグネシウムが消費されることから，**犠牲電極**や**犠牲負極**とよばれる。

　外部電源の正極側に接続された金属では，腐食が促進されることを電食とよんだ。意図的に電食を行うことはないが，電気鉄道近辺に工場やビルなどの建築物

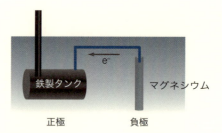

図 10.10 マグネシウムによる鉄製貯蔵タンクのカソード防食

がある場合，地下に埋設した金属製のタンクや配管で起こりうる事象である。直流式の電気鉄道では電車線（電線）とレールを使って電気を流しているが，レールからの**迷走電流（漏洩電流）**が土壌よりも導電性の高い埋設金属管などを流れる場合に電食が発生する（図 10.11）。

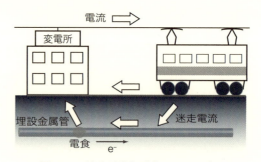

図 10.11 迷走電流と電食のメカニズム

10.3　高分子材料

　高分子（ポリマー）は私たちの生活に満ちあふれている。古くは，高分子の概念[*1]が登場する遙か昔から，綿，絹，紙，皮など**天然高分子**として使用されてきた。また，天然ゴムや漆などの天然塗料のように，天然から抽出された成分も使用された。綿や紙などはグルコースが多数連結したセルロースであるが，成形などの加工性に乏しいため，これに化学修飾を施して半合成高分子が作られた。その後，石油を中心とする化学工業が発達し，天然高分子から**合成高分子**への転換が進んだ。天然高分子を合成高分子に転換することで天然資源に依存せず，より機能性に優れた高分子材料が作られている。

　スーパーで買い物をしてみると，肉や魚が入っているトレイ，透明なラッピングフィルム，お菓子の袋，ペットボトル，商品を入れるレジ袋に至るまで合成高分子からできている。軽くて，丈夫で，劣化しにくい（錆びない）など様々な特徴を有している。そのため，従来使用されてきた金属に取って代わろうとしている。金属部品を高分子材料で代用することで製品を軽量化できる。中には金属を超える強度を有する繊維も登場し，自動車産業や航空機産業でも活用されている。高分子は絶縁体であることを活かした被覆材として利用されてきたが，これとは正反対の電気を通す導電性高分子も開発された[*2]。1970 年代に白川英樹らによってポリアセチレンフィルムが合成されて以来，様々な導電性高分子が開発

*1　高分子の概念は，ドイツの化学者シュタウディンガー（Staudinger, H., 1881-1965）によって提案された。それまで，天然ゴムなどが示す性質は低分子が会合したものとして考えられていた。シュタウディンガーは共有結合によって連結された巨大な分子（macromolecule）として高分子を捉えた。

*2　ヒーガー（Heeger, A. J., 1936- ），マクダイアミッド（MacDiarmid, A. J., 1927-2007），白川英樹（1936- ）らは「導電性高分子の発見と開発」により，2000 年ノーベル化学賞を受賞した。

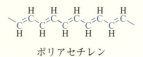

ポリアセチレン

され，現在のIT産業には欠かせない材料となっている。

低分子から高分子へ

最も単純な構造をもつ**ポリエチレン**を例に，高分子の特徴をみてみる。高分子というと複雑そうに思えるが，ポリエチレンの化学構造は非常に単純である。すなわち，メチレン $-CH_2-$ が繰り返された構造 $-(CH_2)_n-$ を有している。したがって，ポリエチレンを合成するためには，この構造を与える低分子（**モノマー**）を，多数，連結させればよい。単純にはメタン CH_4 をつなげることを思い浮かべる。しかし，メタン中の炭素原子は sp^3 混成軌道であり，すべてが σ 結合で構成されているため，ほとんど反応しない。そこで，モノマーとしてはエチレン $CH_2=CH_2$ を使用する。エチレンは，sp^2 混成軌道を有する炭素原子 2 個から形成され，C=C 炭素結合は 1 本の σ 結合と 1 本の π 結合から成り立っている。σ 結合より弱い π 結合の分子軌道から電子を 1 つ奪うと炭素の p 軌道には不対電子が 1 つ入っている状態が生じる。この状態が**ラジカル**であり，エチレンに反応性が生まれる。ラジカルは別のエチレン分子の π 結合から電子 1 個を奪い，新たな σ 結合を作る。この反応が繰り返されることで，すなわち，エチレンを**重合**させることでポリエチレンが形成される（図 10.12）。このことから，ポリエチレンの構造は $-(CH_2-CH_2)_n-$ のように示すのが妥当であり，n のことを**重合度**という。

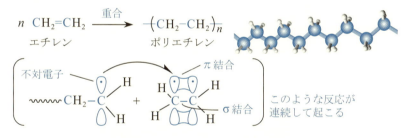

図 10.12 ポリエチレンの重合と構造

それでは，どの程度モノマーであるエチレンを連結させると高分子となるであろうか（表 10.4）。エタン（$n = 1$），ブタン（$n = 2$）は気体，ヘキサン，オクタン，デカン（$n = 3, 4, 5$）は液体である。エイコサン（$n = 10, C_{20}H_{42}$）はワックス状，$n = 20$ でようやくロウ状の固体となるが脆い。$n = 1000$ 程度になるとレジ袋などで利用される高分子材料となる。

表 10.4 $-(CH_2-CH_2)_n-$ の重合度による性質の変化

重合度	分子量	25°C での状態
1〜2	30〜58	気体
3〜8	86〜226	液体
10	283	ワックス状
20	563	ロウ状
200	5612	脆い固体
1000	28045	柔らかい固体

表 10.5　ビニルモノマー（$CH_2=CHX$）から得られる高分子

高分子の名称[*1]	略号	置換基 –X	用途の例
ポリエチレン	PE	–H	レジ袋，包装用フィルム，電線被覆
ポリプロピレン	PP	–CH_3	容器，敷物，ロープ
ポリスチレン	PS	–C_6H_5（フェニル基）	発泡スチロール，透明な容器
ポリ塩化ビニル	PVC	–Cl	柔らかいボトル，パイプ，建材
ポリアクリロニトリル	PAN	–CN	じゅうたん，毛布，毛糸
ポリメタクリル酸メチル	PMMA	–X：–CH_3[*2] –Y：–COOCH	透明性が高い製品（窓枠，パネル，レンズ，水族館の水槽）

*1　高分子の名称は，構造をもとにしたもの（例：ポリメチレン）と，原料をもとにしたもの（例：ポリエチレン）がある。後者の方が高分子の製造方法や構造をイメージしやすい。

*2　モノマーの形は $CH_2=CXY$

　エチレンの1つあるいは2つの水素原子を別の原子，あるいは原子団（官能基）に置き換えたビニルモノマー（$CH_2=CHX$ あるいは $CH_2=CXY$）を重合させることで，様々な高分子が合成される。X = CH_3 でポリプロピレンが得られ，様々なプラスチック製容器，屋外で使用する敷物，ロープなどに利用される。ベンゼン環を付ければポリスチレンとなる。食品トレイでおなじみの発泡スチロールをはじめ透明な調理器具など様々である。表10.5にこれらの例を示す。

　天然ゴムとして知られるポリイソプレンはゴムノキの中でイソプレン（図10.13(a)）が重合して得られるもので，糸状の構造をもつ高分子鎖である（図10.13(b)）。このような分子が単に多数集まった固まりの場合，分子間にはファンデルワールス力しか働かないため一度引っ張るともとには戻らず，伸びきった状態となる。これを解決するため，アメリカのグッドイヤー（Goodyear, C., 1800-1860）は天然ゴムに硫黄を加えて加熱（加硫）することで分子間を共有結合でつなぎ止める架橋を行い，**3次元網目状**とした（図10.13(c)）。その結果，変形させてももとに戻るおなじみのゴムの性質が生まれた。力を加えていない網目状の状態は分子にとって自由な状態である。ゴムを引っ張って網目を変形させると，高分子鎖は規則正しい状態に整列する。このことはエントロピーを減少させることに相当し，自由エネルギーが高まる。引っ張るのをやめると，エントロピーが増加する網目状の状態に戻ろうとする[*3]。これがゴムの復元力（**ゴム弾性**）となっている。

*3　このエントロピーの変化は輪ゴムを使って実感できる。寒い日に輪ゴムを急激に引き伸ばして，すぐに唇に当ててみると，温かく感じられる。ゴムを引っ張ることでエントロピーが減少し，これに伴って熱を放出したことに起因する。逆に，伸したゴムを縮めるとどうなるか試してみるとよい。

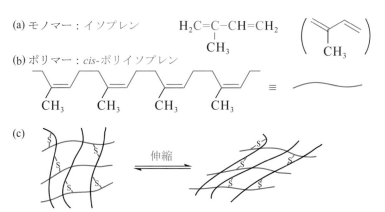

図 10.13　天然ゴム。(a) モノマー，(b) ポリマー，(c) 架橋と伸縮のイメージ（Sは硫黄，複数の硫黄原子からなる）

水とのかかわり

表10.5に示した高分子はいずれも水を吸収しにくい高分子である。水分子は電気陰性度の大きな酸素と水素からなっており、大きく分極した極性分子である。したがって、高分子が水を吸収するためには、水分子と同じような極性の高い官能基をもつことで水分子が高分子に引き寄せられる必要がある。

綿や紙はグルコースがβ1-4結合で連結した**セルロース**（図10.14）からなっており、ヒドロキシ基(-OH)をもつことから水との親和性（**親水性**）の高い高分子である。綿はある程度水を吸うが、絞ると水を吐き出してしまう。一方、ポリビニルアルコール $-(CH_2-CH(OH))_n-$ は非常に親水性が高く、水に溶解することから、洗濯のりとして使用される。それでは、水をよく吸い、溶解せず、簡単には吐き出さない高分子はあるだろうか。このような性質をもつ高分子を**高吸水性高分子**とよぶ。自重の数百倍から数千倍の水を吸収できることから、紙おむつや生理用品の**吸水材**として利用されている。

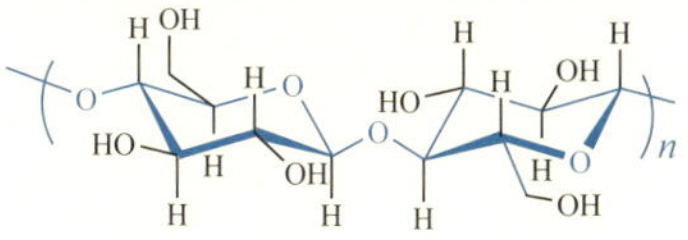

図10.14 セルロースの構造

現在、吸水材としてよく利用されているポリアクリル酸ナトリウム系高分子について、吸水の仕組みを調べてみよう。アクリル酸はモノマー($CH_2=CHX$)の置換基Xに電気陰性度の高い酸素を含むカルボキシ基(-COOH)を有している。酢酸 CH_3COOH と同様に、水酸化ナトリウムによって中和され、アクリル酸ナトリウム($X = -COO^- Na^+$)となる。アクリル酸ナトリウムのみで重合させた場合、線状高分子であることから、吸水させると水に溶解する。そこで、アクリル酸とアクリル酸ナトリウム、さらに、重合基である二重結合を2つ有するモノマー（架橋剤、$CH_2=CH-L-CH=CH_2$）を添加して、水中で一緒に重合させることで、ゴムのように部分的に架橋された構造の**ゲル**[*1]を形成する（図10.15）。このように形成されたゲルは以下のような理由で水をよく吸収する。

[*1] ゲルは架橋された高分子と液体である水からなっており、固体と液体の中間の状態である。

- 水の吸い込みやすさには高分子と水との親和性が関係する。ポリアクリル酸ナトリウムは親水性が非常に高く、水を容易に吸い込む。
- ゲルが水を含むとポリアクリル酸ナトリウムがイオン解離してナトリウムイオ

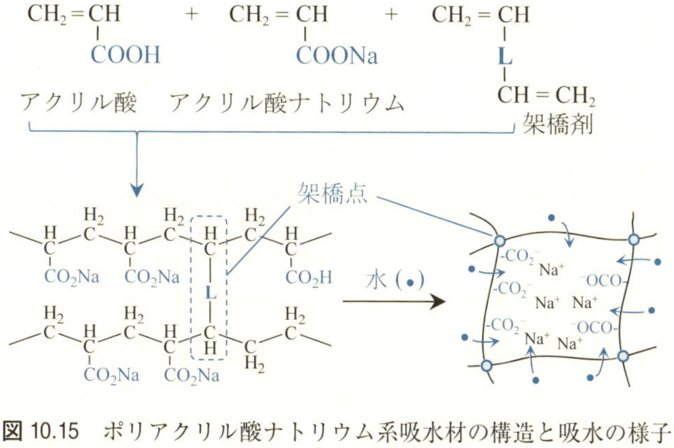

図10.15 ポリアクリル酸ナトリウム系吸水材の構造と吸水の様子

*1 小さな水分子のみが行き来する半透膜（セロファンなど）を介して溶質の濃度が異なる溶液を接触させた場合，両方の溶質濃度を等しくする方向に水が浸透する。この浸透を防ぐのに必要な圧力を浸透圧という。両者の圧力はつり合っている。

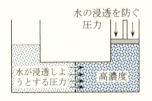

図 10.16 浸透圧

ン Na^+ を放出する。Na^+ 濃度はゲルの外部（水）よりも内部の方が高くなっている。そのため，外部から水を取り入れることでゲル内の Na^+ 濃度を下げようとする**浸透圧**[*1]が働く（図 10.16）。結果として，多量の水を吸収する。

- ゲルは所々で架橋されている。ゲル内に水がどんどん入り込んでも架橋されているため，高分子がほどけて溶解することはない。

吸水材の吸水性が増したことで紙おむつがより薄くなり，ゴミの削減が達成されている。また，土のう，砂漠の緑化などでは，高い保水力を活用している。

10.4 テルミット反応

鉄に代表される金属は建物の建材や自転車の本体（フレーム）など，日常生活の様々なところで目にする重要な材料であるが，多くの場合において複数の部品が接合（接着）されて組み立て・構成されている。金属と金属をつなぐにはネジなどで接続する方法もあるが，便利で強固な接着方法が**溶接**である。ここでは金属の溶接を化学の観点から考えることにする。

溶接とは金属などの材料に熱などを加えて接合する方法であるが，特徴として"接着剤"である溶加材と接合したい金属（母材という）の一部を溶融凝固させて接合する点があげられる。母材の一部も溶かして接合するために強固な構造物を作ることができるが，高温を発生させる必要がある。高温にする方法としてはアーク放電とよばれる電気エネルギーを用いる方法と，**テルミット反応**とよばれる発熱反応などを活用して化学エネルギーを用いる方法がある。ここでは主に化学エネルギーによる溶接について考えるが，その前に2章と5章で学んだ熱力学について復習し，新たに**標準生成エンタルピー**について説明する。

標準生成エンタルピー

2章（2.3 節）と5章で熱力学の基礎を学んだが，定圧下での化学反応に伴うエネルギー変化は**反応エンタルピー** $\Delta_r H$ で表される。例えば，メタン CH_4 が酸素と反応して燃焼する反応は次式で表される。

$$CH_4(g) + 2\,O_2(g) \longrightarrow CO_2(g) + 2\,H_2O(l) \qquad \Delta_r H = -890\ \text{kJ}$$

*2 標準状態とは，純粋な物質が指定された温度（通常は 298.15K），10^5 Pa の圧力にある状態をいう。

この式は CH_4 の燃焼反応が 1 mol あたり 890 kJ の発熱反応であることを意味している。反応の前後の状態が**標準状態**[*2]（10^5 Pa，298.15 K）であるときは $\Delta_r H°$ と表され，**標準反応エンタルピー**とよばれる（下付 r は反応 reaction を表す）。また，燃焼反応の場合の反応エンタルピーは**燃焼エンタルピー**とよばれることが多く，反応物と生成物が標準状態にある場合は標準燃焼エンタルピー $\Delta_c H°$ となる（下付 c は燃焼 combustion を表す）。

ある化合物が最も安定な状態にある構成元素から生成するときの標準反応エンタルピーは**標準生成エンタルピー**とよばれ，$\Delta_f H°$ で表される（下付 f は生成 formation を表す）。例えば，CH_4 の $\Delta_f H°$ は次式で表される。

10.4 テルミット反応

表 10.6 代表的な化合物の 25 °C における標準生成エンタルピー (kJ mol^{-1})

物質	$\Delta_f H°$	物質	$\Delta_f H°$
C (s, 黒鉛)	0	C$_6$H$_{12}$ (l), シクロヘキサン	−156.2
C (s, ダイヤモンド)	1.9	CH$_3$OH (l), メタノール	−238.7
CO (g)	−110.5	C$_2$H$_5$OH (l), エタノール	−277.7
CO$_2$ (g)	−393.5	H$_2$O (g)	−241.8
CH$_4$ (g), メタン	−74.8	H$_2$O (l)	−285.8
C$_2$H$_2$ (g), アセチレン	226.7	NH$_3$ (g)	−46.3
C$_2$H$_4$ (g), エチレン	52.3	NO (g)	90.3
C$_2$H$_6$ (g), エタン	−84.7	NO$_2$ (g)	33.2
C$_3$H$_8$ (g), プロパン	−103.9	Al$_2$O$_3$ (s)	−1675.7
C$_6$H$_6$ (l), ベンゼン	49.0	Fe$_2$O$_3$ (s)	−824.2

$$\text{C(s, 黒鉛)} + 2\,\text{H}_2(\text{g}) \longrightarrow \text{CH}_4(\text{g}) \qquad \Delta_f H° = -74.8 \text{ kJ}$$

CH$_4$ の構成元素は炭素と水素であるが，標準状態で安定な単体はそれぞれ黒鉛と水素分子であり，上式が得られる。標準生成エンタルピーは様々な化合物についてデータ集などにまとめられており（表 10.6），ヘスの法則（2 章参照）を活用することで，未知の反応の標準反応エンタルピーを計算することができる。

ここで，標準生成エンタルピーから標準反応エンタルピーを計算する方法を次の反応について考えてみよう。

$$a\text{A} + b\text{B} \longrightarrow c\text{C} + d\text{D}$$

この反応は A と B が反応して C と D が生成する場合を想定しており，a, b, c, d は化学量論係数である。この反応の $\Delta_r H°$ は次式で表される。

$$\Delta_r H° = [c\Delta_f H°(\text{C}) + d\Delta_f H°(\text{D})] - [a\Delta_f H°(\text{A}) + b\Delta_f H°(\text{B})]$$

上式を一般的に表すと

$$\Delta_r H° = \sum n\, \Delta_f H°(\text{生成物}) - \sum m\, \Delta_f H°(\text{反応物}) \qquad (10.2)$$

ここで，n と m はそれぞれ生成物と反応物の化学量論係数，$\sum$ は和を表す。

【例題 10.1】 プロパンガス C$_3$H$_8$(g) の燃焼反応は次式で表される。

$$\text{C}_3\text{H}_8(\text{g}) + 5\,\text{O}_2(\text{g}) \longrightarrow 3\,\text{CO}_2(\text{g}) + 4\,\text{H}_2\text{O(l)}$$

表 10.6 の標準生成エンタルピーを使って，C$_3$H$_8$(g) の標準燃焼エンタルピーを求めよ。

【解答】 C$_3$H$_8$(g) の燃焼反応は次の 3 つの生成反応の和で表すことができる。

C$_3$H$_8$(g) ⟶ 3 C(s, 黒鉛) + 4 H$_2$(g)	$\Delta H_1 = -\Delta_f H°(\text{C}_3\text{H}_8(\text{g}))$
3 C(s, 黒鉛) + 3 O$_2$(g) ⟶ 3 CO$_2$(g)	$\Delta H_2 = 3\Delta_f H°(\text{CO}_2(\text{g}))$
4 H$_2$(g) + 2 O$_2$(g) ⟶ 4 H$_2$O(l)	$\Delta H_3 = 4\Delta_f H°(\text{H}_2\text{O(l)})$
C$_3$H$_8$(g) + 5 O$_2$(g) ⟶ 3 CO$_2$(g) + 4 H$_2$O(l)	$\Delta_c H°$

ヘスの法則から $\Delta_c H° = \Delta H_1 + \Delta H_2 + \Delta H_3$ が成り立ち

$$\begin{aligned}\Delta_c H° &= -\Delta_f H°(C_3H_8(g)) + 3\,\Delta_f H°(CO_2(g)) + 4\,\Delta_f H°(H_2O(l)) \\ &= -(-103.9 \text{ kJ mol}^{-1}) + 3(-393.5 \text{ kJ mol}^{-1}) + 4(-285.8) \\ &= -2219.8 \text{ kJ}\end{aligned}$$

となる。

テルミット反応

化学エネルギーを活用して高温を発生させる方法として知られるものに**テルミット反応**がある。これは酸化アルミニウム Al_2O_3 が大きな標準生成エンタルピー ($\Delta_f H° = -1675.7$ kJ mol^{-1}) をもつことを活用した発熱反応である。金属アルミニウムは優れた還元剤であり、他の金属酸化物から酸素を引き抜く（表10.3参照）。このとき、反応生成物を融解させるほどの大量の熱を発生する。代表的なテルミット反応は Al と酸化鉄 Fe_2O_3 の反応で、次のように表される。

$$2\,Al(s) + Fe_2O_3(s) \longrightarrow Al_2O_3(s) + 2\,Fe(l)$$

この反応の標準反応エンタルピーは標準生成エンタルピー（表10.6）と $\Delta_f H°$(Fe(l)) = 12.4 kJ mol^{-1} を用いると、式 (10.2) から次式が得られる。

$$\begin{aligned}\Delta_r H° &= [\Delta_f H°(Al_2O_3(s)) + 2\Delta_f H°(Fe(l))] - [2\Delta_f H°(Al(s)) + \Delta_f H°(Fe_2O_3(s))] \\ &= [(-1675.7 \text{ kJ mol}^{-1}) + 2(12.4 \text{ kJ mol}^{-1})] - [2(0) + (-824.2 \text{ kJ mol}^{-1})] \\ &= -826.7 \text{ kJ}\end{aligned}$$

ここで、Al(s) の $\Delta_f H°$ は Al(s) → Al(s) の反応エンタルピーであり、0 である。このように、Al と Fe_2O_3 の標準反応エンタルピーは負であり、発熱反応であることがわかる。この反応で生成する液体の鉄は金属の溶接に用いられ、鉄道の線路を溶接する際などに利用されている。この方法はテルミット溶接ともよばれ、アルミニウムと酸化鉄の粉末を混ぜ合わせ、1200°C 程度まで加熱することで反応を開始させることができる。テルミット溶接は簡便な機器を用いることで可能なため、線路内の現場で新しい線路を既存の他の線路と溶接する場合などに適している。

ガス溶接

化学エネルギーを用いた溶接にはテルミット反応を用いた方法だけでなく、可燃性ガスの燃焼反応に伴う反応エンタルピーを用いた**ガス溶接**がある。可燃性ガスとして代表的なものはアセチレン C_2H_2 であり、酸素アセチレン溶接とよばれる。C_2H_2 の O_2 との燃焼反応は

$$2\,C_2H_2(g) + 5\,O_2(g) \longrightarrow 4\,CO_2(g) + 2\,H_2O(l)$$

で表される。この反応の標準反応エンタルピーは −2598.8 kJ であり、2 mol の C_2H_2 の燃焼反応になっている。したがって、C_2H_2 の標準燃焼エンタルピーは

-2598.8 kJ$/2$ mol $= -1299.4$ kJ mol^{-1} である。C_2H_2 を空気ではなく純粋な O_2 と混ぜ合わせた混合ガスでは 3000 °C 以上の高温を得ることができ，溶接に適したガスとして用いられている。

【例題 10.2】 $CO_2(g)$ と $H_2O(l)$ の標準生成エンタルピーと $C_2H_2(g)$ の標準燃焼エンタルピーを用いて，$C_2H_2(g)$ の標準生成エンタルピーを求めよ。

【解答】 $CO_2(g)$ と $H_2O(l)$ がそれぞれの成元素の単体から生成する反応は次の通りである。

(1)　$C(s, 黒鉛) + O_2(g) \longrightarrow CO_2(g)$　$\Delta_f H° = -393.5$ kJ mol^{-1}

(2)　$H_2(g) + \frac{1}{2} O_2(g) \longrightarrow H_2O(l)$　$\Delta_f H° = -285.8$ kJ mol^{-1}

$C_2H_2(g)$ の燃焼反応は

(3)　$C_2H_2(g) + \frac{5}{2} O_2(g) \longrightarrow 2\,CO_2(g) + H_2O(l)$
$$\Delta_c H° = -1299.4 \text{ kJ mol}^{-1}$$

であった。$C_2H_2(g)$ が生成する反応は

$$2\,C(s, 黒鉛) + H_2(g) \longrightarrow C_2H_2(g)$$

で表されるので，この反応の標準反応エンタルピー (すなわち標準生成エンタルピー) は $2\times(1) + (2) - (3)$ で計算でき

$\Delta_f H° = 2\times(-393.5$ kJ mol$^{-1}) + (-285.8$ kJ mol$^{-1}) - (-1299.4$ kJ mol$^{-1})$
$ = 226.6$ kJ

と求められる。

演習問題

10.1 超臨界二酸化炭素には炭化水素のような有機化合物は溶けるのに対して塩化ナトリウムのような塩は溶けない。その理由を考察せよ。

10.2 超臨界水中の酸化反応では NOx や SOx の生成を防ぐことができる理由を考察せよ。

10.3 次の酸化還元反応が自発的に進むかどうかを答えよ。

$$Sn(s) + Ni^{2+}(aq) \longrightarrow Sn^{2+}(aq) + Ni(s)$$

10.4 ダニエル電池の正極において電子 e^- から電子を受け取ることができるカチオンとしては H^+ と Cu^{2+} が存在する。しかし，実際に電子を受け取り還元されるのは Cu^{2+} のみである理由を答えよ。

10.5 1.0 mol L^{-1} の $Mg(NO_3)_2$ 水溶液中の Mg 電極と 1.0 mol L^{-1} の $AgNO_3$ 水溶液中の Ag 電極から構成される電池を作った。25°C における標準起電力と反応ギブスエネルギーを求めよ。

10.6 鉄製のパイプを防食するための犠牲電極としてマグネシウムを使うことができる。亜鉛製のパイプの防食にマグネシウムを使うことができるか答えよ。

10.7 ポリ塩化ビニリデンは次の構造をもつ。この高分子を合成する際のモノマーの構造式を答えよ。

$$\left(\begin{array}{cc} H & Cl \\ | & | \\ -C-C- \\ | & | \\ H & Cl \end{array} \right)_n$$

10.8 クロロプレン $CH_2=CH-CCl=CH_2$ を重合させると，合成ゴムのポリクロロプレンを合成できる。ポリクロロプレンの構造を答えよ。

10.9 レジ袋などに使われるポリエチレンなどの高分子は一度引っ張るともとには戻らないが，輪ゴムなどのゴムは変形させてももとに戻る。ゴムのこの性質はどのような構造的な特徴が原因か答えよ。

10.10 表 10.6 の値を用い，次の反応の標準反応エンタルピーを求めよ。
 (1)　$C_6H_6(l) + 3\ H_2(g) \longrightarrow C_6H_{12}(l)$ 　（ベンゼンの水素化反応）
 (2)　$CO_2(g) + H_2(g) \longrightarrow CO(g) + H_2O(l)$
 (3)　$C_2H_4(g) + H_2O(l) \longrightarrow C_2H_5OH(l)$

10.11 100 g のグルコース $C_6H_{12}O_6$ が完全燃焼したときの発熱量を答えよ。ただし，グルコースの標準生成エンタルピーは -1274 kJ mol^{-1} であり，必要であれば表 10.6 の値を用いよ。

コラム

コラム 6：スーパーキャパシタ

　溶質がイオンとして溶解した溶液（電解液）に 2 本の電極を入れて，それらの電極の間に電圧を印加すると，電極表面に反対電荷のイオンが寄り電気二重層を形成する。この電気二重層によって電気エネルギーを蓄える原理のコンデンサを，**電気二重層キャパシタ**または**スーパーキャパシタ**という。スーパーキャパシタの電極材料は電解液中で電圧を印加しても安定で表面積が大きな導電材料である必要がある。これらの特性に加えて実用の観点からは安価で人体や環境に安全な材料が望まれる。そのような要求を満たす材料として，活性炭がスーパーキャパシタの電極材料として使用されている。キャパシタ（コンデンサ）に蓄えられる電気エネルギー E [J] は次式で表される。

$$E = \frac{1}{2}CV^2 \quad (C: 静電容量 \text{ [F]}, \ V: 電圧 \text{ [V]})$$

　スーパーキャパシタに印加できる電圧は電解液が電気分解する電圧より小さくなければならないため，電気分解する電圧が高い電解液の方が蓄電には有利である。したがって，スーパーキャパシタの電解液の溶媒は水系電解液と有機溶媒系電解液の両方が可能であるものの，市販されている製品は有機溶媒（プロピレンカーボネートやアセトニトリル）を電解液とするものがほとんどである。

　スーパーキャパシタは電極表面と電解液の界面における物理現象（電気二重層）を利用して蓄電を行うため，化学反応を介して蓄電を行うリチウムイオン 2 次電池のような化学電池と比較して，蓄えられる電気エネルギーの量は小さい。しかし，スーパーキャパシタは原理的には急速な充放電が可能で，繰り返し使用しても劣化しないという長所がある。そのため，化学電池とは異なる用途で実用化されている。

　小型のスーパーキャパシタは，カメラのストロボ発光の電源，携帯電話のバックアップ電源などに使用されている。落雷などにより短時間の間の電圧降下（瞬時電圧降下）が生じると，真空装置や制御機器を使用した製造では不良品発生や作業停止の問題が生じる。そこで，大型のスーパーキャパシタにより瞬時に電圧を補償して，生産ラインの停止を回避することが行われている。自動車が停止する際にモーターで発電（運動エネルギーを電気エネルギーに変換）し，スーパーキャパシタに蓄電して利用することができる。今後，電気自動車 (electric vehicle, EV) が広く実用化されるようになると，スーパーキャパシタの利用が拡大する可能性がある。

11 無機物質の化学

11.1 金属錯体の化学

触媒および光触媒として用いられる錯体

有機化合物を合成する際，金属の単体や酸化物が触媒として広く用いられている。これらの触媒は化学反応の前後で変化しないが，反応の途中では錯体を形成していることが多い。このため，錯体自体を触媒として用いることも少なくなく，パラジウム，白金，ロジウム，ルテニウムなどが錯体の中心金属となる。錯体は金属だけでなく，配位子の選択により触媒能を調整可能である点にメリットがある。触媒として機能する代表的な錯体として [RhCl(PPh$_3$)$_3$]（PPh$_3$：トリフェニルホスフィン）がある（図 11.1）。この錯体は**ウィルキンソン錯体**ともよばれ，アルケンの水素化などの触媒となる。また，一方の鏡像異性体のみを選択的に合成するうえで有用な不斉触媒として，BINAP とよばれる配位子を含むルテニウム錯体（図 11.2）が知られており，医薬などの分野で期待がもたれている。

光触媒として用いられる錯体は光を吸収して反応活性な励起状態となり，他の物質との間で電子の受け渡しを行うことで化学反応を進行させる。比較的よく知られる錯体の1つに [Ru(bpy)$_2$(CO)$_2$]$^{2+}$（bpy：ビピリジン）（図 11.3）があり，この錯体は，溶液中で [Ru(bpy)$_3$]$^{2+}$（図 11.4）とトリエタノールアミンの共存下，光照射することによって二酸化炭素還元反応の触媒として機能する。この反応において，[Ru(bpy)$_3$]$^{2+}$ は**光増感剤**として，トリエタノールアミンは [Ru(bpy)$_3$]$^{2+}$ を還元的に消光するための**犠牲試薬**として，それぞれ作用している。最近では，このような2種類の錯体を混合した触媒系だけでなく，光増感作用と触媒作用を兼ね備えた錯体の例など，様々なタイプのものが報告されている。光触媒能を示す錯体は，光エネルギーを化学エネルギーに変換する観点から非常に重要である。

分析化学的に用いられるキレートおよびその錯体

キレート滴定は**キレート試薬**とよばれる多座配位子を用い，金属イオンを簡便かつ迅速に定量できる分析法である。代表的なキレート試薬であるエチレンジアミン四酢酸（EDTA，図 11.5）は多座配位子であり，様々な金属イオンと 1:1 の比率で安定な錯体を形成する。この性質を利用することで，滴定に要した EDTA の量から金属イオンを定量することができる。この滴定において，当量点を知るために用いられるのが，EDTA よりも弱い結合力で錯体を形成する色素，すなわち**金属指示薬**である。この金属指示薬は，定量の対象とする金属イオンと錯形成することで呈色する。EDTA を滴下していくと置換反応が進行する。すなわち，

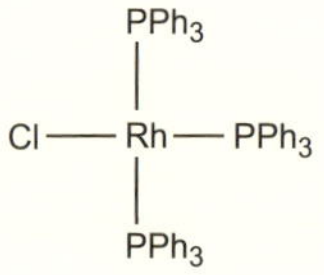

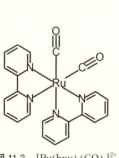

図 11.1 [RhCl(PPh$_3$)$_3$]

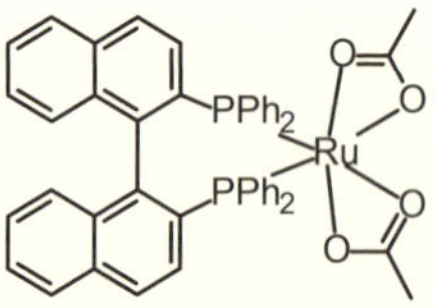

図 11.2 BINAP を配位子とするルテニウム錯体

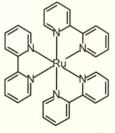

図 11.3 [Ru(bpy)$_2$(CO)$_2$]$^{2+}$

図 11.4 [Ru(bpy)$_3$]$^{2+}$

金属イオンは優先的にEDTAと錯体を形成し，金属指示薬が遊離するため鋭敏な色変化を起こす。キレート試薬や金属指示薬には様々な種類があり，市販されている。

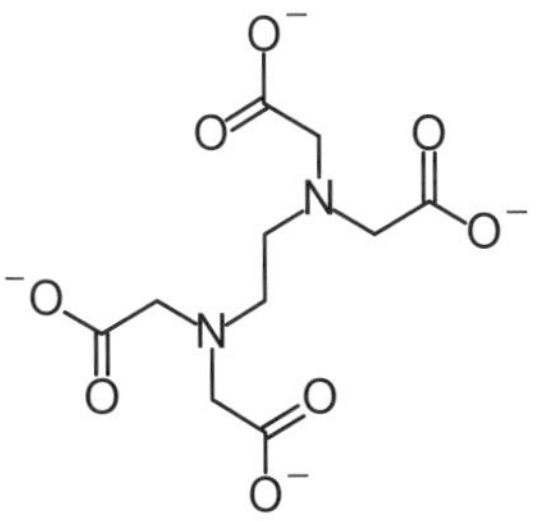

分析機器を用いて金属イオンを定量する方法の1つに**吸光光度法**がある。この方法は大掛かりな装置を必要とせず，比較的容易に金属イオンを定量することができる利点がある。しかし，金属イオン自体は希薄溶液中では，ほとんど着色して見えず，充分な吸光度を示さないことの方が多い。このような場合，特定の金属イオンと安定な錯体を形成する**キレート配位子**を導入することで，高感度での測定が可能になることがある。例えば，PANの略称で知られている1-(2-ピリジルアゾ)-2-ナフトール（図11.6）はCd^{2+}のような無色のイオンと錯形成し，黄色から橙色へと色変化を示す。この変化を利用して，吸光光度法により測定することにより低濃度まで金属イオンを定量することができる。PANはキレート滴定金属指示薬としても知られており，この場合にも錯形成による呈色を利用して定量を行う。PAN以外にも，吸光光度法用の試薬として用いられるキレート配位子が多数存在する。吸光光度法と同様に錯形成を利用して金属イオンを定量する方法として**蛍光光度法**があり，この方法においては，錯形成による発光を検出することで，より高感度に定量を行える利点がある。

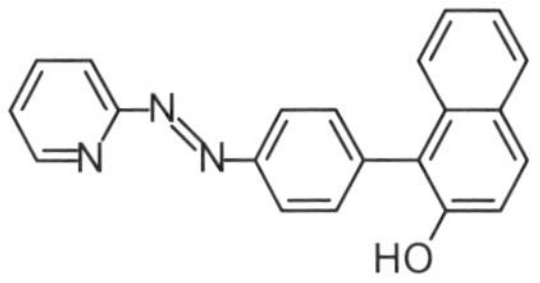

図11.5　EDTA

図11.6　PAN

錯体の色と発光

錯体の中でも，電子によって完全に満たされていないd軌道を有する遷移金属の錯体は様々な色を呈することで知られている。この遷移金属錯体の色調はd電子の数や配置によって異なるが，錯体自体の構造，配位子の種類や数によっても異なる。このことを示す代表的な例として，Co^{3+}イオンを中心金属とする錯体があり，配位子の種類や数だけでなく，構造の違う様々なタイプの錯体が合成され，多様な呈色が知られている。例えば，アンモニアが6分子配位した八面体型錯体$[Co(NH_3)_6]^{3+}$（図11.7）は黄褐色であるが，1分子のアンモニアを塩化物イオンに置き換えた$[CoCl(NH_3)_5]^{2+}$（図11.8）の場合には赤紫色，水分子に置き換えた$[Co(H_2O)(NH_3)_5]^{3+}$（図11.9）の場合には濃赤色，亜硝酸イオンに置き換えた$[Co(ONO)(NH_3)_5]^{2+}$（図11.10）の場合には橙色と，それぞれ異なった色を呈する。これらの錯体の色は主に金属のd軌道内での遷移，すなわち**d-d遷移**によるものであり，配位子自体の色が異なるわけではない。このことから，配位子が一部でも異なるとCo^{3+}イオンのd軌道に影響が及び，結果として色原因となるd-d遷移に違いがもたらされることがわかる。一方，$[CoCl(NH_3)_5]^{2+}$に対して，さらに1分子のアンモニアを塩化物イオンに置き換えると，$[CoCl_2(NH_3)_4]^+$という組成の錯体になるが，この場合，緑色と紫色の2種類の錯体が存在する。$[CoCl_2(NH_3)_4]^+$の場合，2つの塩化物イオンの相対配置の違いによりトランスおよびシスの**幾何異性体**が存在し，この構造の違いがトランス体が緑色，シス体が紫色という違いにつながっている（図11.11）。一般に，錯体の色原因としては，このようなd-d遷移の他に金属と配位子間の**電荷移動型遷移**，**配位子内遷移**などの電子遷移が知られている。

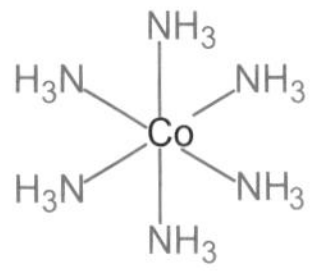

図11.7　$[Co(NH_3)_6]^{3+}$

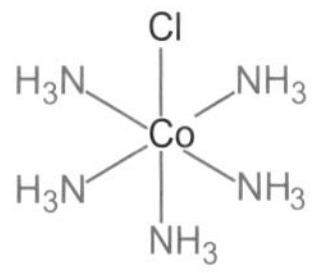

図11.8　$[CoCl(NH_3)_5]^{2+}$

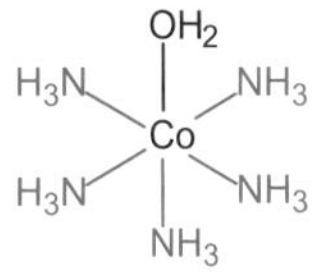

図11.9　$[Co(H_2O)(NH_3)_5]^{3+}$

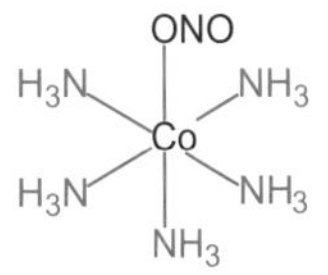

図11.10　$[Co(ONO)(NH_3)_5]^{2+}$

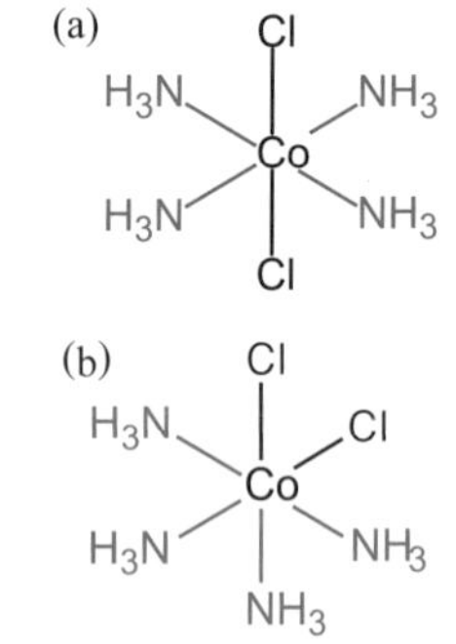

図 11.11 [CoCl$_2$(NH$_3$)$_4$]$^+$ の 2 つの幾何異性体
(a) トランス体
(b) シス体

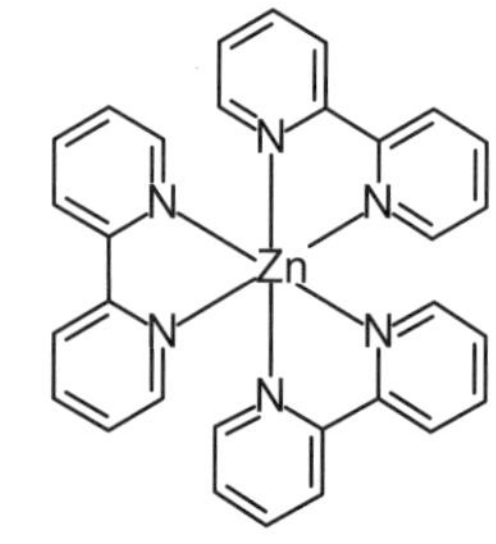

図 11.12 [Zn(bpy)$_3$]$^{2+}$

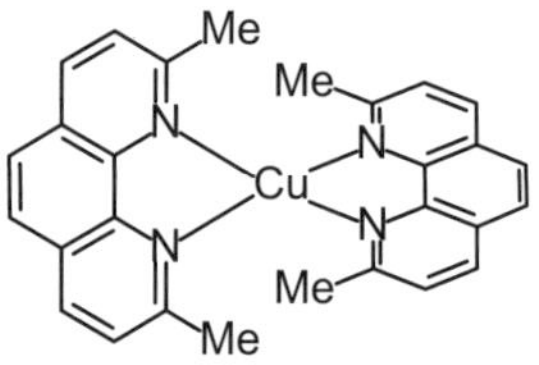

図 11.13 [Cu(dmphen)$_2$]$^+$

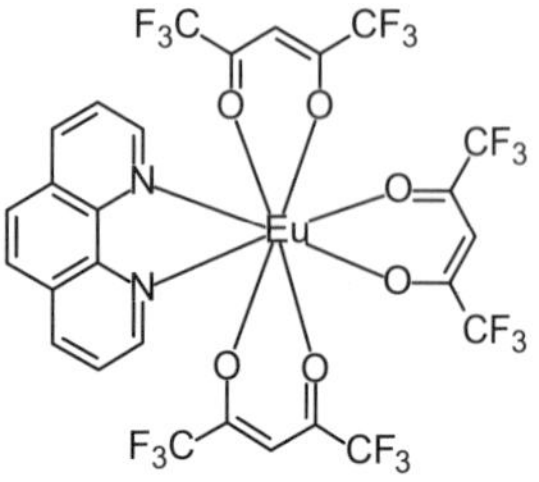

図 11.14 発光性 Eu(III) 錯体

錯体の色原因となる光吸収の逆過程，すなわち，励起状態から基底状態に戻る過程で，蛍光やりん光を示す**発光性錯体**も多数知られるようになってきた。効率よく発光する錯体としては遷移金属イオンや希土類イオンを中心金属とする錯体の例が多い。発光性錯体のうち遷移金属イオンを中心金属とする錯体においては，発光の起源が金属と配位子間の電荷移動型遷移もしくは配位子内遷移によるものが一般的である。発光性錯体の中心金属として有効な遷移金属元素イオンとしては Re$^+$，Ru^{2+}，Ir^{3+}，Pt^{2+}，Cu$^+$，Ag$^+$，Au$^+$，Zn^{2+}，Cd^{2+} などがある。光触媒における光増感剤である [Ru(bpy)$_3$]$^{2+}$（図 11.4）も代表的な発光性遷移金属錯体の 1 つであり，金属と配位子間の電荷移動型遷移による赤色りん光を示すことで知られている。同様の 6 配位八面体型構造をとるものの，中心金属のみ異なる錯体 [Zn(bpy)$_3$]$^{2+}$（図 11.12）の場合には，低温で配位子内遷移に基づく蛍光およびりん光を示す。このように，同じ配位子をもつ同じ型の錯体でも中心金属が違うと発光の起源も異なってくる。また，2,9-ジメチル-1,10-フェナントロリン (dmphen) を 2 分子配位した 4 配位**四面体型錯体** [Cu(dmphen)$_2$]$^+$（図 11.13）のように，室温で遅延蛍光とよばれる興味深い発光を示す例も少なくない。一方，希土類イオンを中心金属とする錯体においては，希土類イオン特有の 4f 軌道が発光に関与している。この 4f 軌道は電子で満たされた 5s および 5p 軌道の内側に存在することで，外部から遮蔽された状態にあり，一般的な遷移金属イオンの場合と異なり，配位子や構造の変化による影響を受けにくい。そのため，どのような錯体でも発光極大の波長に大きな差は生じないが，線幅の狭い発光スペクトル，すなわち，色純度の高い発光が見られる。可視光領域で発光を示す希土類イオンとしては赤色発光を示す Eu^{3+} や緑色発光を示す Tb^{3+} がよく知られており，この他 Nd^{3+}，Er^{3+}，Yb^{3+} のように，近赤外発光を示すものもある。しかし，発光の起源となる 4f 軌道間の電子遷移は起こらず（**禁制**という），希土類イオン単独では効率よく発光することができない。このため，光を捕集して希土類イオンへと受け渡し，高効率発光を促進するような有機配位子の導入が不可欠となる。このような観点から合成された希土類錯体として，発光性 Eu(III) 錯体（図 11.14）をはじめ，様々なタイプの錯体が存在する。これらの発光性錯体は機能材料への応用に期待されており，実際に，**有機エレクトロルミネッセンス (EL) 素子**，**発光センサ**，**イノムアッセイ**など，様々な分野に用いられている。

キレート配位子の応用

キレート配位子は金属イオンの定量に用いられる以外にも，様々な方面で応用されている。例えば，**キレート剤**として品質保持の目的で化粧品や食品に配合されるだけでなく，妨害金属イオンを封鎖して本来の性能を発揮させるために工業用洗浄剤で使用されている。キレート滴定に用いられる EDTA はキレート剤としても古くから用いられているが，生分解性が著しく低いという欠点がある。このため，最近では ASDA の略称をもつ L-アスパラギン酸二酢酸や GLDA の略称をもつ L-グルタミン酸二酢酸のように，アミノ酸を原料とする**生分解性キレート剤**が開発されるようになっている（図 11.15）。一方，キレート剤は有害な金属

11.1 金属錯体の化学

イオンと安定な錯体を形成する特性に優れることから，体内に蓄積された有害金属を除去するための薬として用いられるものもある。

溶媒抽出法は水相および有機相における溶解度差を利用して物質を分離する方法であり，金属イオンの分離・回収に広く用いられている。この方法において，水溶液中の金属イオンを有機相へと移動させるために，金属イオンと錯形成して有機溶媒に溶解しやすい錯体へと変換するための配位子，すなわち，**抽出剤**が必要となる。この抽出剤に対しても様々なタイプのキレート配位子が用いられているが，EDTA（図11.5）については生成する錯体が高い親水性をもつため溶媒抽出には不向きである。抽出剤としては水に不溶であるだけでなく，有機溶媒に溶解しやすい錯体を形成するキレート配位子が望ましく，分析試薬に用いられているものも少なくない。アセチルアセトン（図11.16）は比較的古くから用いられてきた抽出試薬であり，β-ジケトン類とよばれる類似化合物が種々知られている。このβ-ジケトン類の特徴はキレート配位可能な2つの酸素原子を有することである。この酸素原子間の距離は近傍の置換基の種類や構造に依存して異なり，結果として金属イオンのサイズに対する選択性が生じる。このため，高選択認識・分離能を有する抽出剤として期待がもたれている。この例にも見られるように，溶媒抽出法においては適切な抽出剤を選択することにより，様々な金属イオンを分離・精製することができる。

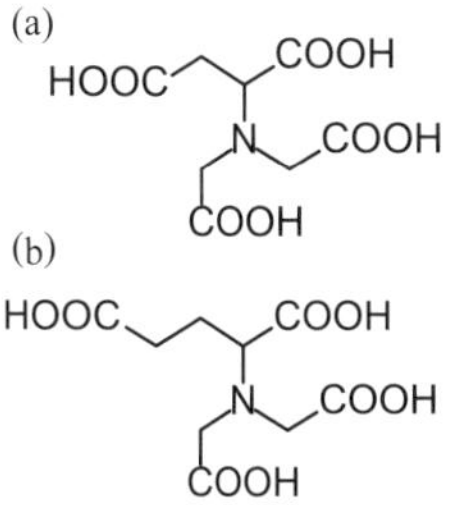

図11.15 生分解性キレート剤の例
(a) ASDA, (b) GLDA

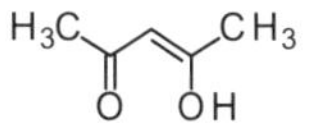

図11.16 アセチルアセトン

センシングに用いられる錯体

遷移金属錯体の発光は外部環境による影響を受けやすく，発光強度やエネルギーの変化を引き起こすことも少なくない。このような錯体のうち微妙な条件の違いに鋭敏に応答する錯体は**センシング材料**としての応用に期待がもたれている。遷移金属錯体の発光は蛍光よりも長い寿命のりん光によるものが多く，この場合，酸素による消光の影響を受けやすい。この性質を利用してルテニウム(II)錯体や白金(II)錯体などは**酸素センサ**として実用化されている。

金属イオンに応答して発光の強度や波長が変化する配位子や錯体は**金属イオンセンサ**として機能する。このような発光分析によるセンサは高感度で鋭敏に検出可能な点で吸光分析よりも優れている。検出対象となる金属イオンとしてはカリウム，亜鉛，水銀，鉛などがあり，発光部位と金属イオン認識部位を組み合わせた様々な錯体が開発されている。一例として，アルカリ金属イオンのうちカリウムイオンに特異的に応答する錯体を図11.17に示す。この錯体の特徴は，2つの金(I)イオンおよび2つの**クラウンエーテル**[*1]とよばれるポリエーテル骨格を含むことである。この錯体の発光は，2つの金(I)イオン間の相互作用の程度に依存して異なる色調間で変化する。また，2つの金(I)イオン間の距離と2つのクラウンエーテル骨格の配置には相関性があり，クラウンエーテル骨格間の配置は，アルカリ金属イオンの捕捉方法に依存する。これら2つのクラウンエーテル骨格は15-crown-5とよばれるタイプであり，環のサイズとしてはカリウムイオンよりもナトリウムイオンの方が適合しやすい。実際，この錯体がナトリウムイオンを捕捉する場合には1つのナトリウムイオンが1つの15-crown-5に収まる

[*1] 長崎で少年時代を過ごし，後にアメリカの企業研究者となったペダーセン（Pedersen, C.J., 1904-1989）が発見したのがクラウンエーテルである。名称のクラウン(crown)は分子形状が「王冠」に似ていることに由来する。ペダーセンの業績は分子認識化学や超分子化学の先駆けとして高く評価され，1987年にノーベル化学賞を受賞した。博士号をもたない受賞者としても知られている。

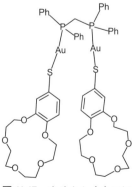

図11.17 カリウムイオンに特異的に応答する金錯体

ので，1:2の付加体を形成する。一方，より大きいサイズのカリウムイオンに対しては 15-crown-5 に収まらず，2つのクラウンエーテル骨格で1つのカリウムイオンを挟み込んだ形の1:1付加体を形成する。この際，クラウンエーテル骨格のつけ根にある2つの金(I) イオンはカリウムイオンを捕捉していない場合よりも接近し，結果として**金属間相互作用**を生じる。この金(I) 間の相互作用に基づき，発光色が顕著に変化することを利用して，カリウムイオンのセンシングを可能としている。

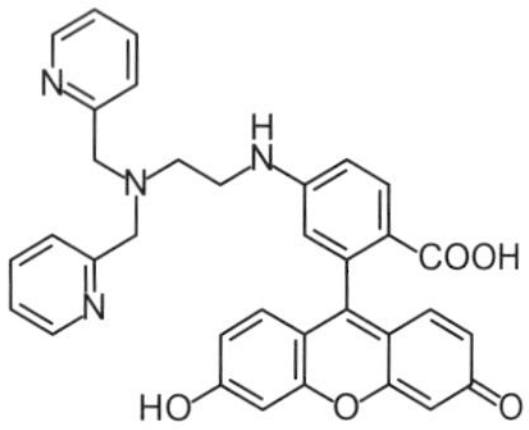

生体内の金属イオンを検出するためのセンサーに関する研究も広く行われており，例えば，発光部位にフルオレセイン骨格，金属イオン認識部位に N,N-ビス(2-ピリジルメチル) エチレンジアミン骨格をもつ分子 (図 11.18) はかなり低濃度でも選択的に亜鉛(II) イオンを捕捉して発光する。比較的新しいカテゴリーとして溶媒の蒸気に応答して発光変化を示す錯体があり，センシング材料としての応用に期待がもたれている。

図 11.18　選択的に亜鉛(II) イオンを捕捉して発光する分子

その他の機能性錯体

有機エレクトロルミネッセンス (EL) 素子は電気により発光する素子である。このEL素子の発光物質として錯体が注目されるようになったのは発光層に蛍光性のトリス (8-キノリノラト) アルミニウム(III) (図 11.19) が用いられたことが契機といえる。しかし，この錯体の発光は蛍光によるものであり，有機化合物を凌駕する発光効率は期待できない。錯体の優位性が認められるようになったのはりん光性のオクタエチルポルフィリン白金(II) (図 11.20) を組み込んだ EL 素子が登場して以降となる。ELの場合，アノードから注入された正孔とカソードから注入された電子が再結合することで発光状態が生じる。この発光状態の生じ方に由来してりん光の理論的な発光効率が 100％ となるのに対して，一般的な蛍光の発光効率は 25％ が限界である。特に，重原子である遷移金属イオンを含む錯体の場合，一般的な有機化合物と比べりん光効率が高くなりやすい。このため，りん光性錯体は EL 素子の発光物質として蛍光性錯体よりも有力視されている。代表的なりん光性錯体の1つにトリス (2-フェニルピリジナト) イリジウム(III) (図 11.21) があり，類似配位子を含む錯体も種々合成され，高効率で多様な色合いの発光が実現されている。

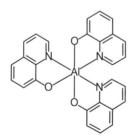

図 11.19　トリス (8-キノリノラト) アルミニウム(III)

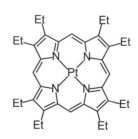

図 11.20　オクタエチルポルフィリン白金(II)

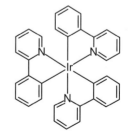

図 11.21　トリス (2-フェニルピリジナト) イリジウム(III)

機能性錯体の応用分野として，発光素子と同様に期待されているのが太陽電池である。太陽電池は太陽光エネルギーを電気エネルギーへと直接変換するデバイスである。最も広く使用されている太陽電池はシリコン結晶を材料とするものである。近年，金属錯体を用いた太陽電池が注目されており，二酸化チタン(TiO_2)を電極としている。二酸化チタンのみでは可視領域に吸収をもたず，太陽光エネルギーを充分利用することができない。このため，太陽光の吸収に有利な色素で二酸化チタンを修飾する方法がとられている。修飾するための色素としては有機化合物を用いた例もあるが，ルテニウム(II)錯体などの金属錯体を用いたものが多い。一般的な色素増感太陽電池の構成を図11.22に，代表的なルテニウム(II)錯体を図11.23に示す。この構成において，ルテニウム(II)錯体は太陽光を吸収して励起状態となり，励起された電子は酸化チタンへと移動する。酸化チタンはこの受け取った電子を電極へと受け渡す。一方，ルテニウム錯体中のRu^{2+}は酸化されてRu^{3+}になるが，このRu^{3+}は電解質溶液中のヨウ化物イオンI^-から電子を受け取ることでもとのRu^{2+}に戻る。この際，Ru^{3+}に電子を受け渡したI^-は酸化されてI^{3-}となるが，対極で電子を受け取ることで還元されてもとのI^-となる。この一連の流れにより，色素増感太陽電池として発電が起きる。

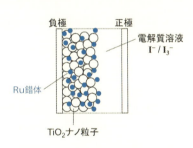

図11.22 色素増感太陽電池の構成

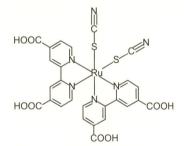

図11.23 色素として用いられるルテニウム(II)錯体の例

生体に関連する錯体

生体内には微量の金属元素が含まれており，主として錯体の形で酸化還元や電子移動，酸素運搬など生命活動に欠かせない役割を担っている。この際，錯体はタンパク質と複合体を形成して機能を発揮することが多く，錯体を含むタンパク質の構造や機能を知ることは非常に重要である。また，タンパク質内では金属イオンはアミノ酸に配位することで錯体を形成する他，ポルフィリンなどに結合することで非アミノ酸要素である補欠分子族として取り込まれる。メチルコバラミン(図11.24)はビタミンB_{12}として知られるコバラミンの一種であり，モリブデン補因子とよばれるモリブドプテリンがモリブデンに配位した錯体(図11.25)とともに金属を含む補欠分子族の代表例である。

タンパク質や酵素には鉄を含むものが存在し，それらは生体内で非常に重要な役割を果たしている。このうち，ポルフィリン骨格をもつものはヘム鉄，もたないものは非ヘム鉄とよばれている。補欠分子族であるヘム鉄は図11.26に示す構造の錯体であり，これを含むタンパク質はほとんどの生命体に存在する。ヘモグ

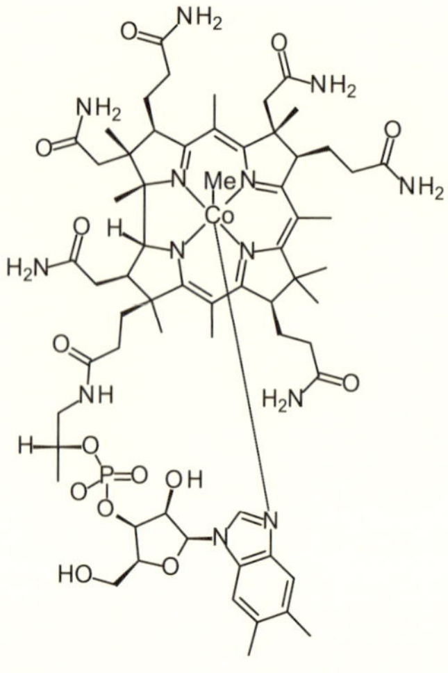

図 11.24　メチルコバラミン

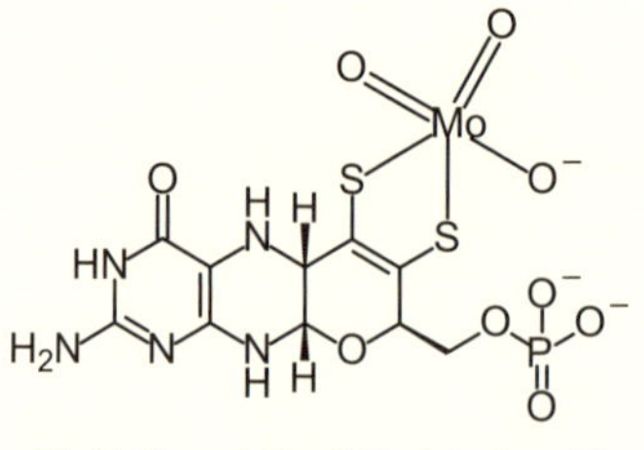

図 11.25　モリブドプテリンがモリブデンに配位した錯体

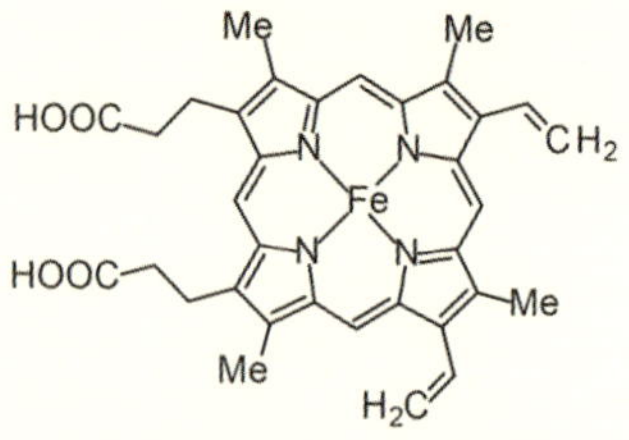

図 11.26　ヘム鉄

ロビン，ミオグロビンはその代表例であり，中心金属である鉄が介在して，酸素分子を可逆的に配位および解離することにより酸素運搬および貯蔵の機能を有する。この際，ヘモグロビンに酸素が結合していない状態をデオキシ型，酸素が結合している状態をオキシ型とよぶ。デオキシ型のヘムにおいて，中心金属である鉄(II)イオンはポルフィリン骨格の4つの窒素とタンパク質中のヒスチジン残基の1つの窒素により5配位構造をとっている。一方，オキシ型では酸素分子がヒスチジンの反対側から鉄(II)イオンに配位することで6配位構造となる。この構造において，ヒスチジンは安定に酸素分子をヘムに配位させるための重要な役割を担っている。

光合成を行う生物においては太陽からの光を効率よく捕集して伝達するための色素分子が多数存在する。この色素分子の1つにマグネシウム(II)を中心金属とし，4つのピロール環が環状に連結した構造をもつ**クロロフィル**がある。クロロフィルは配位結合や水素結合など比較的弱い結合を通じて，比較的少数のアミノ酸からなるペプチドに固定化されている。図 11.27 に示すように，クロロフィルは環状テトラピロールの2価のアニオンが配位したマグネシウム錯体(II)である。この錯体において，中心金属であるマグネシウム(II)には環状配位子の4つの窒素原子が配位しているが，上下方向から別の配位子が結合することもできる。通常，このうちの一方に配位子が結合した5配位構造をとるとされている。クロロフィルは生体内での物質合成に対して，非常に重要な役割を果たしている。

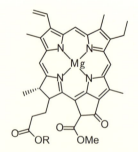

図 11.27　クロロフィル-a
（R：フィチル側鎖）

11.2　無機材料の化学

結晶

原子，イオン，分子などが規則正しく周期的に配列した構造を有する固体を結晶という。結晶中の粒子の立体的な配列構造を**結晶格子**といい，結晶格子中の配

列の繰返しの最小単位を**単位格子**という。結晶中のある粒子を考えて，その粒子から最も近い距離に存在する他の粒子の数を配位数という。

無機材料の場合，結晶を構成する粒子は原子やイオンであり，粒子同士の結合の種類には金属結合，イオン結合，共有結合がある。結晶の種類は結合の種類で分類され，それぞれ金属結晶，イオン結晶，共有結合の結晶とよばれる。

金属結晶の構造

金属結晶の構造は同じ大きさの球を空間中に最も密に詰め込んだ配列構造（最密構造）もしくは少し隙間を有する配列構造をとる。最密構造には**面心立方格子** (face-centered cubic, fcc) と**六方最密構造** (hexagonal close-packed, hcp) がある。最密構造は同じ大きさの球を平面に敷き詰めて1層目を形成し，その1層目の隙間を埋めるように2層目を積み重ね，その2層目の隙間を埋めるように3層目を積み重ねるとできる。この3層目の積み重ね方には2通りある（図11.28）。

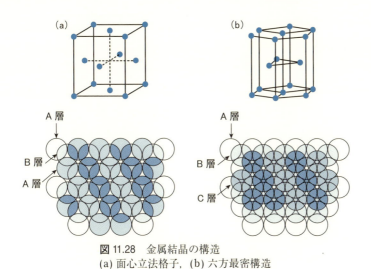

図 11.28 金属結晶の構造
(a) 面心立法格子，(b) 六方最密構造

・**面心立方格子**：上から見ると3層目の球が1層目の球と同じ位置にあり，層がABAB…と繰り返す構造をしている。
・**六方最密構造**：上から見ると3層目の球が1層目の球と異なる位置にあり，層がABCABC…と繰り返す構造をしている。

面心立方格子と六方最密構造は原子の積み重なり方が異なるものの，どちらの構造も配位数は12で，単位格子中の原子が占める体積の割合（**充填率**）は74%である。体心立方格子は立方体の中心と各頂点に原子が配列している構造である。配位数は8で充填率は68%である。

イオン結晶の構造

カチオンとアニオンが静電的な引力により形成した結合をイオン結合といい，イオン結合でできた結晶をイオン結晶という。イオン結晶の場合，あるイオンに

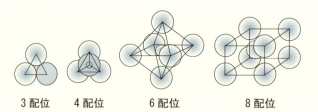

	イオン半径比
3 配位	0.155 ～ 0.225
4 配位	0.225 ～ 0.414
6 配位	0.414 ～ 0.732
8 配位	0.732 ～ 1.000

図 11.29 イオン半径比と配位数

最も近い距離にあるイオンは反対符号のイオンである。イオン結合には方向性はないので，イオン結晶の構造は最密構造をとる傾向があるが，カチオンとアニオンでは大きさが異なり，また隣のイオンは電荷の符号が反対のイオンでなければならないという制約がある。一般に，カチオンよりもアニオンの方が大きいので，アニオン同士の間に形成される空間に入る。したがって，図 11.29 に示すように，カチオンとアニオンの半径比で積み重なり方が変わり，配位数はイオンの半径比に大きく依存する。よく知られているイオン結晶としては塩化セシウム CsCl や塩化ナトリウム NaCl がある。

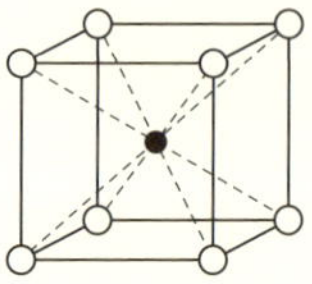

図 11.30 塩化セシウム型構造

・**塩化セシウム型構造**：塩化セシウム型構造を図 11.30 に示す。塩化物イオンが立方体の頂点に位置し，その立方体の中心にセシウムイオンが存在する構造である。カチオンの配位数（カチオンの周囲の最隣接のアニオンの数）とアニオンの配位数（アニオンの周囲の最隣接のカチオンの数）はいずれも 8 である。

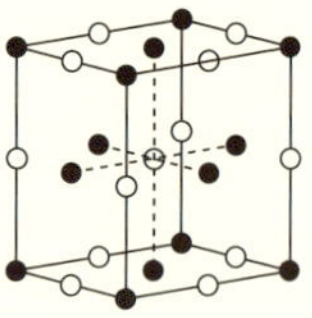

図 11.31 塩化ナトリウム型構造

・**塩化ナトリウム型構造**：塩化ナトリウム型構造を図 11.31 に示す。塩化物イオンが面心立方格子に配列し，塩化物イオンの間にナトリウムイオンが存在する構造をしている。カチオンの配位数とアニオンの配位数はいずれも 6 である。

共有結合の結晶の構造

共有結合は電子軌道の重なりにより電子を共有することにより形成される結合である。電子軌道には方向性があるので共有結合には方向性があり，配位数は電子軌道の種類に依存する。

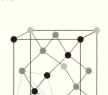

図 11.32 ダイヤモンド型構造

・**ダイヤモンド型構造**：ダイヤモンド型構造を図 11.32 に示す。正四面体の重心と 4 つの頂点に炭素原子がある構造が次々につながっている構造をしている。炭素原子と炭素原子の間は sp^3 混成軌道の重なりによる共有結合である。結合の方向は sp^3 混成軌道の電子雲の広がりの方向と一致する。

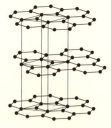

図 11.33 黒鉛の構造

・**黒鉛**：黒鉛の構造を図 11.33 に示す。黒鉛はダイヤモンドと同じく炭素原子のみから構成されているが，結晶構造が異なる。1 つの炭素原子から平面上の 120°ごとの 3 方向に別の炭素原子と共有結合した構造が，次々とつながって炭素原子と配列が六角形をした平面を構成し，その平面が積み重なった結晶構造をしている。炭素原子と炭素原子の結合は sp^2 混成軌道の重なりによる共有結合である。結合の方向は sp^2 混成軌道の電子雲の広がりの方向と一致する[*1]（次頁）。

非晶質 (アモルファス)

原子または分子が結晶構造のような規則正しい空間的配置にはならずに集合した固体状態のことを**非晶質(アモルファス)**という。身近な例としては、ガラスやゴムがある。非晶質の固体は融解が一定の温度で起こらず、温度変化しながら融ける。

結晶系

単位格子の交わる3つの軸の長さと軸の間の3つの角度により単位格子の形が決まる。この分類を**結晶系**(図11.34)といい7種類ある。面心立方格子と体心立方格子は立方晶系に属しており、六方最密構造は六方晶系に属している。単位格子内の原子配置も考慮した分類を**ブラベ格子**といい14種類ある。

*1 (182ページの脚注)
黒鉛は層状化合物としてよく知られている物質であり、結晶構造が方向により異なるので物性(導電率、熱伝導率、力学特性など)は異方性がある。黒鉛の各層間の結合は共有結合ではなくファンデルワールス力により結合している。そのため容易に剥離するので黒鉛劈開(へきかい)性を有する。黒鉛(graphite)の単層をグラフェン(graphene)という。ガイム(Geim, A., 1958-)とノボセロフ(Novoselov, K., 1974-)は、スコッチテープで剥離させることを繰り返してグラフェンを作製する実験の功績により2010年にノーベル物理学賞を受賞した。グラフェンは特異な物性を有することから最近盛んに研究されている。

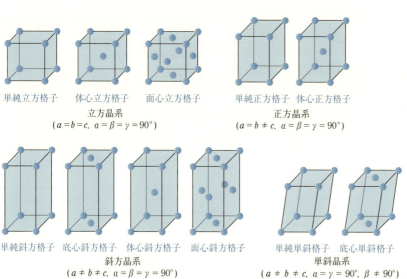

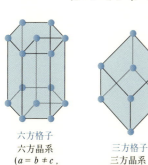

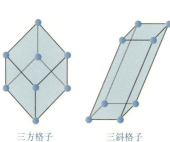

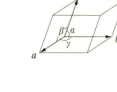

図11.34 結晶系

結晶面

結晶中の原子の通る平行な平面の集合を**結晶面**という。結晶面を表すためにミラー指数とよばれる記号が使われる。例えば，図 11.35 に示すように，面心立方格子で (100)，(111)，(110) は，それぞれ図中の平面を表す。

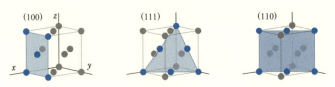

図 11.35　面心立方格子の結晶面

金属酸化物

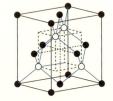

図 11.36　ウルツ鉱型結晶構造

- **酸化マグネシウム MgO**：酸化マグネシウムはマグネシアともいわれる。結晶構造は NaCl 型結晶構造であり，融点が非常に高い (2800°C 程度) ので耐火物として利用される。
- **酸化亜鉛 ZnO**：酸化亜鉛の結晶構造の場合，イオン半径比から予想される Zn^{2+} イオンと O^{2-} イオンの配位数はともに 6 であるが，実際には 4 配位のウルツ鉱型結晶構造である (図 11.36)。その理由は，亜鉛と酸素の電気陰性度の差が小さいので，Zn-O 結合が酸化物の結合としては共有結合性が強いためである。酸化亜鉛は透明電極の材料や白色顔料に使用されている。

演習問題

11.1 触媒および光触媒として用いられる金属錯体にはどのようなものがあるか示せ。

11.2 キレートおよびその錯体はどのようにして分析化学的に用いられているか，例をあげて説明せよ。

11.3 金属錯体の色や発光はどのような電子遷移により生じるか示せ。

11.4 キレート配位子はどのような分野で応用されているか，例をあげて説明せよ。

11.5 センシングに用いられる錯体にはどのようなものがあるか示せ。

11.6 機能性錯体はどのような分野で応用されているか，例をあげて説明せよ。

11.7 生体に関連する錯体にはどのようなものがあるか示せ。

コラム

11.8 下記の物質は (A) 金属結晶, (B) イオン結晶, (C) 共有結合の結晶, (D) 非晶質のいずれにあてはまるか.
(1) シリコン単結晶　　(2) 窓ガラス　　(3) ダイヤモンド
(4) アルミ棒　　(5) 融雪剤 (塩化カルシウム)

11.9 ケイ素 (シリコン) の結晶はダイヤモンドと同様の構造であり, 単位格子に 8 個の Si 原子を含む. 単位格子の 1 辺の長さを $5.43 Å$ として, 密度を求めよ.

11.10 ブラベ格子について簡単に説明せよ.

コラム7：人工ダイヤモンドとカーボン材料

　炭素は二酸化炭素や有機分子を構成する原子として非常に身近に存在する。ダイヤモンドは炭素原子のみから構成された物質で，宝石としてよく知られているが，非常に硬い特異な物性を有するので工業材料として応用することが研究されている。ダイヤモンドを人工的に合成する方法として，高圧合成法，CVD法，爆発法が知られている。高圧合成法は1950年代にアメリカのゼネラルエレクトリック社により発明された，黒鉛を高温高圧の状態にすることでダイヤモンドを合成する方法である。ニッケルやコバルトに溶解した炭素が過飽和状態で析出する際に，熱力学的に高温高圧状態で安定相であるダイヤモンドとして析出する現象を利用してダイヤモンドを合成する方法である。高圧合成法では粒子状のダイヤモンドを合成できる。高温高圧法で作製されたダイヤモンド粒子は研磨材などに実用化されている。CVD法によるダイヤモンド合成は1982年に日本の無機材質研究所 (現在，物質材料研究機構) により発明された。これはメタンなどの気体原料からダイヤモンドを合成する方法で，薄膜状のダイヤモンドを基板の表面に析出させることができる。ダイヤモンドはバンドギャップが大きいので大電流で作動する半導体素子 (パワーデバイス) の材料に適している。CVD法は原理的に不純物の混入を抑制してダイヤモンドを合成できるので，ダイヤモンド半導体素子を作製する方法として研究が進められている。爆発法は密封した空間で火薬を爆発させると急激な温度と圧力の上昇後に急速に温度と圧力が低下することを利用して，非常に短い時間のみダイヤモンド相が安定な高温高圧状態とすることで，微粒子のダイヤモンドを合成する方法である。爆発法のダイヤモンドの原料となる炭素源は火薬をダイヤモンドの原料となる炭素源とする方法と，黒鉛を炭素源とする方法がある。爆発法で合成したダイヤモンドは粒径が数〜数十 nm の1次粒子径が強く凝集している。容易には解砕できないが，微粒子状のダイヤモンドとしての特性を活用するために解砕して利用する研究が進められている。

　炭素はダイヤモンド以外の同素体として，黒鉛，フラーレン，カーボンナノチューブ，グラフェンが知られている。黒鉛は半導体製造に使用する坩堝や電気製鋼の電極の材料として実用化されており，カーボンナノチューブなどは応用のための研究開発が進められている。また活性炭や炭素繊維のように，炭素以外の元素も含むが主に炭素原子から構成されているカーボン材料は，構成する非炭素原子の割合や化学結合の多様性により様々な物性を有する。そのため，いろいろな工業分野において種々のカーボン材料が利用されている。「スーパーキャパシタ」の電極材料もその1つである。

12 基幹産業を支える化学

12.1 医薬品の化学：創薬化学

古来，人類は天然から得られる物質を生薬として利用してきた。化学の進展に伴ってわずか120年ほど前に**アセチルサリチル酸**が初の**合成医薬品**として登場して以来，数多くの合成医薬品が利用できるようになった。特に生体物質の理解が進んでからは，生体物質の構造情報から積極的に生体物質と相互作用可能な分子を設計するような薬の開発が進められている[*1]。

生体の主要な栄養素として，糖質，タンパク質，脂質，ビタミン，ミネラル，そして生命の設計図としての核酸を説明してきた(8章参照)。この中で生体内における化学反応触媒，物質輸送，情報伝達といった生命機能制御における主要な役割を担うのはタンパク質である。タンパク質と相互作用して機能を制御する化学物質が薬として見いだしやすく，事実タンパク質を標的とした薬は市販薬の2/3を占めるといわれている。

ここでは，初の合成医薬品であるアセチルサリチル酸とその関連薬をはじめとし，病原性微生物との戦いに発展した**抗生物質**，そして日本人の死因1位となった悪性新生物(ガン)に対する**抗ガン剤**の開発を踏まえ，最新の創薬アプローチについて解説する。

酵素の阻害剤としての合成薬：アセチルサリチル酸とその関連薬

アセチルサリチル酸 (図12.1) は1899年にアスピリンの名で発売された鎮痛薬である[*2]。前駆物質であるサリチル酸はコルベ・シュミット法によるフェノール(石炭酸)からの工業的合成方法が確立され，またリウマチの治療薬としてサリチル酸が有効であることが報告されていた。しかし，この物質は不快な味のみならず激しい胃痛を起こすなどの深刻な副作用があった。1897年に純度よくアセチルサリチル酸が得られ，それまでサリチル酸より副作用が少ないとされたサリチル酸ナトリウムよりアセチルサリチル酸が経口薬として好ましい性質をもつことが報告された。必要な薬効を残しつつ副作用を低減させることは，現在の創薬においても共通の概念となっている。

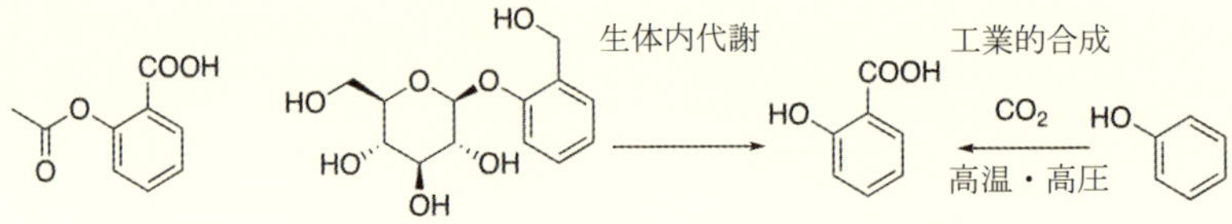

*1 生体内分子がどのような働きをしているか考えると，薬の主要な標的が理解できる。脂質と相互作用する物質は細胞膜に影響を与えることになり，細菌の細胞膜を選択的に攻撃できれば殺菌剤となる。ただし，ヒトの生体膜には影響を及ぼさないものでなくてはならない。核酸と相互作用する物質は生命の設計図に影響を与えかねないので，死に直結したガンなどの疾患でない限りは危険性が伴う。糖質，ビタミン，ミネラルはどちらかというとその物質の存在が生命機能を維持しているので，その構造に類似した物質が薬の可能性となる。

*2 サリチル酸は，紀元前4世紀頃から生薬として用いられていた西洋シロヤナギ *Salix alba* から得られる天然物サリシンが生体内で化学変化した後に得られる物質で，発熱や炎症を抑える有効成分として明らかにされていた。「良薬は口に苦し」というがサリシンもサリチル酸も不快な苦味があったという。ドイツのバイエル社にいたホフマン (Hoffmann, F., 1868-1946) はリウマチ治療にサリチル酸を服用していた父の副作用の苦しみを救うべく，純度よくアセチルサリチル酸を得る方法を開発した。

図12.1 アセチルサリチル酸と関連化合物

この時代，動物実験はなされていたものの生体内での作用機序はわかっていなかった。体内での炎症誘発物質（プロスタグランジン）の合成を行う酵素（シクロオキシゲナーゼ，COX）の働きをアセチルサリチル酸が抑制することを1971年にベーン（Vane, J. R., 1927-2004）が解明し，彼はこの業績を含め1982年にノーベル生理学・医学賞を受賞した。アセチルサリチル酸の開発以降に同様な作用をもつイブプロフェン，インドメタシンといった鎮痛薬が開発されているが，これらは非ステロイド性抗炎症薬（NSAIDs）としてアセチルサリチル酸同様にCOX阻害能をもつ**酵素阻害剤**である。

COX酵素阻害が抗炎症作用に有効であることが明らかになったが，COX酵素阻害にはCOX-1とCOX-2の2つのタイプがあることが1992年に発見された。これらは同様の機能をもつ酵素（**アイソザイム**）であるが，COX-1は生体内の恒常性を維持するための構成酵素，COX-2は炎症発生時に発現する誘導酵素である。したがって，副作用を切り離すためにはCOX-2にのみ選択的に阻害を行うのが望ましく，セレコキシブはこの概念の下，選択的COX-2阻害薬としてデザイン開発された。現代の創薬では副作用低減のためアイソザイム選択的酵素阻害剤の開発が指向されている。

抗生物質：ペニシリンとその他の微生物産生抗菌物質

人類は古くから感染症と戦ってきたが，外科手術後の感染に伴う敗血症による高い死亡率は深刻な問題であった。19世紀の後半になり敗血症の原因となる傷口の化膿が細菌により起こることに気づいたリスター（Lister, J., 1827-1912）が，消毒にフェノールを用いて死亡率を激減させた。しかし，戦場などの不十分な環境下で感染症に罹患する戦傷兵の状況が依然としてあり，これに直面した経験をもつフレミング（Fleming, A., 1881-1955）は感染症治療のための薬剤の探索に着手した。寒天培地で培養した黄色ブドウ球菌のコロニーが青カビにより汚染されていたので廃棄しようとしたフレミングであったが，細菌のコロニーのカビの周囲だけが円状に透明となって細菌の生育が阻止されていることに気づいたことが**ペニシリン**（図12.2）の発見の契機となった[*1]。この円形は**阻止円**とよばれ，細菌の薬物感受性試験を視覚的に見積もる方法として薬剤開発の試験に用いられている。フレミングは青カビの培養液の濾液から抗菌物質が含まれていることを見いだし，青カビの属名である*Penicillium*にちなんでペニシリンと命名し，1929年に発表した。ペニシリンを医療の現場で実用化するためには精製と量的確保が必要であったが，フレミング自身は細菌学者のため化学的手法を得意とする研究者にその課題を託さざるを得なかった。第二次世界大戦の戦火が拡大するなか，ペニシリンの大量生産研究はアメリカにて行われ，培地の改良と好適な細菌株の発見によって1942年にペニシリンGの量産が可能となった。抗生物質の発見はその後の医薬品探索に多大な影響を与えることになった。ワクスマン（Waksman, S. A., 1888-1973）はストレプトマイシンなどの抗生物質を発見し，結核治療薬発見の業績で1952年ノーベル生理学・医学賞を受賞している[*2]。2015年ノーベル生理学・医学賞を受賞した大村智（1935- ）は微生物の生産する天然

[*1] ペニシリンの発見から約10年後，フローリー（Florey, H. W., 1898-1968）はチェーン（Chain, E. B., 1906-1979）らとともに動物実験に必要な量のペニシリンの精製を達成し，感染症に劇的な効果をもたらすことを確認した。

戦場における感染症が脅威であった当時，ペニシリンの供給は戦況を有利にする武器になり，連合国側では多くの戦傷兵が助かった。第二次世界大戦が終結した1945年，フレミングらにノーベル生理学・医学賞が授与された。

[*2] 抗生物質は2種の細菌が同じ場所に存在する際に生じる拮抗現象において，「微生物が産生し，他の微生物の発育を阻害する物質」としてワクスマンが定義した。

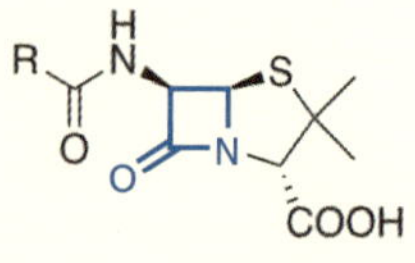

図12.2 代表的な抗生物質

ペニシリン類
ペニシリンG 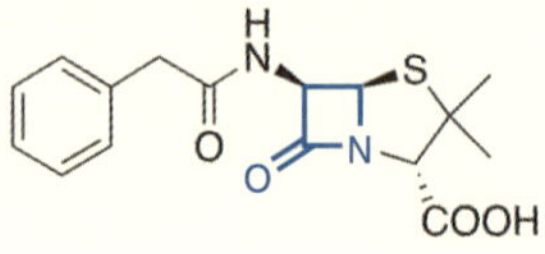
ストレプトマイシン 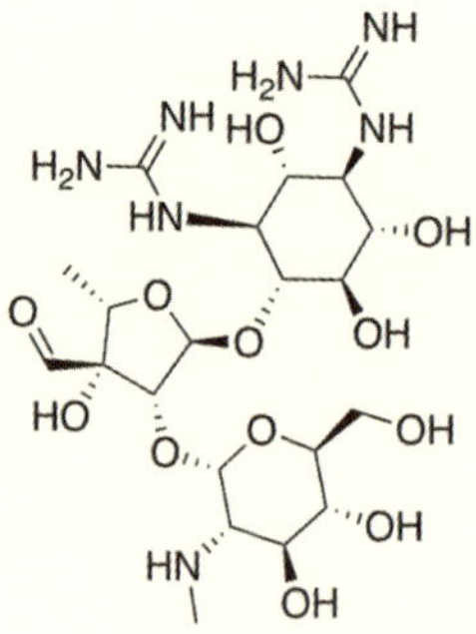
アベルメクチン B1a (R=CH$_2$CH$_3$) 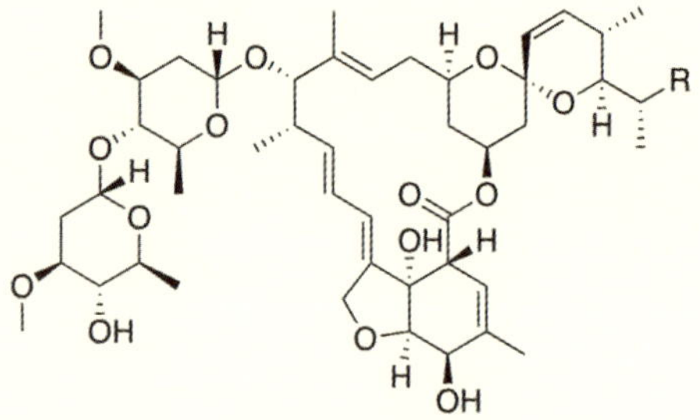
アベルメクチン B1b (R=CH$_3$)

*1 β-ラクタム環構造は細菌細胞壁を構成するペプチド部分の立体構造に類似している．細菌の増殖の際に酵素（トランスペプチダーゼ）がD-Ala-D-Ala構造からなるペプチド部分を認識して細胞壁を架橋伸長するが，ペニシリンを誤認識することで，細胞壁の架橋が行われなくなる．阻害により，脆弱化した細胞壁が浸透圧に耐えられなくなって溶菌を起こし死滅する．ヒトの細胞には細胞壁が存在しないため，この作用機序は働かず，細菌に対して選択毒性を発揮することになる．

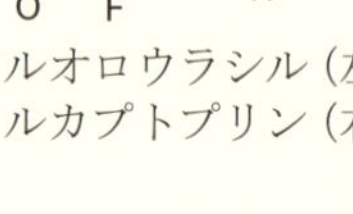

シクロホスファミド
フルオロウラシル（左）
メルカプトプリン（右）

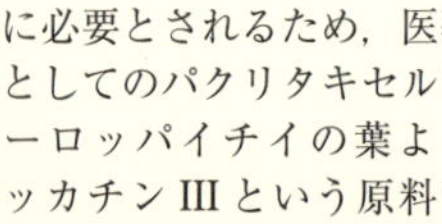

*2 パクリタキセルは樹齢100年の樹皮6本分がガン治療に必要とされるため，医薬品としてのパクリタキセルはヨーロッパイチイの葉よりバッカチンIIIという原料を抽出し，パクリタキセルに転換している（半合成）．有機合成化学者にとって構造的に魅力的な化合物であったため，安価な原料からの全合成が盛んに研究された．

有機化合物の探索研究の中で480種を超える新規化合物を発見し，そのうちアベルメクチンを代表とする25種が医薬品や生命現象解明の試薬として実用化されている（図12.2）．

ペニシリン系の化合物やその派生物はβ-ラクタム環（図12.2の青色部分）*1を共通してもつことからβ-ラクタム系抗生物質とよばれる．β-ラクタム系抗生物質は細菌細胞壁合成の酵素阻害剤であり，細胞壁の架橋を行わせないことで殺菌作用を発揮する．しかし，細菌は薬剤耐性を獲得し，β-ラクタム環を加水分解して開環させ無力化する酵素（β-ラクタマーゼ）を産生するようになったため，これらの分解酵素による分解を受けないペニシリン系抗生物質であるメチシリンや異なる構造をもつバンコマイシンが開発された．だが，耐性菌の出現は新規抗生物質開発とのいたちごっこであり，メチシリン耐性菌，バンコマイシン耐性菌が次々と出現している．さらに，多剤耐性菌の出現は人類にとっての新たな脅威となっており，新たな作用機序をもつ抗菌物質の開発が求められている．

抗ガン剤：ガン細胞増殖抑制剤探索の手法

抗生物質の出現と化学療法の発展に伴い，人類の主要死因は非感染性疾患に移行してきた．現代において悪性新生物（ガン）は重要な治療標的である．ガンは自律制御されない増殖をする細胞集団（腫瘍）により正常組織の機能不全を引き起こし，最終的に個体を死に至らしめる疾患である．もともとは正常な細胞が変異してガン細胞となるため，ガン細胞にのみ致死的な効果を与える化学物質の探索は極めて困難である．初期の抗ガン剤は毒ガスのマスタードガスが白血球減少を引き起こすことの転用から始まり，開発されたシクロホスファミドはDNAを非特異的に傷害するアルキル化剤であった．活発な細胞分裂を抑えるためにDNA合成阻害を標的として，フルオロウラシルやメルカプトプリンなどの代謝拮抗剤が開発された．また，米国国立ガン研究所（NCI）で抗腫瘍活性をもつ植物成分探索の中から，太平洋イチイの樹皮からパクリタキセル*2，ニチニチソウからビンブラスチンなどが見いだされ（図12.3），これらは細胞分裂期の微小管に作用して細胞分裂を停止させる．しかし，これらの作用機序では通常の細胞分裂も阻害することになるので，重篤な副作用が避けられない．

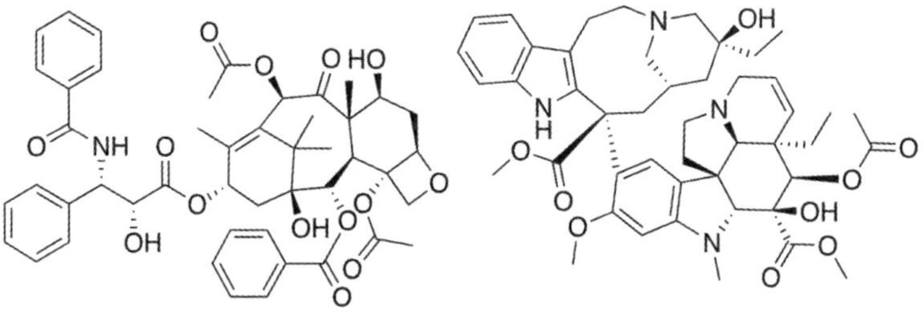

パクリタキセル　　　　ビンブラスチン

図 12.3　抗ガン剤として使われている植物由来化合物

　分子生物学の発展に伴い，ガン細胞と正常細胞の違いをゲノムレベル・分子レベルで解明し，ガン細胞において特有な異常タンパク分子や過剰発現しているタンパク分子を標的として特異的に抑制する戦略が考え出され，**分子標的薬**として創出されてきている．異常染色体に起因する変異タンパクによる過剰な細胞増殖で発症する白血病に対して，イマチニブが開発され，慢性骨髄性白血病に対して大きな効果を発揮した．ゲフィチニブは細胞の増殖や成長を制御する上皮成長因子受容体 (EGFR) に対する阻害剤として開発され，EGFR 遺伝子が特殊な型の変異を伴っている場合に特に腫瘍縮小効果がある．分子標的薬はその作用機序において，作用を受けるタンパク質に変異があるか否かで治療効果が大きく異なる．

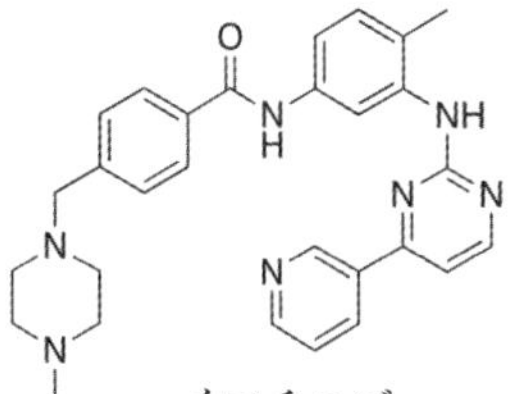

イマチニブ

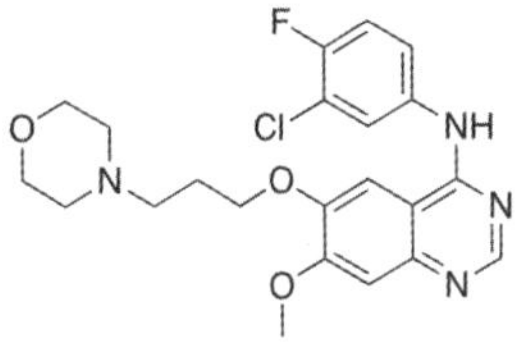

ゲフィチニブ

創薬における候補化合物の探索

　経験的な生薬に含まれる化学物質が医薬のもととなったように，創薬においては，入手した化学物質群（**化合物ライブラリ**）の中から標的となる生体分子や細胞に作用を及ぼすものを見いだす，ふるい分け作業（**スクリーニング**）が最初の要となる．化学者によって化合物ライブラリを良質なものとして収集あるいは化学合成することが重要である一方で，適切な試験方法により膨大な化合物を対象にスクリーニングする作業を迅速に実施することも効率化のために重要となる．生化学的実験方法が確立されると，比較的最近の技術革新で可能となったロボット工学，データ処理，制御ソフトウェアなどを駆使した全自動化で候補化合物をスクリーニングするハイスループットスクリーニング (HTS) により，何百万もの試験を迅速に実施できるようになってきた．

　HTS で見いだされた生物活性の見込みが大きい化合物は**ヒット化合物**といわれており，膨大なデータからヒット化合物を選択するには統計学や基本的なデータ処理技術が必須となってきている．ヒット化合物群の中から試験管内 (*in vitro*) や生体内 (*in vivo*) 評価などで確認された薬剤候補は**リード化合物**とよび，さらにその活性や溶解度などの物理的性質，薬物動態，毒性などの点を誘導体によりさらに改善していく有力な化合物である（コラム 8 参照）．

　また溶液を使うウエット実験に対して，最近のコンピュータ技術を利用し，計算機上 (*in silico*) で自動的にスクリーニングをするドライ実験がバーチャルスクリーニングとして医薬品開発に用いられるようになった．膨大な数の想定可能な

化学物質を実際に合成，試験できる妥当な数に絞り込むものではあるが，現実的なバーチャルスクリーニングでは計算機の処理速度に依存するためある程度の制限がある。動的なタンパクに対して，多くはX線結晶構造解析で得られた静止構造を用いるため課題も多く存在するが，創薬研究において強力な武器であることは疑いない。

12.2　陶磁器とファインセラミックス

セラミックスとは人工的に作られた金属以外の無機質固体材料のことで，ギリシャ語の keramos（陶土でできた物）に由来する。古くから熱処理による製造が中心であったことから，**セラミックス**とは窯を用いた高温処理で製造された**陶磁器**などの窯業製品やそれらを製造する技術などを表す。陶磁器という言葉を使うと伝統的な陶芸品のイメージが強いが，セラミックスは現代社会を支える最新技術でもある。特に後者は**ファインセラミックス**とよばれることが多い。ここでは基幹産業を支える化学の1つとして，セラミックスの基礎と応用例について紹介する。

陶磁器

セラミックスの起源である土器は1万年以上の昔から作られており，粘土に水を加えて練り，成形して乾燥した後に火で焼くと硬い器になることを人類は学んできた。特に陶磁器の製造ではよい材料と高温で焼く**焼成**が重要な要素となり，これらによって陶磁器は**陶器**と**磁器**の2つに分けることができる。陶器は原料として主に粘土（陶土）を使い 1100〜1300℃で焼成したもので，磁器に比べて柔らかく吸水性がある。一方，磁器は陶石を粉砕した石粉を使って 1300℃以上で焼成したものである。磁器は11世紀頃に中国で発明されたと言われているが，日本で最初に作られたのは佐賀県有田町で，1616年に泉山において良質の陶石が発見されたのがきっかけである（図12.4）。

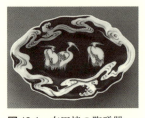

図 12.4　有田焼の陶磁器
（写真提供：岩尾磁器工業株式会社）

一般に，陶磁器材料は骨材（石英），粘土，融剤（長石など）からなり，焼成によって骨材とガラスなどの組成へ変化して，収縮して緻密化する。焼成の過程を模式的に図12.5に示す。

陶石には骨材としてケイ石などを含んでおり，焼成した陶磁器本体の素地（きじ）の強さを増す重要な原料である。ケイ石の主成分は石英で，二酸化ケイ素またはシリカ（SiO_2）とよばれる。ケイ素 Si は炭素 C と同じく14族元素であり，

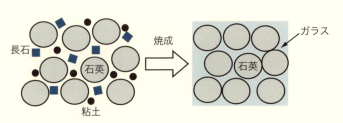

図 12.5　陶磁器の焼成メカニズム

最外殻の 3s 軌道と 3p 軌道にそれぞれ 2 個の電子をもつ。しかし，Si の共有結合半径[*1] は 1.11 Å であり C の 0.77 Å より大きいため，π 結合を形成しない。このため sp^3 混成軌道による σ 結合で他の原子とつながり，Si の酸化物は図 12.6 に示す四面体構が基本単位となる。この四面体構造の結合の仕方にはいくつかの方法があり，SiO_2 にはいくつかの結晶構造が知られている。図 12.7 には常温常圧で最も安定な石英の結晶構造を示したが，SiO_4 四面体が 3 次元網目状に結合した構造となっている。

*1　2 つの原子の共有結合半径の和が共有結合の距離となる。

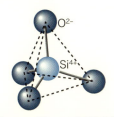

図 12.6　SiO_4 の四面体構造

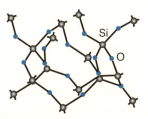

図 12.7　低温型石英（α-石英）の結晶構造

陶石には焼成前の原料に粘りをもたらして形を作ることや形を保つ可塑性を与える粘土鉱物や焼成時に熔けた状態になって焼き固める融剤が適度に混ざっている。粘土としてはカオリンなどが知られており，代表的なものはカオリナイト $Al_2Si_2O_5(OH)_4$ である。カオリナイトも SiO_4 四面体が基本であるが，二重平面構造を作り，一部の Si を Al で置換し，一部の O^{2-} を OH^- で置換してできている（図 12.8）。粘土鉱物の膨潤性などの性質はこのような層状構造に起因している。

融剤は主に長石とよばれる鉱石で，融点が低いために焼成の過程で融解してガラス状になり，気孔を埋めて硬く焼きしめる役割をもつ。長石はアルカリ金属などを含む地殻中に多く含まれる鉱物で，理論組成は $K_2O \cdot Al_2O_3 \cdot 6SiO_2$ や $Na_2O \cdot Al_2O_3 \cdot 6SiO_2$ などである。これらは石英などと同様に SiO_4 の四面体が基本構造であり，Si^{4+} の一部が Al^{3+} に置換されている。Si^{4+} から Al^{3+} への電荷の変化を補うように，SiO_4 四面体の隙間に K^+ や Na^+ などが入った構造となっている。

陶磁器はその本体である素地とその表面を覆う**釉薬**で構成される。釉薬は素地の表面を覆って光沢を与える装飾的な役割に加え，表面を滑らかにして汚れを防

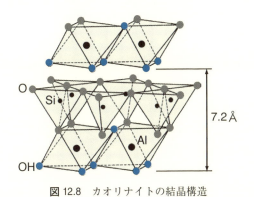

図 12.8　カオリナイトの結晶構造

ぐ役割や吸水性をなくすなどの実用的な働きがある。釉薬は長石やケイ石に加え，石灰や着色のための金属酸化物などが混ぜ合わされて利用される。

ファインセラミックス

従来からの陶磁器製品では二酸化ケイ素などの酸化物を主原料としており，そのほとんどは天然材料を使用している。しかし，ファインセラミックスでは高純度化された原料や酸化物以外の原料などが使われることが多い。ファインセラミックス製品は非常に多岐にわたるため，ここではいくつかの例を紹介する。

セラミックスが示す有用な特徴の1つは硬い，強い，軽い，熱に強いといった機械的な性質がある (表12.1)。

表12.1 主な材料の機械的特性

	硬度	強度	軽量	耐摩耗性	耐熱性
セラミックス	◎	◎	○	◎	◎
金属	△	◎	×	△	○
プラスチック	×	○	◎	×	×

家庭で使われる包丁やハサミは材質として金属が使われることが多いが，セラミックス製品もすでに実用化されている。刃物類にはジルコニア ZrO_2 という第5周期の遷移金属であるジルコニウム Zr の酸化物が最もよく使われる。ジルコニア結晶は高温で結晶の形が変化して大きな体積変化を示し，焼成後の冷却の際に亀裂が入るなどの問題が発生する。このため，焼成時に結晶形が変化しないようにイットリウム Y やカルシウム Ca の酸化物を加えて，結晶構造を安定化させている。また極めて高い耐熱性などの特徴を活かし，エンジン部品や耐熱パネルなど，様々な分野で応用されている。

図 12.9 様々な形の碍子
（写真提供：岩尾磁器工業株式会社）

セラミックスはその組成や結晶構造の違いで多岐にわたる電気・磁気的な性質を示すことが知られており，様々な用途で使われている。電気伝導は電荷をもった粒子である電子やイオンの移動によって実現されるが，イオン結合からなり欠陥の少ないセラミックスでは電気を通さない絶縁体となるものが多く，碍子（ガイシ）として使われている（図12.9）。発電所で作られた電気は送電線で家庭などへ送られるが，電線と鉄塔などの支持物との間を絶縁するために用いる器具が碍子である。電気の流れやすさを示す指標として電気伝導率 σ が使われるが，銅の電気伝導率は 6×10^7 S m^{-1} に対し，絶縁体として使われるアルミナ（酸化アルミニウム，α-Al_2O_3）は 10^{-12} S m^{-1} 以下と極めて小さな値である（単位 S はジーメンスと読み，抵抗の単位 Ω の逆数に相当する）。図 12.10 はアルミナの結晶構造である。O^{2-} は六方最密構造とよばれる六角形の配列に並び，Al^{3+} は O^{2-} が作る6配位位置の 2/3 を占有し，図 12.10 の (a) と (b) が互いに積層したコランダム型の結晶構造として知られている。アルミナは高い絶縁性だけでなく，高い機械的な強度や屋外での使用に耐え得る高い化学的な安定性をもち，碍子に必要な要件を満たす材料といえる。また，これらの特徴に加えて比較的自由な形状が得られることや高い熱伝導性などから，配線基板としても様々な電子部品に使用され

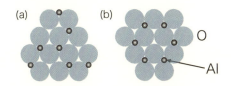

図 12.10　α-Al_2O_3 の結晶構造

ている。

携帯電話のような電子機器を作る際に必須の電子部品の1つにコンデンサがある。コンデンサの基本構造は2枚の導体板の間に誘電体を挟み込んだもので，直流電源につなぐと回路に電流が流れるが，その電流は短時間で減衰する。この時，誘電体は導体板上の電荷の作る電場によって分極して両端の面上に分極によって生じた電荷が現れる（図 12.11）。高い誘電的特性を示すセラミックスとしてチタン酸バリウム $BaTiO_2$ がある。$BaTiO_2$ はペロブスカイト型という結晶構造で，図 12.12 にその構造を示す。電場のない状態では Ba^{2+} と Ti^{4+} は O^{2-} の作る多面体の中心に位置して正負の電荷の中心は一致する。しかし，電場がある状態ではカチオン（Ti^{4+}，Ba^{2+}）とアニオン（O^{2-}）では逆方向に移動するため正負の電荷の中心が一致せず，分極を示す。

上記のように，コンデンサを直流回路につなげても接続直後しか電流は流れないが，交流電源をつなぐと分極は反転を繰り返して回路に電流が流れ続けることができる。交流回路の素子としてコンデンサは極めて重要であるが，特に酸化物焼成体を誘電体として用いたセラミックコンデンサは携帯電話などの小型化の一役を担っている。小型化という点で重要なものに積層セラミックコンデンサがある。これは $BaTiO_2$ などのセラミックシートと Ni などの櫛形電極を交互に積み重ねた構造で（図 12.13），小型大容量化のため誘電体層の薄膜化が進められている。

セラミックスは生体適合性が高く，生体関連材料として使用されるものもあり，バイオセラミックスとよばれることがある。生体関連材料としては体内で使用する材料や体内ではないが粘膜や皮膚と接触して使用するものなどがある。例としては，セラミックス人工骨やセラミックス歯冠（歯茎から出ている歯の部分）などがある。

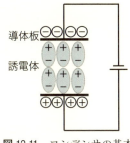

図 12.11　コンデンサの基本構造と誘電体

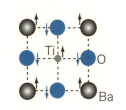

図 12.12　チタン酸バリウムの結晶構造

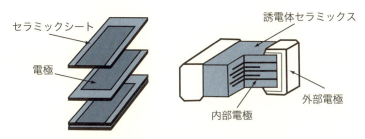

図 12.13　積層セラミックコンデンサの構造

演習問題

12.1 サリチル酸には2つの置換基があるが、これらの置換基の相対配置が異なる異性体はいくつあるか。また、相対配置の異なるすべての異性体について、その構造を描け。

12.2 サリチル酸と類似の構造をもつ医薬品としてサリチル酸メチルがある。分子構造を描け。また、この分子が示す薬効を答えよ。

12.3 抗生物質とは何か答えよ。

12.4 下記の文章の空欄を埋めよ。
ペニシリンは (1) とよばれる薬剤の一種である。薬剤ペニシリンは細菌の (2) を構成するペプチドグリカンの生成において重要な架橋反応を触媒する (3) に結合し、その反応を (4) する。

12.5 セラミックス、金属、プラスチックを材料として用いる際に、次の点で最も優れているものを答えよ。
 (1) 摩耗性 (2) 耐熱性 (3) 軽量性

12.6 セラミックスは通常、非常に高い融点(2000℃またはそれ以上)をもつが、その構造的な要因を答えよ。

12.7 セラミックスはリサイクルに適した材料かどうかを答えよ。また、その理由を答えよ。

コラム8：ケミカルバイオロジー

　放線菌由来のトリコスタチンAは抗生物質として既知であったが，マウスの白血病細胞を正常な赤血球細胞に分化誘導する能力をもつ物質の正体として再発見された。酵素阻害は想定されていたものの，その機能を担う酵素は従来の生物化学の手法では未発見のままであった。ハーバード大学のシュライバー（Schreiber, S. L., 1956-　）は同種の作用を起こすトラポキシンBを使った餌でタンパクを釣り上げるアフィニティクロマトグラフィーの手法で標的のタンパク質を探索したところ，ゲノムデータベースにある機能未知であったタンパク質と一致した。つながったタンパク質は遺伝子組換え実験でヒストン脱アセチル化酵素（HDAC）として単離同定された。ガン細胞を分化誘導して異常な増殖能を抑制できる既知物質の標的がHDACであったことが明確となり，HDACを分子標的とする抗ガン剤ボリノスタットが開発された。

　このように積極的に化学物質を利用して生体内の分子メカニズムを明らかにする手法は，免疫抑制剤FK506の標的タンパクなどもすでに明らかにしていたシュライバーによって，**ケミカルバイオロジー**という新たな学問分野として提唱された。分子イメージング技術による細胞機能の可視化も含め，ケミカルバイオロジーは創薬化学と密接な関係にある。

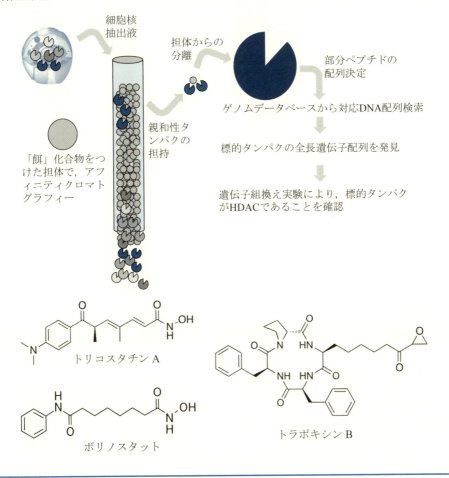

コラム9：熱電材料セラミックス

　固体の両端に温度差を与えて物質の両端の電圧を測定すると，電位差を観測できる。温度差により起電力が発生する現象はゼーベック効果 (Seebeck effect) とよばれる。単位温度差あたりの熱起電力（ゼーベック係数，Seebeck coefficient）は物質の種類によって異なる。したがって，ゼーベック係数が既知の物質を使用して熱起電力を測定すると温度差を求めることができる。このようなゼーベック効果を利用した温度計は熱電対 (thermocouple, TC) とよばれ，広く実用化されている。ゼーベック効果により温度差のみから発電を行う発電方式を熱電発電という。熱電発電は可動部分がなく発電を行えるため，故障しにくい利点がある。しかし，発電効率が低いため広く実用化されるには至っていない。そのため，高性能な熱電材料の開発が求められている。

　熱電材料の性能は次式で示す性能指数 Z [K^{-1}] で表される。

$$Z = \frac{S^2 \sigma}{\kappa}$$

（S: ゼーベック係数 [V K^{-1}], σ: 電気伝導率 [S m^{-1}], κ: 熱伝導率 [W m^{-1} K^{-1}]）

高性能な熱電材料であるためには，ゼーベック係数と電気伝導率が大きくて熱伝導率が小さいことが求められる。しかし，一般に電気伝導率が大きい物質はゼーベック係数が小さくて熱伝導率が大きいため，高性能な材料を探索する必要がある。1950年代にヨッフェ (Ioffe, A. F., 1880-1960) により提唱された理論により，高濃度にドープした半導体の固溶体が有望視され，この指針に基づいて材料探索が行われた。その結果，Bi-Te系，Pb-Te系，Si-Ge系などの材料が1960年代には見いだされたが，汎用品に使用するには性能は不十分であった。これらの材料を使用する場合，性能が不十分であること以外にも，高価，有毒，高温大気中で不安定といった問題がある。1990年代からは，ヨッフェの理論とは異なる考え方で高性能な熱電材料を探索する研究が盛んになり，スクッテルダイト (Skutterudite) 化合物などの高性能な新規材料が見いだされている。酸化物セラミックスの多くは絶縁体であることから，従来，酸化物セラミックスは熱電材料の探索の対象外であった。しかし，1990年代に，ZnO系，NaCo$_2$O$_4$系などが予想外の大きな性能指数を発現することを見いだされ，安価，無毒，高温大気中で安定な熱電材料の探索候補として酸化物セラミックスが有望視されるようになった。

演習問題解答

1章

1.1 図は省略。極小値の値は文献によって若干異なるが、アルゴン原子2つの系では –0.013 eV, H_2 分子では –4.75 eV である。室温の $k_B T$ は 0.026 eV であるので、H_2 はれっきとした分子だが、Ar_2 なる分子は、Ar の原子間引力では熱運動を到底抑え込めないので、存在できないことが確かめられる。

1.2

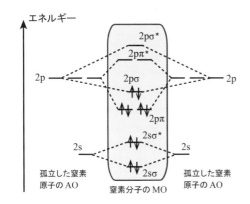

図 A.1

1.3 (1) クロロホルム ($CHCl_3$) のルイス構造は図 A.2 の通りである。中心にある C 原子には Cl 原子3個と H 原子1個と4つの結合電子対があることがわかる。4つの電子対が反発を最小限にする配置は表 1.4 にある通り、正四面体型になる。また、$CHCl_3$ の場合は4つの電子対はすべて結合電子対であるので、$CHCl_3$ は正四面体構造になる(図 A.3)。

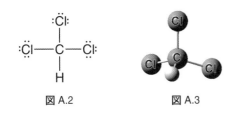

図 A.2   図 A.3

(2) エチレン (C_2H_4) のルイス構造は図 A.4 の通りである。C_2H_4 には C 原子2個の合計2個の中心原子がある。これらの中心原子それぞれに VSEPR 理論を適用する。C 原子の場合はどちらも H 原子2個とそれぞれ単結合を、C 原子1個と二重結合をしていることがわかる。二重結合は電子対1つとして考えるので、どちらの C 原子も合計3つの電子対をもち、電子対の形は平面三角形と推定できる。また、電子対はすべて結合電子対なので、分子の構造は平面三角形型である。以上から、C_2H_4 は平面構造をしている(図 A.5)。

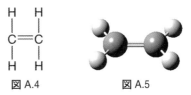

図 A.4   図 A.5

(3) メチルアミン (CH_3NH_2) のルイス構造は図 A.6 の通りである。CH_3NH_2 には、C 原子1個と N 原子1個の合計2個の中心原子がある。これらの中心原子それぞれに VSEPR 理論を適用すると、C 原子の場合は結合電子対4個をもつので四面体型、N 原子の場合は結合電子対3つと非共有電子対1つをもつので三角錐型になり、その立体構造は図 A.7 のようになることが推定できる。

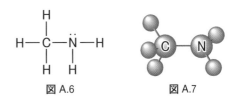

図 A.6   図 A.7

2章

2.1 組成式：CH_2O,
分子量：$12.01 \times 6 + 1.008 \times 12 + 16.00 \times 6 = 180.2$,
物質量：$3.00 \text{ g}/180.2 \text{ g mol}^{-1} = 16.6 \text{ m mol}$

2.2 燃焼の化学反応式は $2\text{ CO} + O_2 \rightarrow 2\text{ CO}_2$ である。$1.1/44 = 0.025$ mol の CO が反応した。反応した CO の割合は $(1.1/44)/(1.1/28) = 0.64 = 64\%$

2.3 ボイルの法則 $P_1V_1 = P_2V_2$ より、$P_2 = P_1 \times (V_1/V_2) = 1013 \times (5.00/0.600) = 8440$ hPa

2.4 $pV = nRT = \dfrac{wRT}{M}$ より

$$M = \frac{wRT}{pV}$$

$$= \frac{(0.583 \text{ g})(0.0821 \text{ L atm mol}^{-1}\text{K}^{-1})(373 \text{ K})}{(1.00 \text{ atm})(0.207 \text{ L})}$$

$$= 86.2 \text{ g mol}^{-1}$$

2.5 0.400 M の溶液 120 mL に含まれる $KMnO_4$ の物質量は $0.120 \text{ L} \times \frac{0.400 \text{ mol}}{1 \text{ L}} = 0.0480$ mol である。$KMnO_4$ の分子量(モル質量)は 158 g mol^{-1} なので,0.0480 mol $\times 158 \text{ g mol}^{-1} = 7.58$ g

2.6 $CH_3COOH \rightleftarrows CH_3COO^- + H^+$ より

$$\frac{[H^+][CH_3COO^-]}{[CH_3COOH]} = 1.8 \times 10^{-5}$$

x M の H^+ が解離したとすると $\frac{(x)(x)}{(0.50-x)} = 1.8 \times 10^{-5}$ となり,$0.50 \gg x$ よりこの式は近似でき

$$\frac{(x)(x)}{0.50} \approx 1.8 \times 10^{-5}$$

となる。したがって,$x = 3.0 \times 10^{-3}$ となる。

また,$[OH^-] = \frac{K_W}{[H^+]} = \frac{1.0 \times 10^{-14}}{3.0 \times 10^{-3}} = 3.3 \times 10^{-12}$ M

2.7 $K_a = \frac{[H^+][CH_3COO^-]}{[CH_3COOH]} \approx \frac{[H^+][CH_3COONa]}{[CH_3COOH]}$

より,

$$[H^+] = K_a \frac{[CH_3COOH]}{[CH_3COONa]} = 1.8 \times 10^{-5} \frac{0.10}{0.10}$$

となり,pH $= -\log(1.8 \times 10^{-5}) = 4.7$

2.8 気体

3 章

3.1 第 3 周期,14 族なので,$3s^2 2p^2$

3.2 (1) +1 　(2) +3

3.3 (1) 酸化剤:Fe_2O_3,還元剤:CO
(2) 酸化された元素:C 　+2 から +4,
　　還元された元素:Fe 　+3 から 0

3.4 $CH_2=CH-CH_3$ より sp^2 混成軌道

3.5 (1) ルイス酸:H^+,ルイス塩基:NH_3
(2) ルイス酸:Fe^{3+},ルイス塩基:CN^-

3.6 配位子が H_2O からエチレンジアミンに変わると,分光学系列から結晶場分裂エネルギーが大きくなる。その結果,d-d 遷移に必要な可視光の波長は短くなり,緑色と黄色の光を吸収するので,赤紫色を示す。

3.7 実際に作図し,例えば 2 倍角の公式を用いると得られる。

3.8 反応前は,B は sp^2,N は sp^3 である。配位結合によって錯体を形成した状態では両方とも sp^3 である。

4 章

4.1 省略

4.2 省略

4.3 双極子モーメントが大きくなると分子間の双極子−双極子相互作用は大きくなるので,アセトニトリルの方が大きい。

4.4 ガスボンベにテトラフルオロエチレン($F_2C=CF_2$) を詰めたところ,自然に重合したことが発見された (1938 年)。調理用具の表面コーティング,絶縁材料などに用いられている。

4.5 閉じたせっけん水の膜は表面張力で表面積を減じようとするが,中に閉じ込められた気体の圧力が高まって力学的にバランスをとる。せっけんの成分は長いアルキル鎖をもつカルボン酸のナトリウム塩である。アルキル鎖を R とすると $R-COO^-Na^+$ と書ける (7 章参照)。

5 章

5.1 (1) 凝縮過程 (condensation) のエンタルピー変化は蒸発過程 (vaporization) のエンタルピー変化 $\Delta_{vap}H$ と $\Delta_{cond}H = -\Delta_{vap}H$ の関係にある。したがって,

$\Delta_{cond}H = (1 \text{ mol}) \times (-40.7 \text{ kJ mol}^{-1}) = -40.7$ kJ

(2) 定圧過程なので $q_P = \Delta_{cond}H = -40.7$ kJ

(3) $PV = nRT$ より $\Delta H = \Delta U + P\Delta V = \Delta U + \Delta nRT$ となり,$\Delta U = \Delta H - \Delta nRT$ となる。凝縮過程では $\Delta n = -1.0$ mol なので

$\Delta U = (-40.7 \text{ kJ}) - (-1.0 \text{ mol})(8.314 \text{ JK}^{-1} \text{ mol}^{-1})$
$(373.15 \text{ K}) = -37.6$ kJ

5.2 接触前の固体 A と固体 B の温度をそれぞれ T_1 と T_2 とすると ($T_1 \neq T_2$),断熱された空間の中で十分な時間放置すれば,熱は温度の高い固体から低い固体へと移って両者の温度は同じになる。その時の温度は $(T_1+T_2)/2$ である。この過程において,固体 A のエントロピー変化 ΔS_A は,

$$\Delta S_A = \int_{T_1}^{\frac{T_1+T_2}{2}} \frac{C_0 dT}{T} = C_0 \log \frac{T_1+T_2}{2T_1}$$

である。同様に,固体 B のエントロピー変化 ΔS_B は,

$$\Delta S_B = \int_{T_2}^{\frac{T_1+T_2}{2}} \frac{C_0 dT}{T} = C_0 \log \frac{T_1+T_2}{2T_1}$$

と計算される。ここから 2 つの固体の熱的接触に伴うエントロピー変化 ΔS_{A+B} を計算すると,

$$\Delta S_{A+B} = \Delta S_A + \Delta S_B = C_0 \log \frac{(T_1+T_2)^2}{4T_1T_2} > 0$$

である。断熱された系では自発的な温度変化によってエントロピーは増加することがわかる。温度が高い物体から低い物体へ不可逆的に熱が移る理由である。

5.3 10°Cのとき，氷は自発的に融解して水になる．したがって，$\Delta G < 0$
0°Cのとき，氷と水が共存する平衡状態である．したがって，$\Delta G = 0$
−10°Cのとき，氷は自発的に融解して水にならない．したがって，$\Delta G > 0$

5.4 10°Cのとき，$\Delta G = 6010 - 283 \times 22.0 = -216$ J mol^{-1}
−10°Cのとき，$\Delta G = 6010 - 263 \times 22.0 = 224$ J mol^{-1}

5.5 省略

6章

6.1 ^{14}Cの核崩壊の速度定数をkとする．^{14}Cの物質量がもとの0.795倍にまで減少するのにかかる時間をtとすると，$0.795 = \exp(-k \times t)$より，$t = -(\ln 0.795)/k$となる．また，半減期$t_{1/2}$と$k$は$t_{1/2} = \ln 2/k$と関係づけられるため，$k = (\ln 2)/5730$である．したがって，$t = -(\ln 0.795) \times 5730/\ln 2 = 1896$（年）

6.2 異種の分子AとBの混合によって生成物Pが生じる2次反応の反応式と速度式は，
$$A + B \rightarrow P,$$
$$\frac{d[P]}{dt} = k_2[A][B]$$
で与えられる．この微分方程式の反応速度は，見かけ上，Aの濃度とBの濃度の2変数に依存する形になっている．そこで，まず反応物AとBの初期濃度をそれぞれ$[A]_0$と$[B]_0$，生成物Pの濃度をxとおくことで，1変数の微分方程式に書き直すことにする．

$[P] = x$とすると，反応分子AとBの各々1分子から生成物Pが1分子生じる反応であるから，反応物のAとBは初期濃度に対してxだけ濃度が減少することになり，
$$[A] = [A]_0 - x,$$
$$[B] = [B]_0 - x$$
と書ける．速度式は以下のようにxに依存した1変数の微分方程式に書き直すことができる．
$$\frac{dx}{dt} = k_2([A]_0 - x)([B]_0 - x)$$
この式を変数分離した後に部分分数に分けると，
$$\frac{dx}{[B]_0 - [A]_0}\left[\frac{1}{[A]_0 - x} - \frac{1}{[B]_0 - x}\right] = k_2 dt$$
を得る．これを積分すると，
$$\frac{1}{[B]_0 - [A]_0} \times \int_0^{x(t)}\left[\frac{1}{[A]_0 - x} - \frac{1}{[B]_0 - x}\right]dx = k_2 \int_0^t dt$$
となり，したがって
$$\ln\frac{\{[B]_0 - x(t)\}[A]_0}{[B]_0\{[A]_0 - x(t)\}} = ([B]_0 - [A]_0)k_2 t$$

$$\therefore \ln\frac{[B]_t[A]_0}{[A]_t[B]_0} = ([B]_0 - [A]_0)k_2 t$$

2次反応 A + B → P の時間軌跡の式を得る．

6.3 1次反応なので式(6.19)が使える．
(1) 初濃度を$C_0 = 0.25$，4.5分後の濃度をCとすると
$$C = 0.25 \exp(-3.0 \times 10^{-3} \times 60 \times 4.5) = 0.11$$
したがって，0.11 mol L^{-1}となる．
(2) 初濃度をC_0，5分後の濃度をCとすると
$$C/C_0 = \exp(-3.0 \times 10^{-3} \times 60 \times 5) = 0.34$$
したがって，$(1 - 0.34) \times 100 = 66$%となる．

6.4 式(6.11)より $2 \times 3 = 6$ 倍になる．

6.5 素反応 B → C の速度が遅い $k_a \gg k_b$ のような状況を考えるとき，$\frac{k_a}{k_a - k_b} \approx 1$ であるから生成物濃度[C]の時間変化の式(6.38)は
$$[C]_t = [A]_0\{1 - \exp(-k_b t)\}$$
となり，Cの生成速度が素反応 B → C の速度だけで決まることになる．これは素反応 B → C が律速過程となることを意味する．

逆に，素反応 A → B の速度が遅い $k_a \ll k_b$ のときは $\frac{k_a}{k_a - k_b} \approx 0$ であるから，
$$[C]_t = [A]_0\{1 - \exp(-k_a t)\}$$
となり，Cの生成速度が素反応 A → B の速度だけで決まる．したがって，素反応 A → B が律速過程となる．

6.6 アレニウスの式において，活性化エネルギーが400 kJ mol^{-1}から100 kJ mol^{-1}まで減少したときの指数関数部分の比rは
$$r = \frac{\exp(-100000/RT)}{\exp(-400000/RT)}$$
となる．$T = 773$，$R = 8.31$を代入して$r = 1.9 \times 10^{20}$を得る．

7章

7.1 (1) 2,3,5-トリメチルヘプタン
(2) 2-メチル-2-ブテン
(3) 4-メチル-2-ヘキシン
(4) 3-メチル-2-ブタノール
(5) 2-メチルプロパナール
(6) プロパン酸メチル

7.2 (1) CH$_3$−CH−CH$_2$−CH−CH$_2$−CH$_3$
              | |
              CH$_3$ CH$_3$

(2)
```
   CH₃      CH₂—CH₃
    \       /
     C = C
    /       \
   H         H
```

(3) CH$_3$−CH−C≡CH
         |
         CH$_3$

(4) CH₃–CH₂–CH₂–C(CH₃)(OH)–CH₃ 構造: CH₃-CH₂-CH₂-C(OH)(CH₃)CH₃

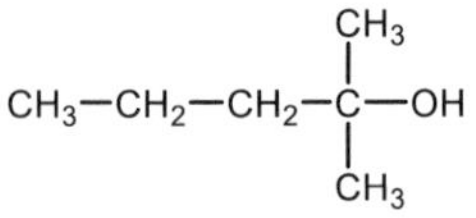

(5) CH₃–CH₂–C(=O)–CH₂–CH₂–CH₃

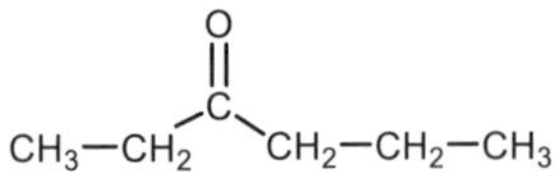

(6) H–C(=O)–Cl

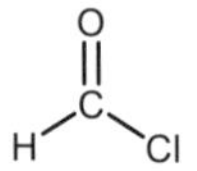

7.3 (1) 1-ペンチン
(2) CH₃–CH₂–CH₂–CH₂–CH₃
(3) CH₃–CH₂–C≡C–CH₂–CH₃

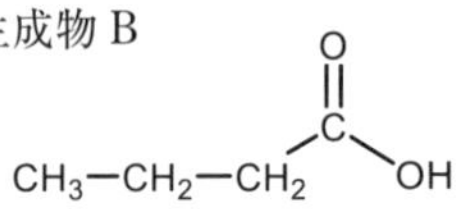

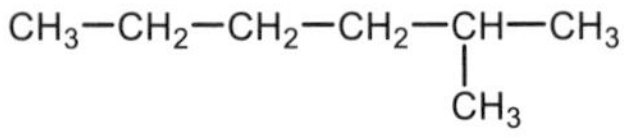

7.4
生成物 A : CH₃–CH₂–CH₂–CHO ブタナール
生成物 B : CH₃–CH₂–CH₂–COOH ブタン酸
生成物 C : CH₃–CH₂–C(=O)–CH₃ 2-ブタノン

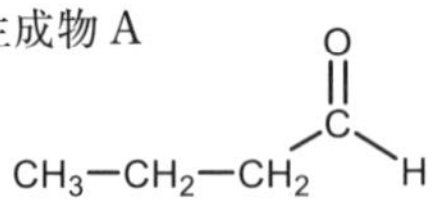

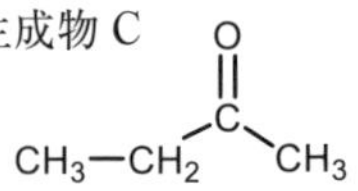

7.5
生成物 A : CH₃–CH(CH₃)–CH₂–OH
生成物 B : CH₃–CH₂–CH₂–CH(CH₃)–CH₃
生成物 C : CH₃–C(OH)(CH₃)–CH₂–CH₂–CH₃

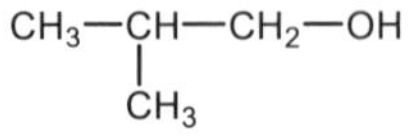

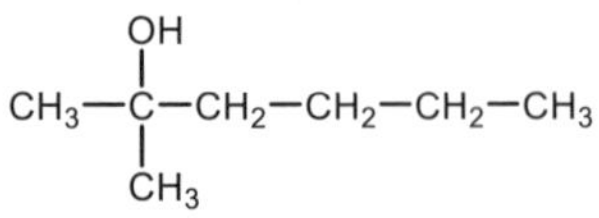

8章

8.1 2^{n-3} 個 ($n>3$)

8.2 図 A.8, α 型と β 型ができることに注意

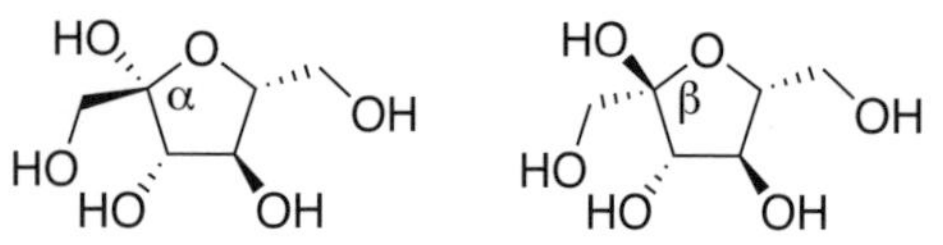

図 A.8

8.3 植物はアミロースとアミロペクチン，動物はグリコーゲンからなる。いずれも α-グリコシド結合でグルコースが重合した多量体である。アミロースは枝分かれがないが，アミロペクチンとグリコーゲンには枝分かれがあり，グリコーゲンの方が枝分かれの頻度がより高い。

8.4 食物繊維の主成分であるセルロースは β-グリコシド結合からなるグルコース重合体である。ヒトの消化管は β-グリコシド結合を切断するセルラーゼをもたないため消化できないが，腸内細菌の嫌気発酵により僅かながらエネルギー源となる。

8.5 バリン，ロイシン，イソロイシン，メチオニン，フェニルアラニン，トリプトファン

8.6 球状タンパク質は通常水溶性で，親水面を表面にもつ。3 次構造に疎水面があれば，その部分の水和にかかる分のエントロピー減少を駆動力として 4 次構造を形成する。

8.7 水和されたグリコーゲンの重量分と同じ重量の脂質は約 6 倍のエネルギーを供給できるので，グリコーゲンはその重量の約 2 倍の水で水和されていることになる。

8.8 細胞膜を構成する脂肪酸もまたトリアシルグリセロールと同様の脂質からなる。細胞膜の流動性は生物の生育環境で適切な流動性を維持する必要があるため，高い体温のウシやブタより低温環境で生育する魚がもつ脂肪酸の融点の方が低い。

8.9 疎水性ビタミン：ビタミン A, ビタミン D
水溶性ビタミン：ビタミン B_9, ビタミン C

8.10 骨格形成，血液凝固，筋肉収縮，細胞内伝達物質など

8.11 (1) プリン (2) アデニン (3) ピリミジン (4) シトシン (5) ウラシル (6) 相補的塩基対

8.12 DNA の相補鎖から作られる mRNA は，
5′—AUG GAA GAU AUA UGC AUU AAU GCU CUC—3′
コドン表から読み取ると，作られる配列は，
-Met-Glu-Asp-Ile-Cys-Ile-Asn-Ala-Leu-
である。1 文字表記だと MEDICINAL となる。

9章

9.1 $\nu = c/\lambda = (3.00 \times 10^8 \text{ m s}^{-1}) / (532 \times 10^{-9} \text{ m})$
$= 5.64 \times 10^{14}$ Hz
$\tilde{\nu} = 1/\lambda = 18797$ cm^{-1}

9.2 $C = A/(\varepsilon l) = 0.20 / (4000 \times 1.0) = 5.0 \times 10^{-1}$ M

9.3 光の波長は
$\lambda = hc/E$
$= (6.63 \times 10^{-34} \text{ J s})(3 \times 10^8 \text{ m s}^{-1})/(500 \text{ kJ mol}^{-1}/6.02 \times 10^{23})$
$= 240$ nm
したがって，紫外線領域の光に相当する。

9.4 補色が緑の光なので，約 700 nm の光を吸収する。

10 章

10.1 二酸化炭素は無極性分子であるため，Na^+ や Cl^- のような電荷をもったイオンを安定に静電的な相互作用によって溶媒和することができないから。

10.2 NOx や SOx は，例えば NO_3^- や SO_4^{2-} などで，水中にイオン状態で保持されるため。

10.3 表 10.3 より
(1) $Sn^{2+}(aq) + 2e^- \rightarrow Sn(s)$, $E° = -0.14$ V
(2) $Ni^{2+}(aq) + 2e^- \rightarrow Ni(s)$, $E° = -0.25$ V
全体の反応は (2) − (1) なので，
$$E° = -0.25 - (-0.14) = -0.11 \text{ V}$$
となり自発的でない。

10.4 表 10.3 より Cu^{2+} の方が標準電位が高く，還元されやすいため。

10.5 表 10.3 より
(1) $Mg^{2+}(aq) + 2e^- \rightarrow 2Mg(s)$, $E° = -2.37$ V
(2) $Ag^+(aq) + e^- \rightarrow Ag(s)$, $E° = 0.80$ V
全体の反応は (2)×2 − (1) より
$$Mg(s) + 2Ag^+(aq) \rightarrow Mg^{2+}(aq) + 2Ag(s)$$
$E°$は反応式を 2 倍しても変わらないので，
$$E°_{cell} = E°(正極) - E°(負極)$$
$$= 0.80 - (-2.37) = 3.17 \text{ V}$$
となる。反応ギブスエネルギーは
$$\Delta G° = -nFE°_{cell}$$
$$= -2(96485 \text{ J V}^{-1} \text{ mol}^{-1})(3.17 \text{ V})$$
$$= -612 \text{ kJ mol}^{-1}$$

10.6 マグネシウムの標準電位は亜鉛の標準電位より高いため，犠牲電極として使用可能である。

10.7

$$\underset{H}{\overset{H}{>}}C=C\underset{Cl}{\overset{Cl}{<}}$$

10.8

$$-(CH_2-CH=C-CH_2)_n-$$
$$\quad\quad\quad\quad\quad |$$
$$\quad\quad\quad\quad\quad Cl$$

10.9 分子間を共有結合でつなぎ止める架橋がある 3 次元網目状のため，変形させてももとに戻るゴムの性質が生まれた。

10.10 (1) $\Delta_r H° = [(-156.2 \text{ kJ mol}^{-1})] - [(49.0 \text{ kJ mol}^{-1}) + 3(0)] = -205.2 \text{ kJ}$
(2) $\Delta_r H° = [(-110.5 \text{ kJ mol}^{-1}) + (-285.8 \text{ kJ mol}^{-1})] - [(-393.5 \text{ kJ mol}^{-1}) + (0)] = -2.8 \text{ kJ}$
(3) $\Delta_r H° = [(-277.7 \text{ kJ mol}^{-1})] - [(52.3 \text{ kJ mol}^{-1}) + (-285.8 \text{ kJ mol}^{-1})] = -44.2 \text{ kJ}$

10.11 グルコースの標準燃焼エンタルピーは -2808 kJ mol^{-1} と求められる。分子量は 180 なので $q = -\Delta H = -2808 \times (100/180) = -1560$ kJ となる。したがって，発熱量は 1560 kJ である。

11 章

11.1 アルケンの水素化などの触媒となる $[RhCl(PPh_3)_3]$，不斉触媒である BINAP を配位子とするルテニウム錯体，光触媒能となる $[Ru(bpy)_2(CO)_2]^{2+}$ などがある。

11.2 EDTA はキレート滴定に，PAN は吸光光度法用の試薬として用いられる。

11.3 d–d 遷移，金属と配位子間の電荷移動型遷移，配位子内遷移などの電子遷移により生じる。

11.4 金属イオンの定量，キレート剤，体内に蓄積された有害金属を除去するための薬，溶媒抽出法における抽出剤などに応用されている。

11.5 酸素センサーに用いられるルテニウム(II)錯体や白金(II)錯体の他に，金属イオンセンサーとして，カリウムイオンの選択的検出に有効な金(I)錯体がある。

11.6 イリジウム(III)錯体は EL 素子の発光性物質として，ルテニウム(II)錯体は色素増感太陽電池の色素として応用されている。

11.7 ビタミン B_{12} として知られるコバラミン，モリブデン補因子とよばれるモリブドプテリン，ポルフィリン骨格をもつヘム鉄，光を効率よく捕集・伝達するための色素分子の1つであるクロロフィルなどがある。

11.8 (1) C (2) D (3) C (4) A (5) B

11.9 1 辺 0.543 nm の立方体の中に 28.1 g ml^{-1} の Si 原子が 8 個入っている。したがって，
$$\frac{8 \cdot (28.1/6.02 \times 10^{23})}{(0.543)^3} = 2.33 \text{ g cm}^{-3}$$

11.10 結晶はその構成粒子が特有で規則的に配列している。その構造を分類すると 14 種類が存在し，これをブラベ格子という。

12 章

12.1 異性体は 2 つある。

（構造式：3-ヒドロキシ安息香酸および 4-ヒドロキシ安息香酸）

12.2 筋肉の消炎剤

（構造式：サリチル酸メチル）

12.3 微生物によって生産され，微生物の繁殖を阻害する薬剤

12.4 (1) 抗生物質　(2) 細胞壁　(3) 酵素　(4) 阻害

12.5 (1) セラミックス　(2) セラミックス
(3) プラスチック

12.6 セラミックスは大きな電荷をもったイオン間の大きな静電引力によって形成された強固な3次元構造をもつイオン性の固体であるため。

12.7 セラミックスは融点が極めて高く，リサイクルには適していない。

索　引

■ 人　名
アボガドロ（Avogadro, A.）　34
アレニウス（Arrhenius, S. A.）　44
ウッドワード（Woodward, R. B.）　122
大村智　187
ギブス（Gibbs, J. W.）　88
下村脩　153
シュタウディンガー（Staudinger, H.）　164
シュレディンガー（Schrödinger, E. R. J. A.）　5
白川英樹　164
ディラック（Dirac, P. A. M.）　5
ハイゼンベルグ（Heisenberg, W. K.）　5
ファインマン（Feynman, R. P.）　5
ファン・デル・ワールス（van der Waals, J. D.）　17
フィッシャー（Fischer, H. E.）　119
プランケット（Plunkett, R.）　79
ブレンステズ（Brønsted, J.）　44
ヘルムホルツ（von Helmholtz, H. L. F.）　88
ボーア（Bohr, N.）　2
ホフマン（Hoffmann, R.）　122
ポーリング（Pauling, L. C.）　17
ボルツマン（Boltzmann, L. E.）　84
マリケン（Mulliken, R. S.）　17
マリス（Mullis, K. B.）　142
メンデレーエフ（Mendelejev, D. I.）　15, 54
山中伸弥　140

■ 数字・欧文
1,3-ブタジエン　64
1s 軌道　7
1 次構造　130
1 次反応　92
1 電子近似　10
2 次構造　130, 131
2 次反応　93
3d 軌道　8
3p 軌道　8
3s 軌道　8
3 次元網目状　166
3 次構造　130, 131
4 級アンモニウムイオン　112
4 次構造　130, 131
α-リノレン酸　132
β-カロテン　146
β 酸化　132
β-ジケトン類　177
β 線　4
β-ラクタム環　188
γ 線　143
π 軌道　24
π* 軌道　24
π 結合　24
σ 軌道　20
σ* 軌道　20
σ 結合　22
ω-3 脂肪酸　132
C 末端　130
d-d 遷移　69, 175
D/L 表記　119, 124
DNA　136
down spin　12
d 軌道　55, 68
D 体　119
EDTA　174
e_g 軌道　69
FTIR　147
HDL　134
HOMO　122, 145
in silico　189
in vitro　189
in vivo　189
iPS 細胞　140
K 殻　14
LCAO 法　22
LDL　134
LED　150
LUMO　122, 145
L 殻　14
L 体　119
mRNA　138
M 殻　14
NOx　160
N 末端　130
orbital　7
pH　45
RNA　136
R/S 表記　119, 124
SOx　160
sp 混成軌道　59, 62
sp^2 混成軌道　59, 61, 64
sp^3 混成軌道　58
t_{2g} 軌道　69
tRNA　139
T 字型　27
up spin　12
VSEPR 理論　27
X 線　143

■ あ
アイソザイム　187
亜鉛　55
アクチニウム　56
アクチノイド　56
アスピリン　186
アセチルアセトン　177
アセチルグルコサミン　127
アセチルサリチル酸　186
アセチレン　62, 105, 170
アセトアミノフェン　93
圧力　35
アデニン　136
アニオン　5
アノード　161
アノマー炭素　125
アベルメクチン　188
アボガドロ数　19, 34, 85
アボガドロの法則　36
アポ酵素　135
アミド　111
アミド結合　129
アミノ酸　112, 128
アミノ酸残基　130
アミノ末端　130

アミラーゼ　126
アミロース　126
アミロペクチン　126
アミン　112
アモルファス　49, 183
アラキドン酸　132
アルカリ金属　54
アルカリ土類金属　55
アルカン　60, 102
アルカンチオール　75
アルキン　61, 105
アルケン　61, 104
アルコール　107
アルゴン　14, 55
アルデヒド　109
アルドース　124
アルミナ　192
アルミニウム　14, 55
アレニウスの酸・塩基　65
アレニウスの式　99
アレニウスプロット　99
安息香酸　111
アンチコドン　139
アンチセンス鎖　138
安定度定数　68
アンモニア　27, 29, 46, 59, 65, 99, 112
アンモニウムイオン　45

■い
硫黄　55
イオン　5
イオン結合　25
イオン結晶　17, 25, 181
イオン性界面活性剤　76
イオン半径　17
異性体　102
位置異性体　110
位置エネルギー　18
イットリウム　55, 56
イブプロフェン　187
イマチニブ　189
医薬品　186
陰イオン　5
インスリン　125, 130
インドメタシン　187

■う
ウィスウェッサーの規則　13
ウィルキンソン錯体　174
ウッドワード・ホフマン則　122

ウラシル　136
ウルツ鉱型結晶構造　184
運動エネルギー　37

■え
永久双極子　72
液体　48
エステル　110
エステル化反応　41
エタノール　107
エタン　60
エチレン　61, 105
エチレンジアミン　66, 67
エチレンジアミン四酢酸 (EDTA)　174
エチン　105
エーテル　108
エテン　105
エナンチオマー　118
エネルギー準位　83
エネルギー保存則　9, 37
エピジェネティクス　139
塩化アンモニウム　48
塩化カルシウム　34
塩化銀　44
塩化セシウム型構造　182
塩化ナトリウム　25
塩化ナトリウム型構造　182
塩化ニトロシル　30
塩基解離定数　46
塩橋　161
塩酸　46
演算子　5
炎色反応　148
塩素　55
エンタルピー　38, 82
エントロピー　83
エントロピー増大の法則　84, 86
エントロピー変化　85
塩の加水分解　47

■お
オキソニウムイオン　45
オクテットルール　65
オリゴ糖　126
オルガネラ　131
オルト位　106
折れ線型　27, 29
オレフィン　61
オワンクラゲ　153
温度　35

■か
外界　37, 81
碍子　192
開始コドン　139
回転　144
回転障壁　62
解糖系　125
界面　71
界面活性剤　76
界面張力　74
カオリン　191
化学式　33
化学反応式　33
化学量論係数　169
鍵と鍵穴　100
可逆過程　87
核間反発力　17
核酸　136
核子　3
核崩壊　4, 91
化合物ライブラリ　189
可視光　143
価数　46
ガス溶接　170
カソード　161
カソード防食　163
カチオン　5
活性化エネルギー　99
価電子　34, 54
カドミウム　55
加熱曲線　50
カフェイン　157
紙おむつ　167
カリウム　55
加硫　166
カルシウム　55
カルビンサイクル　124
カルボキシ基　110
カルボキシ末端　130
カルボキシラートアニオン　117
カルボニル化合物　107, 109
カルボニル基　109
カルボン酸　110
カルボン酸塩化物　110
カルボン酸誘導体　110
岩塩　25
還元　56, 114, 116
還元剤　57, 162
ガン細胞　188
換算質量　6
環状アルカン　102

索　引

緩衝液　48
緩衝作用　48
完全展開　75
完全濡れ　75

■き

擬 1 次反応　93
幾何異性体　175
規格化　7
貴ガス原子　14
ギ酸　31, 110
基質　100
希釈　43
犠牲試薬　174
犠牲電極　163
キセノン　55
輝線　149
気体　48
気体定数　36
キチン　127
基底状態　9, 13, 20
起電力　161
軌道　7
希土類　176
希土類元素　56
ギブスエネルギー　88
逆反応　40, 88, 96
求核攻撃　109
求核剤　113
吸光光度法　175
吸光度　145
吸収　144
吸収スペクトル　145
球状タンパク質　131
球状ミセル　77
吸水材　167
求電子剤　113
求電子性　109
吸熱反応　39, 82
凝華　50
凝固　49
凝固点　49
凝縮　49
鏡像　118
鏡像異性体　118, 174
共鳴限界構造　22
共鳴効果　111
共鳴構造　22, 63, 64
共役　64, 146
共役塩基　117
共役二重構造　64

共有結合　20, 22
極性　26
キラリティ　118
キレート　174
キレート剤　176
キレート配位子　175
銀　55
銀塩　154
禁制　176
金属アルコキシド　118
金属結合　25
金属結晶　181
金属錯体　66
金属指示薬　174

■く

グアニン　136
空軌道　9, 65
クエン酸回路　125
クォーク　3
曇点　78
クラウンエーテル　177
クラフト温度　77
グリコーゲン　126, 132
グリセルアルデヒド　124
グリセロリン脂質　133
グリセロール　132
クリプトン　55
グルコサミノグリカン　128
グルコシド結合　125
グルコース　124
クロロフィル　180
クーロン　2
クーロン力　71

■け

系　5, 37, 81
蛍光　148, 176
蛍光光度法　175
蛍光灯　149
ケイ素　55
結合角　30, 59
結合次数　25
結合性軌道　20
結合電子対　27
結晶　25, 49, 180
結晶場分裂エネルギー　69
結晶場理論　68
結晶面　184
ケトース　124
ケトン　109

ゲフィチニブ　189
ケミカルバイオロジー　195
ゲーリュサックの法則　36
ゲル　167
原子　2
原子価殻電子対反発理論　27
原子核　2
原子価結合法　20, 22
原子軌道（AO）　5, 7
原子半径　17
原子番号　3
原子量　4

■こ

光化学反応　150
抗ガン剤　186
広義のファンデルワールス力　73
高吸水性高分子　167
光子　143
高次構造　131
構成原理　12
抗生物質　186
酵素　100, 131
構造異性体　102
構造式　25
酵素阻害剤　187
高分子　164
黒鉛　182, 185
固体　48
コドン　139
コバラミン　179
ゴム弾性　166
コレステロール　133, 157
混成軌道　58
コンデンサ　193
コンドロイチン硫酸　128

■さ

最外殻電子　54
最高被占軌道（HOMO）　122, 145
最長の炭素鎖　103, 105, 112
最低空軌道（LUMO）　122, 145
細胞内小器官　131
細胞膜　131
錯形成反応　66
酢酸　46, 110
酢酸エチル　112
錯体　66, 174
鎖状アルカン　102
錆　160
作用機序　187

酸化 56, 113	シュウ酸 110	水素結合 25, 74, 131
酸化亜鉛 184	終止コドン 139	水素原子 2
酸化アルミニウム 170, 192	重水素 3	水素類似原子 8
酸解離定数 46	臭素 4, 55	水溶性ビタミン 134
酸化還元反応 56	重炭酸イオン 66	スカンジウム 55, 56
三角錐型 27, 29, 59	自由電子 26	スクリーニング 189
酸化剤 57	充填率 181	スクロース 125
酸化数 57	自由度 19	ステロイド 133
酸化鉄(III) 160	自由膨張 84	ステロイドホルモン 134
酸化マグネシウム 184	縮重 9, 12	ストレプトマイシン 187
三酸化硫黄 63	寿命 96	スーパーキャパシタ 173
三重結合 25	受容体 131	スフィンゴシン 133
三重水素 3	主量子数 8	スプライシング 138
三重点 50	シュレディンガー方程式 5, 20	
酸素 4, 55	準位 6	■ せ
酸素アセチレン溶接 170	潤滑 80	正極 161
三相 48	昇華 50	静止質量 2
三体問題 10	蒸気圧 49	正四面体型 58, 67
三フッ化塩素 27	蒸気圧曲線 156	正四面体構造 29
三フッ化ホウ素 27, 65	硝酸 46	生成定数 68
酸無水物 110	焼成 190	生成物 33, 96
	脂溶性ビタミン 134	静電相互作用 71, 131
■ し	状態図 50	静電ポテンシャル 71
紫外線 143	状態数 83	静電ポテンシャルエネルギー 6, 71
ジカルボン酸 110	状態量 82	
磁器 190	衝突頻度 99	静電力 71
色素増感太陽電池 179	蒸発 49	正八面体型 67
磁気量子数 8	蒸発熱 49, 86	正反応 40, 88
シクロホスファミド 188	触媒 99, 114, 174	生分解性キレート剤 176
自己集合単分子膜 75	シリカ 190	性ホルモン 134
仕事 38, 81	ジルコニア 192	石英 190
脂質 78, 131	真空無限遠 9	赤外光 147
脂質二分子膜 133	真空誘電率 6	赤外線 143
シス 105	神経伝達物質 128, 130	節 9
自然腐食 162	人工ダイヤモンド 185	絶縁体 192
質量数 3	人工多能性幹細胞 140	絶対温度 35
質量パーセント濃度 42	伸縮振動モード 147	節面 10
シトシン 136	親水性 75, 167	ゼーベック効果 196
脂肪酸 132	親水性ヘッド 76	セラミックコンデンサ 193
ジーメンス (S) 192	振動 144	セラミックス 190, 192
四面体型錯体 176	浸透圧 168	セラミド 133
指紋領域 148	振動数 143	セルロース 127, 167
遮蔽 11	振動分光 148	セレコキシブ 187
遮蔽定数 11	振動モード 144	全圧 37
シャルルの法則 36		遷移金属 56
自由エネルギー 89	■ す	遷移金属錯体 68
周期 54	水酸化カリウム 46	遷移元素 54
周期表 15, 54	水酸化カルシウム 46	遷移状態 98
重合 165	水酸化ナトリウム 46, 66	繊維状タンパク質 131
重合度 165	水酸化物イオン 44, 65	前指数因子 99
重合反応 151	水素イオン 44	染色体 140

索　引

センス鎖　138
潜像　154
洗濯のり　167
占有軌道　9

■そ
双極子　72
双極子モーメント　72
相図　156
相転移　86
相転移温度　78, 86
相平衡　49
相補的塩基対　138
創薬　186
族　54
速度定数　40, 92
阻止円　187
疎水性　75
疎水性相互作用　131
疎水性テール　76
組成式　33
素反応　96
素粒子　3
存在確率　5, 7

■た
第1イオン化エネルギー　15
耐性菌　188
体積　35
体積分率　36
ダイヤモンド型構造　182
太陽電池　179
多剤耐性菌　188
多座配位子　66
脱水縮合剤　117
脱離　115
多電子原子　10
多糖　126
ダニエル電池　161
タミフル　26
単位格子　181
炭化水素　60
単座配位子　66
炭酸水素イオン　66
炭水化物　123
炭素　4, 55
炭素−金属結合　113
炭素同位体年代測定法　4
単糖　123

■ち
遅延蛍光　176
置換反応　107, 118
逐次反応　96
チタン酸バリウム　193
窒素　14, 55
窒素分子　23
チミン　136
中間体　96
紐状ミセル　77
中心場近似　10
中性界面活性剤　76
中性子　3
中性脂肪　132
中和反応　47
超親水性　75
腸内細菌叢　128
腸内フローラ　128
超撥水性　75
超臨界水　159
超臨界流体　156
超臨界流体抽出　157
直線型　27, 29, 67
直交　10

■つ
ツビッターイオン型　76

■て
デオキシヌクレオチド　136
デオキシリボ核酸（DNA）　136
滴定　174
テフロン　75, 79
テルミット反応　168, 170
展開　75
電荷移動型遷移　175
電荷中性条件　26
電気陰性度　16, 72, 101
電気自動車　173
電気双極子　72
電気素量　2
電気伝導率　192
電気二重層キャパシタ　173
電気防食　163
典型元素　54
電子　2
電子雲　7
電子基底状態　144
電子親和力　16
電子スピン　12
電子スピン量子数　13

電子遷移　145
電子伝達系　125
電磁波　143
電子配置　54, 144
転写　138
電食　163
電子励起状態　144
電池　161
天然高分子　164
天然ゴム　166
デンプン　126
電離度　46

■と
同位体　3
同位体比　3
等温等圧過程　89
等核二原子分子　22
透過率　145
陶器　190
陶磁器　190
糖新生　127
糖類　123
ドコサヘキサエン酸（DHA）　132
トタン　163
ドデシル硫酸ナトリウム　77
ドライアイス　50
トランス　105
トランスファー RNA（tRNA）　139
トリアシルグリセロール　132
トリチェリ気圧計　35
曇点　78

■な
内部エネルギー　37, 81
ナトリウム　14, 55

■に
二座配位子　66
二酸化硫黄　62
二酸化ケイ素　190
二酸化炭素　29, 66, 157
二酸化チタン　179
二重らせん構造　137
二分子膜　78
ニホニウム　15
尿素回路　129

■ね
ネオン　14, 55
熱　37, 81

■の

熱エネルギー　2, 37
熱化学方程式　39
熱的運動エネルギー　19
熱電材料　196
熱電対　196
熱力学　81
熱力学関数　82
熱力学第一法則　37, 81
熱力学第二法則　84
燃焼　113
燃焼エンタルピー　168
粘土　191

■の

濃縮　43
濃度　40, 42

■は

配位結合　65
配位原子　66
配位子　66, 174
配位子内遷移　175
配位子場理論　68
配位数　66, 181
ハイスループットスクリーニング（HTS）　189
パウリの排他律　13
白色光　145
パクリタキセル　188
波数　144
八面体型錯体　175
波長　143
発光　145
発光性錯体　176
発熱反応　39, 82
波動関数　5
ハーバー法　99
ハーバー・ボッシュ法　128
パーフルオロ化合物　75
ハミルトン演算子　6
パラ位　106
反結合性軌道　20
半減期　4, 96
反応エンタルピー　168
反応次数　92
反応速度　40, 91
反応速度式　92
反応物　33, 96
半反応式　160
半保存的複製　138

■ひ

ヒアルロン酸　128
非イオン性界面活性剤　76
光異性化反応　150
光硬化樹脂　151
光触媒　174
光増感剤　174
光励起　9
非共有電子対　27, 58, 59, 65
非局在化　64
非晶質　183
ヒストン　140
ビタミン　134
ビタミンA　150
ビタミンB_2　146
ビタミンB_{12}　179
ビタミンD　135
必須アミノ酸　129
必須脂肪酸　132
ヒット化合物　189
ヒートポンプ　159
ヒドリド　116
ヒドロキシアパタイト　135
ヒドロキシ基　107
ヒドロニウムイオン　45
比熱容量　38
ビピリジン　66, 67
非ヘム鉄　179
標準アミノ酸　128
標準起電力　161
標準状態　168
標準水素電極　161
標準生成エンタルピー　168
標準電位　161
標準反応エンタルピー　168
表面張力　74
ピラノース　124
ピリミジン　136
ビンブラスチン　188

■ふ

ファインセラミックス　190, 192
ファラデー定数　162
ファンデルワールス半径　19
ファンデルワールス力　17, 73
フィッシャー投影式　119
フェニル基　106
フェノール　108
フェノールフタレイン　147
フォトン　143
不可逆過程　87

不可逆変化　86
付加反応　104
負極　161
副腎皮質ホルモン　134
腐食　160
不斉合成　119
不斉炭素　118
ブタン　60, 102
不対電子　58, 59
フッ化水素　22
物質量　34
フッ素　14, 55
沸点　49
沸騰　49
不定形　49
不飽和結合　104
不飽和脂肪酸　132
不飽和炭化水素　61
プラスミド　138
フラノース　124
ブラベ格子　183
フラーレン　80
プランク定数　6, 144
フリーズドライ　50
フルオロウラシル　188
フルクトース　124
ブレンステッド・ローリーの酸・塩基　65
プロトン　65
プロパン　60
フロンティア軌道　122
分圧　37
分岐状アルカン　102
分光学系列　69
分子　2
　——の立体構造　26
分子間力　17, 73
分子軌道（MO）　20
分子軌道法　20
分子式　33
分子標的薬　189
分子量　4, 34
フントの規則　13

■へ

閉殻　14
平衡　40
平衡状態　40, 89
平衡定数　40
平衡電極電位　161
並進　144

索　引

並発反応　96
平面三角形型　27
平面四角形型　67
ヘスの法則　39, 169
ペニシリン　187
ペニシリンG　187
ペプチド　129
ペプチド結合　129
ヘム鉄　179
ヘモグロビン　179
ヘリウム　3, 13, 55
ベリリウム　14, 55
ヘルムホルツエネルギー　88
ペロブスカイト型　193
変角振動モード　147
ベンゼン　64, 106

■ほ
ボーアモデル　3
ボイルの法則　35
補因子　135
方位量子数　8
芳香環　106
芳香族化合物　64, 106
放射性同位体　4
防食　160
ホウ素　14, 55
飽和脂肪酸　132
飽和炭化水素　60, 61
飽和溶液　42
補酵素　135
補色　70, 146
ホスゲン　31
ホスホジエステル結合　136
ポテンシャルエネルギー　18, 37
　　──の谷　19
ポテンシャルエネルギー曲線　18
ポテンシャル曲線　18
ポリアクリル酸ナトリウム　167
ポリアセチレン　164
ポリイソプレン　166
ポリエチレン　165, 166
ポリエン　146
ポリ塩化ビニリデン　172
ポリ塩化ビニル　166
ポリスチレン　166
ポリヌクレオチド鎖　136
ポリプロピレン　166
ポリマー　164
ポリメラーゼ連鎖反応（PCR）　142
ボルツマン定数　19, 84, 85

ボルツマンの式　84
ボルツマン分布　99
ホルミル基　109
ホルムアルデヒド　30, 109
ホルモン　128, 130
ホロ酵素　135
翻訳　138

■ま
マグネシウム　14, 55
マクロミネラル　135
マルトース　125
マンガン　56

■み
ミオグロビン　180
ミクロミネラル　135
水　29
　　──のイオン積　45
ミセル　77
密度　43
ミネラル　135
ミラー指数　184

■む
ムコ多糖　128

■め
迷走電流　164
メタ位　106
メタノール　107
メタン　27, 29
メチオニン　139
メッセンジャーRNA（mRNA）　138
メルカプトプリン　188
面心立方格子　181, 184

■も
モノマー　165
モリブデン補因子　179
モル（mol）　34
モル吸光係数　145
モル質量　34
モル数　34
モル濃度　43
モル分率　36

■や
ヤングの式　75

■ゆ
融解　49
融解熱　49, 86
有機EL　178
有機エレクトロルミネッセンス　178
有機金属化合物　113
誘起双極子　72
誘起双極子–誘起双極子相互作用　17, 74
有機ハロゲン化物　107
有機分子　101
有効核電荷　11
融点　49
誘電率　71
釉薬　191

■よ
陽イオン　5
溶液　42
溶解　42
溶解度　42
溶解度積　44
陽子　2
溶質　42
溶接　168
ヨウ素　55
溶媒　42
溶媒抽出法　177

■ら
ラクトース　125
ラジカル　151, 165
ラメラ構造体　77
ランタノイド　56
ランタン　56
ランベルト・ベールの法則　145

■り
理想気体　35
　　──の状態方程式　36
リチウム　55
律速過程　97
立体異性体　104
リード化合物　189
リノール酸　132
リプログラミング　140
リボ核酸（RNA）　136
リボソーム　139
硫酸　46
硫酸ナトリウム　35

流体　156
量子化　6
量子論　5
両親媒性　76
両性　76
緑色蛍光タンパク質（GFP）　153
リン　55
臨界圧力　156
臨界温度　156
臨界点　156
臨界ミセル濃度　77
りん光　148, 176
リン酸　46
リン脂質　78, 133
リンドラー触媒　114

■る
ルイス塩基　65
ルイス構造　25, 62
ルイス酸　65
ルシャトリエの原理　41
ルテチウム　56
ルテニウム錯体　174

■れ
励起　9
励起状態　9
レチナール　150
レナード・ジョーンズの 6-12 ポテンシャルエネルギー　18

■ろ
漏洩電流　164
六方最密構造　181
ロドプシン　143, 150
ローレンシウム　56
ロンドン力　17, 74

執筆者略歴

相樂 隆正（さがら たかまさ）
1987年 東京大学大学院工学系研究科
博士後期課程修了
現 在 長崎大学大学院総合生産科学研究科教授 工学博士

海野 雅司（うんの まさし）
1993年 京都大学大学院工学研究科
博士後期課程修了
現 在 佐賀大学理工学部教授
博士（工学）

長田 聰史（おさだ さとし）
1995年 九州大学大学院理学研究科
博士後期課程修了
現 在 佐賀大学理工学部教授
博士（理学）

小野寺 玄（おのでら げん）
2006年 京都大学大学院工学研究科
博士後期課程修了
現 在 長崎大学大学院総合生産科学研究科准教授 博士（工学）

鷹野 優（たかの ゆう）
2002年 大阪大学大学院理学研究科
博士後期課程修了
現 在 広島市立大学大学院情報科学研究科教授 博士（理学）

坪田 敏樹（つぼた としき）
1998年 九州大学大学院総合理工学研究科博士後期課程中退
現 在 九州工業大学大学院工学研究院准教授 博士（工学）

藤澤 知績（ふじさわ ともつみ）
2008年 京都大学大学院理学研究科
博士後期課程修了
現 在 佐賀大学理工学部准教授
博士（理学）

松本 仁（まつもと じん）
2000年 北海道大学大学院理学研究科
博士後期課程単位取得満期退学
現 在 宮崎大学工学部准教授
博士（理学）

山田 泰教（やまだ やすのり）
1996年 青山学院大学大学院理工学研究科博士後期課程修了
現 在 佐賀大学理工学部教授
博士（理学）

ⓒ 相樂隆正・海野雅司 2019

2019年 9 月 6 日 初 版 発 行
2025年 2 月 28 日 初版第4刷発行

理工系の大学基礎化学

編 者 相 樂 隆 正
　　　　海 野 雅 司
発行者 山 本 　 格
発行所 株式会社 培 風 館
東京都千代田区九段南 4-3-12・郵便番号 102-8260
電 話(03)3262-5256(代表)・振 替 00140-7-44725

平文社印刷・牧 製本

PRINTED IN JAPAN

ISBN 978-4-563-04629-3　C3043

元素の

族 / 周期	1 (1A)	2 (2A)	3 (3A)	4 (4A)	5 (5A)	6 (6A)	7 (7A)	8 (8)	9
1	1 H 水素 1.008								
2	3 Li リチウム 6.938〜6.997	4 Be ベリリウム 9.012							
3	11 Na ナトリウム 22.99	12 Mg マグネシウム 24.30〜24.31							
4	19 K カリウム 39.10	20 Ca カルシウム 40.08	21 Sc スカンジウム 44.96	22 Ti チタン 47.87	23 V バナジウム 50.94	24 Cr クロム 52.00	25 Mn マンガン 54.94	26 Fe 鉄 55.845	27 Co コバ… 58…
5	37 Rb ルビジウム 85.47	38 Sr ストロンチウム 87.62	39 Y イットリウム 88.91	40 Zr ジルコニウム 91.22	41 Nb ニオブ 92.91	42 Mo モリブデン 95.95	43 Tc テクネチウム (99)	44 Ru ルテニウム 101.1	45 Rh ロジ… 102…
6	55 Cs セシウム 132.9	56 Ba バリウム 137.3	57〜71 ランタノイド	72 Hf ハフニウム 178.5	73 Ta タンタル 180.9	74 W タングステン 183.8	75 Re レニウム 186.2	76 Os オスミウム 190.2	77 Ir イリシ… 192…
7	87 Fr フランシウム (223)	88 Ra ラジウム (226)	89〜103 アクチノイド	104 Rf ラザホージウム (267)	105 Db ドブニウム (268)	106 Sg シーボーギウム (271)	107 Bh ボーリウム (272)	108 Hs ハッシウム (277)	109 Mt マイトネ… (27…)

原子番号 — 6 C — 元素記号
炭素 — 元素名
12.01 — 原子量*

ランタノイド	57 La ランタン 138.9	58 Ce セリウム 140.1	59 Pr プラセオジム 140.9	60 Nd ネオジム 144.2	61 Pm プロメチウム (145)	62 Sm サマリウム 150.4	63 Eu ユウロ… 152…
アクチノイド	89 Ac アクチニウム (227)	90 Th トリウム 232.0	91 Pa プロトアクチニウム 231.0	92 U ウラン 238.0	93 Np ネプツニウム (237)	94 Pu プルトニウム (239)	95 Am アメリ… (24…)

* ここに示す原子量は，各元素の詳しい原子量の値（日本化学会原子量専門委員会，2018）を有効数字4桁に四捨…
ただし，複数の安定同位体が存在し，それらの組成の天然変動が大きく，上記の与え方ができない元素について…
安定同位体がなく，同位体の天然存在比が一定しない元素は，同位体の質量数の一例を（ ）の中に示す。
最新の命名法では，水素を除いた典型元素を主要族元素とよぶ。